国防科技图书出版基金

南海海洋环境气候特征

Climatic Characteristics of Marine Environment in the South China Sea

刘宇迪 亓 晨 赵宝宏 王文杰 赵世梅 郭海龙 著

国防工业出版社

·北京·

图书在版编目(CIP)数据

南海海洋环境气候特征/刘宇迪等著.—北京：
国防工业出版社,2022.7
ISBN 978-7-118-12107-0

Ⅰ.①南… Ⅱ.①刘… Ⅲ.①南海—海洋气候—气候特点 Ⅳ.①P732.5

中国版本图书馆 CIP 数据核字(2022)第 027557 号

审图号:GS(2021)7930 号

※

国防工业出版社出版发行
(北京市海淀区紫竹院南路 23 号　邮政编码 100048)
北京龙世杰印刷有限公司印刷
新华书店经售

*

开本 710×1000　1/16　印张 21¼　字数 368 千字
2022 年 7 月第 1 版第 1 次印刷　印数 1—2000 册　定价 199.00 元

(本书如有印装错误,我社负责调换)

| 国防书店:(010)88540777 | 书店传真:(010)88540776 |
| 发行业务:(010)88540717 | 发行传真:(010)88540762 |

致 读 者

本书由中央军委装备发展部国防科技图书出版基金资助出版。

为了促进国防科技和武器装备发展,加强社会主义物质文明和精神文明建设,培养优秀科技人才,确保国防科技优秀图书的出版,原国防科工委于1988年初决定每年拨出专款,设立国防科技图书出版基金,成立评审委员会,扶持、审定出版国防科技优秀图书。这是一项具有深远意义的创举。

国防科技图书出版基金资助的对象是:

1. 在国防科学技术领域中,学术水平高,内容有创见,在学科上居领先地位的基础科学理论图书;在工程技术理论方面有突破的应用科学专著。

2. 学术思想新颖,内容具体、实用,对国防科技和武器装备发展具有较大推动作用的专著;密切结合国防现代化和武器装备现代化需要的高新技术内容的专著。

3. 有重要发展前景和有重大开拓使用价值,密切结合国防现代化和武器装备现代化需要的新工艺、新材料内容的专著。

4. 填补目前我国科技领域空白并具有军事应用前景的薄弱学科和边缘学科的科技图书。

国防科技图书出版基金评审委员会在中央军委装备发展部的领导下开展工作,负责掌握出版基金的使用方向,评审受理的图书选题,决定资助的图书选题和资助金额,以及决定中断或取消资助等。经评审给予资助的图书,由中央军委装备发展部国防工业出版社出版发行。

国防科技和武器装备发展已经取得了举世瞩目的成就。国防科技图书承担着记载和弘扬这些成就,积累和传播科技知识的使命。开展好评审工作,使有限的基金发挥出巨大的效能,需要不断摸索、认真总结和及时改进,更需要国防科技和武器装备建设战线广大科技工作者、专家、教授、以及社会各界朋友的热情支持。

让我们携起手来,为祖国昌盛、科技腾飞、出版繁荣而共同奋斗!

国防科技图书出版基金
评审委员会

国防科技图书出版基金
第七届评审委员会组成人员

主 任 委 员	柳荣普
副主任委员	吴有生　傅兴男　赵伯桥
秘 书 长	赵伯桥
副 秘 书 长	许西安　谢晓阳
委　　　　员 （按姓氏笔画排序）	才鸿年　马伟明　王小谟　王群书 甘茂治　甘晓华　卢秉恒　巩水利 刘泽金　孙秀冬　芮筱亭　李言荣 李德仁　李德毅　杨　伟　肖志力 吴宏鑫　张文栋　张信威　陆　军 陈良惠　房建成　赵万生　赵凤起 郭云飞　唐志共　陶西平　韩祖南 傅惠民　魏炳波

前　言

南海无论在国家领土,还是在海洋资源开发方面,都具有十分重要的意义。但是南海海洋环境要素会对我军保卫南海产生重要影响,如南海的声速跃层深度、厚度、强度,海洋锋和中尺度涡对水下潜艇与水面舰艇的影响。为了更好地保障我军在南海的军事活动,有必要了解清楚南海海洋环境要素的变化特征。

本书共分12章,分别给出了研究所用的资料和方法,声速主跃层、双跃层和负跃层的时空变化,温度锋、盐度锋和密度锋的时空变化,中尺度涡的统计特征,南海海面高度异常的季节及年际变化特征,海面高度异常均方根及涡动能的季节和年际特征。

本书根据SODA,用经验正交函数、功率谱、Morlet小波分析、Mann-Kendall气候突变检验等方法,将南海声速跃层分为主跃层、双跃层、负跃层3种类型。研究南海区域声速跃层特征值分布的季节性、年际和年代际变化,并进一步分析了该海域声速跃层异常的空间结构与时间演变特征。

本书对整个南海海域海洋锋(温度锋、盐度锋和密度锋)强度进行定性的探讨和定量的深入分析;研究南海区域海洋锋特征值分布的季节性和年际变化,并进一步分析了该海域海洋锋异常的空间结构与时间演变特征。

书中采用了一种基于几何矢量的涡旋自动探测、追踪算法,对1958年1月至2007年12月SODA-2.1.6数据集中逐月海表经纬向流速资料和19年逐月海表面高度数据进行涡旋自动探测,详细分析了中尺度涡的数量、半径和生成位置的统计特征,并进一步对50年各海区冬季与夏季中尺度涡旋个数与分布特征进行分析。介绍了海表面高度异常的季节内、季节、年内、年际变化,并进一步分析了海表面高度异常 EOF 分解的前几个主要模态的空间结构与时间演变特征。最后分析了海表面高度异常均方根(RMS)和涡动能(EKE)的空间分布特征与时间演变规律,揭示了海域内中尺度涡强度的季节和年际变化特征。

该成果是研究小组多年来辛勤耕耘的结果,并获得过军队科技进步三等奖,研究成员包括亓晨、赵宝宏、王文杰、赵世梅和郭海龙等。

在本书的撰写和出版过程中,得到了国防科技大学气象海洋学院各级领导和国防工业出版社的大力支持,特别是几位审稿人提出了许多宝贵的建议和修改意见,在此,谨向他们表示诚挚的谢意。

由于撰写的时间比较仓促和作者水平的限制,书中肯定存在不足和疏漏之处,恳请广大读者批评指正,提出修改意见。

作　者

2019 年 3 月 31 日

目　录

第1章　绪论 …………………………………………………………………… 1
1.1　研究意义 ………………………………………………………………… 1
1.1.1　环境条件 …………………………………………………………… 1
1.1.2　海洋现象 …………………………………………………………… 4
1.2　国内外研究现状 …………………………………………………………… 8
1.2.1　大尺度环流 ………………………………………………………… 8
1.2.2　水文资料下多涡结构 ……………………………………………… 8
1.2.3　高度计下南海多涡结构 …………………………………………… 12
1.2.4　南海的锋面分布特征 ……………………………………………… 12
1.2.5　海洋声速计算研究进展 …………………………………………… 13
1.2.6　南海声速剖面研究进展 …………………………………………… 15
1.2.7　海洋跃层研究进展 ………………………………………………… 16
1.2.8　中尺度涡研究进展 ………………………………………………… 19

第2章　资料和方法 …………………………………………………………… 22
2.1　使用的资料 ……………………………………………………………… 22
2.1.1　SODA ……………………………………………………………… 22
2.1.2　卫星高度计数据 …………………………………………………… 24
2.2　声速跃层判定和统计方法 ……………………………………………… 24
2.2.1　声速计算方法 ……………………………………………………… 24
2.2.2　插值方法 …………………………………………………………… 25
2.2.3　声速跃层的分类 …………………………………………………… 25
2.2.4　声跃层的判定方法 ………………………………………………… 26
2.2.5　统计方法 …………………………………………………………… 27
2.3　锋的判断方法 …………………………………………………………… 30
2.4　海洋锋所用统计方法介绍 ……………………………………………… 31
2.4.1　海洋锋的出现频率统计 …………………………………………… 31
2.4.2　气候变量场的时空分离方法 ……………………………………… 32

  2.4.3 气候序列的周期提取 ·· 33
 2.5 中尺度涡自动探测方法介绍 ··· 33
 2.6 中尺度涡所用统计方法 ·· 37
  2.6.1 均方差分析 ··· 37
  2.6.2 气候变量场的时空分离方法 ···································· 38
  2.6.3 快速傅里叶变换 ··· 38

第3章 声速主跃层的时空变化 ··· 40
 3.1 主跃层发生概率及季节性变化 ··· 40
  3.1.1 无跃期主跃层季节性变化 ······································ 40
  3.1.2 成长期主跃层季节性变化 ······································ 45
  3.1.3 强盛期主跃层季节性变化 ······································ 48
  3.1.4 消衰期主跃层季节性变化 ······································ 49
 3.2 主跃层年际变化特征 ·· 52
  3.2.1 上界深度年际变化特征 ··· 53
  3.2.2 厚度年际变化特征 ·· 59
  3.2.3 强度年际变化特征 ·· 65
 3.3 本章小结 ·· 71

第4章 声速双跃层的时空变化 ··· 75
 4.1 双跃层发生概率及季节性变化 ··· 75
 4.2 双跃层年际变化特征 ·· 85
  4.2.1 上界深度年际变化特征 ··· 85
  4.2.2 厚度年际变化特征 ·· 90
  4.2.3 强度年际变化特征 ·· 96
 4.3 本章小结 ·· 102

第5章 声速负跃层的时空变化 ··· 104
 5.1 负跃层发生概率分布和季节变化特征 ··································· 104
 5.2 负跃层年际变化特征 ·· 107
  5.2.1 上界深度年际变化特征 ··· 107
  5.2.2 厚度年际变化特征 ·· 113
  5.2.3 强度年际变化特征 ·· 118
 5.3 本章小结 ·· 124

第6章 温度锋的时空变化 ··· 126
 6.1 温度锋发生概率和强度的季节性变化 ··································· 126

	6.1.1 冬季 ·································	126
	6.1.2 春季 ·································	129
	6.1.3 夏季 ·································	132
	6.1.4 秋季 ·································	132

6.2 温度锋出现频率在南海不同深度的季节性变化 ············· 133
    6.2.1 冬季 ································· 133
    6.2.2 春季 ································· 137
    6.2.3 夏季 ································· 142
    6.2.4 秋季 ································· 147

6.3 温度锋的年际变化特征 ····························· 151
    6.3.1 温度锋强度的均方差分布 ··················· 151
    6.3.2 温度锋强度年际变化特征 ··················· 154

6.4 本章小结 ····································· 162

第7章 盐度锋的时空变化 ···························· 165

7.1 盐度锋出现频率和强度的季节性变化 ················· 165
    7.1.1 冬季 ································· 165
    7.1.2 春季 ································· 168
    7.1.3 夏季 ································· 168
    7.1.4 秋季 ································· 171

7.2 盐度锋出现频率在南海不同深度的季节性变化 ············· 171
    7.2.1 冬季 ································· 171
    7.2.2 春季 ································· 174
    7.2.3 夏季 ································· 174
    7.2.4 秋季 ································· 179

7.3 盐度锋的年际变化特征 ····························· 182
    7.3.1 盐度锋强度的均方差分布 ··················· 182
    7.3.2 盐度锋强度年际变化特征 ··················· 185

7.4 本章小结 ····································· 191

第8章 密度锋的时空变化 ···························· 193

8.1 密度锋发生概率和强度的季节性变化 ················· 193
    8.1.1 冬季 ································· 193
    8.1.2 春季 ································· 196
    8.1.3 夏季 ································· 196

8.1.4 秋季 ……………………………………………………………… 199
8.2 密度锋发生概率在南海不同深度的季节性变化 …………………… 200
  8.2.1 冬季 ……………………………………………………………… 200
  8.2.2 春季 ……………………………………………………………… 205
  8.2.3 夏季 ……………………………………………………………… 209
  8.2.4 秋季 ……………………………………………………………… 214
8.3 密度锋的年际变化特征 ……………………………………………… 218
  8.3.1 密度锋强度的均方差分布 ……………………………………… 218
  8.3.2 密度锋强度年际变化特征 ……………………………………… 221
8.4 本章小结 ……………………………………………………………… 228

第9章 中尺度涡的统计特征 ……………………………………………… 230
9.1 数据 …………………………………………………………………… 230
9.2 方法 …………………………………………………………………… 230
9.3 中尺度涡的年际变化 ………………………………………………… 236
  9.3.1 SODA 资料统计结果 …………………………………………… 237
  9.3.2 卫星高度计资料结果 …………………………………………… 244
9.4 中尺度涡的季节变化统计分析 ……………………………………… 246
  9.4.1 冬季中尺度涡分布特征 ………………………………………… 248
  9.4.2 夏季中尺度涡分布特征 ………………………………………… 256
9.5 本章小结 ……………………………………………………………… 257

第10章 海面高度异常的季节及年际变化特征 ………………………… 260
10.1 引言 ………………………………………………………………… 260
10.2 结果和讨论 ………………………………………………………… 261
10.3 海表面高度异常的季节变化 ……………………………………… 267
  10.3.1 冬季 …………………………………………………………… 270
  10.3.2 春季 …………………………………………………………… 271
  10.3.3 夏季 …………………………………………………………… 273
  10.3.4 秋季 …………………………………………………………… 274
10.4 年际变化 …………………………………………………………… 277
10.5 本章小结 …………………………………………………………… 280

第11章 海面高度异常均方根及涡动能的季节和年际特征 …………… 284
11.1 引言 ………………………………………………………………… 284
11.2 数据和方法 ………………………………………………………… 285

11.3 结果和讨论 ………………………………………………………… 285
　　11.3.1 海面高度异常均方根的时空特征分析 …………………… 285
　　11.3.2 涡动能的季节和年际变化 ………………………………… 290
11.4 本章小结 …………………………………………………………… 304
第 12 章 结束语 …………………………………………………………… 306
12.1 主要结论和展望 …………………………………………………… 306
12.2 本书的创新点 ……………………………………………………… 308
参考文献 ……………………………………………………………………… 310

CONTENTS

CHAPTER 1　INTRODUCTION ········· 1
　1.1　Research Significance ········· 1
　　1.1.1　Environmental conditions ········· 1
　　1.1.2　Ocean phenomena ········· 4
　1.2　The State -of-the-art ········· 8
　　1.2.1　Large-scale circulation ········· 8
　　1.2.2　Multi-vortex structure with hydrological data ········· 8
　　1.2.3　Multi-vortex structure in South China Sea with the altimeter ········· 12
　　1.2.4　Characteristics of the frontal distribution in the South China Sea ········· 12
　　1.2.5　Research progress of ocean sound velocity calculation ········· 13
　　1.2.6　Research progress of the sound velocity profile in the South China Sea ········· 15
　　1.2.7　Research progress of the oceanic spring layer ········· 16
　　1.2.8　Research progress of mesoscale vortex ········· 19

CHAPTER 2　DATA AND METHODS ········· 22
　2.1　The data used ········· 22
　　2.1.1　SODA ········· 22
　　2.1.2　Satellite Altimeter Data ········· 24
　2.2　The determination and statistic method of sound velocity spring layer ········· 24
　　2.2.1　Calculation method of sound velocity ········· 24
　　2.2.2　Interpolation method ········· 25
　　2.2.3　Classification of the sound velocity spring layer ········· 25
　　2.2.4　The method of judging the sound velocity spring layer ········· 26
　　2.2.5　Statistical methods ········· 27
　2.3　The method of judging the front ········· 30

2.4 Introduction to statistical methods used to analyze ocean front ··· 31
    2.4.1 Statistical analysis of the occurrence frequency of oceanic fronts ·· 31
    2.4.2 Spatio-temporal separation method of climatic variable field ·· 32
    2.4.3 Periodic extraction of climatic sequences ························· 33
2.5 Introduction of meso-scale vortex automatic detection method ·· 33
2.6 Meso-scale vortex statistical methods used ·················· 37
    2.6.1 Analysis of mean variance ·· 37
    2.6.2 Spatio-temporal separation method of climatic variable field ·· 38
    2.6.3 Fast Fourier transform ·· 38

CHAPTER 3 TEMPORAL AND SPATIAL VARIATION OF THE MAIN SPRING LAYER OF THE SOUND VELOCITY ·········· 40

3.1 Occurrence probability and seasonal variation of main spring layer ·· 40
    3.1.1 Seasonal variation of the main spring layer without spring layer ·· 40
    3.1.2 Seasonal variation of the main spring layer during the growth period ·· 45
    3.1.3 Seasonal variation of main spring layer during the strong period ·· 48
    3.1.4 Seasonal variation of main spring layer during the decay period ·· 49
3.2 Characteristics of interannual variation of the main spring layer ·· 52
    3.2.1 Interannual variation characteristics of the upper bound depth ·· 53
    3.2.2 Characteristics of interannual variation of the thickness ······ 59
    3.2.3 Characteristics of interannual variation of the intensity ········· 65
3.3 Summary ·· 71

CHAPTER 4 SPATIO-TEMPORAL VARIATION OF SOUND VELOCITY DOUBLE-SPRING LAYERS ……………… 75

4.1 Occurrence probability and seasonal variation of the double-spring layers ………………………………………………… 75

4.2 Characteristics of interannual variation of the double-spring layers ………………………………………………………… 85

    4.2.1 Interannual variation characteristics of the upper bound depth ……………………………………………………… 85

    4.2.2 Characteristics of interannual variation of the thickness …… 90

    4.2.3 Characteristics of interannual variation of the intensity ……… 96

4.3 Summary ………………………………………………………… 102

CHAPTER 5 SPATIO-TEMPORAL VARIATION OF SOUND VELOCITY NEGATIVE SPRING LAYER ……………… 104

5.1 Probability distribution and seasonal variation characteristics of the negative-spring layer ………………… 104

5.2 Characteristics of interannual variation of the negative spring layer ……………………………………………………… 107

    5.2.1 Interannual variation characteristics of the upper bound depth ……………………………………………………… 107

    5.2.2 Characteristics of interannual variation of the thickness …… 113

    5.2.3 Characteristics of interannual variation of the intensity …… 118

5.3 Summary ………………………………………………………… 124

CHAPTER 6 SPATIO-TEMPORAL VARIATION OF THE TEMPERATURE FRONT ……………………………… 126

6.1 Seasonal variation of occurrence probability and intensity of the temperature front ………………………………………… 126

    6.1.1 Winter …………………………………………………… 126

    6.1.2 Spring …………………………………………………… 129

    6.1.3 Summer ………………………………………………… 132

    6.1.4 Autumn ………………………………………………… 132

6.2 Seasonal variation of temperature front frequency in different depths of the South China Sea ……………………… 133

    6.2.1 Winter …………………………………………………… 133

  6.2.2 Spring ······ 137
  6.2.3 Summer ······ 142
  6.2.4 Autumn ······ 147
 6.3 **Interannual variation characteristics of the temperature fronts** ······ 151
  6.3.1 Mean variance distribution of the temperature front strength ······ 151
  6.3.2 Interannual variation characteristics of the temperature front strength . ······ 154
 6.4 Summary ······ 162

CHAPTER 7 TEMPORAL AND SPATIAL VARIATION OF THE SALINITY FRONT ······ 165

 7.1 **Seasonal variation of frequency and intensity of salinity fronts** ······ 165
  7.1.1 Winter ······ 165
  7.1.2 Spring ······ 168
  7.1.3 Summer ······ 168
  7.1.4 Autumn ······ 171
 7.2 **Seasonal variation of salinity frontal frequencies in different depths of the South China Sea** ······ 171
  7.2.1 Winter ······ 171
  7.2.2 Spring ······ 174
  7.2.3 Summer ······ 174
  7.2.4 Autumn ······ 179
 7.3 **Interannual variation characteristics of salinity fronts** ······ 182
  7.3.1 Mean variance distribution of the salinity frontal strength ······ 182
  7.3.2 Interannual variation characteristics of the salinity frontal strength ······ 185
 7.4 Summary ······ 191

CHAPTER 8　TEMPORAL AND SPATIAL VARIATION OF THE DENSITY FRONT ………………………………… 193

8.1　Seasonal variation of occurrence probability and intensity of density fronts ……………………………………… 193
 8.1.1　Winter ……………………………………………… 193
 8.1.2　Spring ……………………………………………… 196
 8.1.3　Summer …………………………………………… 196
 8.1.4　Autumn …………………………………………… 199

8.2　Seasonal variation of density front occurrence probability in different depths of the South China Sea …………… 200
 8.2.1　Winter ……………………………………………… 200
 8.2.2　Spring ……………………………………………… 205
 8.2.3　Summer …………………………………………… 209
 8.2.4　Autumn …………………………………………… 214

8.3　Interannual variation characteristics of density fronts ………… 218
 8.3.1　Mean variance distribution of the density frontal strength … 218
 8.3.2　Interannual variation characteristics of the density front strength ……………………………………………… 221

8.4　Summary ………………………………………………… 228

CHAPTER 9　STATISTICAL CHARACTERISTICS OF MESOSCALE VORTICES …………………………………… 230

9.1　Data ……………………………………………………… 230
9.2　Method …………………………………………………… 230
9.3　Interannual variation of the mesoscale vortex ……………… 236
 9.3.1　SODA Data Statistics Results …………………………… 237
 9.3.2　Results of satellite altimeter data ……………………… 244

9.4　statistical analysis of the seasonal variation of the mesoscale vortex …………………………………………………… 246
 9.4.1　Characteristics of mesoscale vortex distribution in winter … 248
 9.4.2　Characteristics of mesoscale vortex distribution in summer ………………………………………………… 256

9.5　Summary ………………………………………………… 257

CHAPTER 10　SEASONAL AND INTERANNUAL VARIATION CHARACTERISTICS OF SEA SURFACE HEIGHT ANOMALIES ⋯⋯ 260

10.1　Introduction ⋯⋯ 260
10.2　Results and discussions ⋯⋯ 261
10.3　Seasonal variation of sea surface height anomaly ⋯⋯ 267
　　10.3.1　Winter ⋯⋯ 270
　　10.3.2　Spring ⋯⋯ 271
　　10.3.3　Summer ⋯⋯ 273
　　10.3.4　Autumn ⋯⋯ 274
10.4　Interannual Change ⋯⋯ 277
10.5　Summary ⋯⋯ 280

CHAPTER 11　SEASONAL AND INTERANNUAL CHARACTERISTICS OF MEAN SQUARE ROOT AND VORTEX KINETIC ENERGY OF SEA SURFACE HEIGHT ANOMALIES ⋯⋯ 284

11.1　Introduction ⋯⋯ 284
11.2　Data and methods ⋯⋯ 285
11.3　Results and discussions ⋯⋯ 285
　　11.3.1　Temporal and spatial characteristics of mean square root of sea surface height anomaly. ⋯⋯ 285
　　11.3.2　Seasonal and interannual variability of the vortex kinetic energy ⋯⋯ 290
11.4　Summary ⋯⋯ 304

CHAPTER 12　CONCLUSIONS ⋯⋯ 306

12.1　Main conclusions and prospect ⋯⋯ 306
12.2　Novel points ⋯⋯ 308
REFERENCES ⋯⋯ 310

第1章 绪　　论

1.1　研究意义

南海也称南中国海(South China Sea),海域港口资源、生物资源、石油资源丰富,有着重要的社会经济价值,同时又由于地处印度洋和太平洋连接处,是国际交通线上的重要关口,涉及岛屿主权归属、海域归界及资源利益争夺等问题。正因如此,南海声速跃层、海洋锋和中尺度涡近年来成为美国和南海周边等国家海洋学家研究关注的焦点。

1.1.1　环境条件

1. 海区地理

南海地处亚洲东南部,覆盖热带和亚热带,是西北太平洋最大的边缘海,约位于 $2°30'S\sim23°30'N$、$99°10'E\sim121°50'E$ 之间,南北纵贯纬度约 $26°30'$,东西横跨经度约 $22°00'$,四周几乎被大陆、岛屿包围,外形似菱形,长轴呈东北-西南向,长约 3100km,短轴呈西北-东南向,宽约 1200km,海域面积约 $3500000km^2$,西北部和西南部还有两大海湾——北部湾和泰国湾,最大深度约 75m。南海西北背靠亚洲大陆,东北、东南、西南周边环绕众多岛屿与岛弧,岛屿之间通过台湾海峡、吕宋海峡、巴拉望海峡、马六甲海峡相连;通过台湾海峡与东海相连,除了在北部通过深达 2500m 的吕宋海峡(巴士海峡与巴林塘海峡合称)与西北太平洋相连,东部通过海槛深度约 400m 的民都洛海峡及巴拉巴克海峡与苏禄海相连,通过很浅的加里曼丹海峡与爪哇海相连,通过马六甲海峡与印度洋相连,其余海峡都浅于 100m。南海平均水深 1212m,最大深度 5559m,半封闭海盆内东西两侧地形陡峭,西北和西南部存在宽广的大陆架,从外向中央,依次分布着大陆架、岛架、大陆坡、岛坡和深水海盆,200m 水深等值线基本位于东北—西南走向的菱形海盆的长轴上,中部和东部深度超过 4000m,之间散布着众多的岛礁、浅滩及暗沙,尤其是在南部海区。

海底地貌类型齐全,既有宽广的大陆架,又有陡峭的大陆坡,还有宽阔的深海盆地和狭窄的海沟、海槽。海底地势西北高,中部和东南低。南海海盆位于南海中部,呈东北-西南向分布,大体分中央海盆和西南海盆,面积约为

551000km²。南海深水海盆四周边缘分布大陆架,岛架,面积为1685000km²,大陆架是大陆边缘倾斜平缓的海底地带,主要分布在北、西、南三面。北部和西北部陆架,主要是我国台湾岛南端至海南岛以南的华南沿岸及越南北部沿岸的浅水区。北部湾是水深小于100m的浅海,平均水深约40m,全部位于大陆架上。南海西部陆架从北部湾南部湾口起,往南延伸到加维克群岛附近,呈狭长带状。南海南部陆架由北巽他陆架和加里曼丹岛架组成,大致包括沙捞越、纳土纳群岛所环绕的水深150m以内的浅水区,泰国湾全部为大陆架。在湄公河河口处,有一条300km长的河谷,并且加里曼丹岛北部岛架狭窄。南海东部岛架是指吕宋岛、民都洛岛。巴拉望岛的岛架,呈南北向和东北-西南向的狭窄带状,岛架外缘坡折水深100m左右,有的仅50m。南海的大陆坡分布于大陆架的外缘,多呈阶梯状,分为中央海盆的北坡、中央海盆南-东南陆坡、海南岛南部大陆坡和中央海盆东坡4个区。大陆坡、岛坡分布在水深150~3600m处,约从150m开始,海底坡度明显变陡,由大陆架变成陡坡,并间隔有深沟,沟深100~1800m,之后地形又转缓。

2. 海区气候

南海位于热带,太阳的总辐射量非常充裕,又属于典型的季风气候区。冬季蒙古高压前缘的偏北风成为亚洲东部的冬季风,北部湾和南海南部以东北风为主,其次是北风;泰国湾以东风为主,其次是东北风,10月中下旬基本上控制南海北部和中部。11月份,冬季风推进到南海南部,12月和翌年1月为鼎盛时期,3月开始减弱,4月初马六甲海峡和赤道附近开始出现西南季风,5月北进到南海10°N附近,至6月可遍及全海区。7月至8月夏季风在南海最盛,两支西南风影响南海:一支来自印度洋的西南季风气流,越过中南半岛进入泰国湾和南海北部;另一支是南半球的东南信风,在大巽他群岛越过赤道后转向而成。9月下旬至10月初,偏北风可达南海北部,10月中旬,偏北风抵达南海中部15°N附近。

3. 海区环流

海洋环流是海洋动力过程的主体,它的运动与变化对全球和区域的气候变化有着重大影响,海洋的诸多动力现象均是海流运动和变化的结果。南海处于热带,大部分为深海,水温和盐度终年较高,显示出大洋环流的某些特征。具体来说,南海上层环流取决于4个因素。

(1) 南海受季风影响,上层水平环流呈现显著季节差异,强风对海水的输送以及风应力旋度引起的局地涌升和下沉在很大程度上改变了海洋上层要素分布。

(2) 黑潮的动力强迫,给南海北部输送动量、热量、质量,引起海水流动。

(3)南海沿岸河川径流,在当地形成沿岸流。沿岸流具有低盐特性,南海沿岸流有广东沿岸流、北部湾沿岸流、泰国湾沿岸流、中南半岛沿岸流、马来半岛沿岸流、吕宋沿岸流以及加里曼丹岛沿岸流等,因为各沿岸流所处的地理环境和江河入海径流量的不同,其变化规律也非常复杂。

(4)地形复杂,一方面地形有利于局地中小涡旋的形成和维持,另一方面侧摩擦和底摩擦可以有效地消耗从海洋内区进入边界的能量,又可以抑制涡旋过度发展,造成南海局地涡旋。

总体来说,整个南海基本上满足准稳定的 Sverdrup 关系,冬季整个南海由气旋式环流支配。夏季的环流形式比冬季复杂,北部海区主要受气旋式环流控制,中部和西南部海区受反气旋环流支配,东南部海区有两个气旋式的冷涡,垂直结构略有变化。春、秋季节的上层流场结构体现冬夏季节各个环流发展和消衰过程,并且与风场有着十分密切的关系。南海的两大海湾——泰国湾和北部湾终年为气旋式循环,方向不随季风改变。南海深水海盆,跃层的消长与环流的关系密切。

水团与海流关系密切,任何复杂的水文状况都是由几个水团相互作用的结果,尤其在水团的交界区,容易形成跃层和海洋锋。在大陆沿岸,入海江河淡水与海水混合,形成低盐特征的沿岸水团,南海以湄公河、湄南河、珠江注入的淡水最多。南海黑潮流域的海水,主要来源于太平洋,称为外海水团。在冬季,南海存在 8 个水团:南海底盆水团、南海深层水团、南海中层水团、南海次中层混合水团、南海次表层水团、南海表层水团、近岸混合水团和沿岸冲淡水团。在夏季,南海存在 10 个水团:黑潮次表层水团、黑潮表层水团、南海底盆水团、南海深层水团、南海中层水团、南海次中层混合水团、南海次表层水团、南海表层水团、近岸混合水团和沿岸冲淡水团。

上升流是海水从深处向表层或近表层的涌升现象,往往伴随冷涡。南海上升流主要包括台湾浅滩渔场上升流、粤西沿岸上升流、粤东沿岸上升流、海南岛东岸上升流、越南沿岸上升流和吕宋西北岸外上升流等。这些上升流区的形成机制各不相同,有大尺度的 Ekman 输运形成的上升流,也有地形作用形成的上升流,还有各种中尺度涡的泵吸作用形成的上升流。

南海有复杂的动力结构,因此呈现复杂的多涡结构。中尺度涡主要发生在越南以东外海、吕宋岛西侧以及我国台湾岛西南,相当一部分的中尺度涡也与风场相关。越南中部外海是中尺度涡的主要活跃区,夏季表现为急流及偶极子结构(北面是气旋,南面是反气旋);冬季则为北面是反气旋,南面是气旋。我国台湾岛西南、吕宋岛以西的中尺度气旋涡主要在冬季形成,吕宋西北反气旋涡主要在夏季风爆发期间发生,能够沿着深海盆向西和西南运动。

南海海域广阔,是一个半封闭的深水边缘海盆,自然条件有利于垂直运动的发展。南海环流和多涡结构对南海跃层与海洋锋具有显著的影响,上层海洋的温度、盐度和密度的层化结构非常清晰,声速跃层稳定地维持着,在这个半封闭的深水海盆,季风驱动的风生环流是南海总环流的主要部分,南海上层海洋的动力场和热力场都具有显著时空变化特征,而南海声速跃层和海洋锋的变化是南海环流结构的一种内在体现,又是影响南海环流维持与演变的重要机制。

1.1.2 海洋现象

由于地处印度季风和亚洲季风的中间地带,南海的这一半封闭深水边缘海盆区域,常年受季风系统控制。受南海海底地形和侧边界条件影响及季风环流的驱动,南海海域声速跃层、海洋锋和中尺度涡生成、成熟、消亡活动明显。海洋跃层是物理海洋研究的重要内容,并与海洋环流、水团、内波、海气相互作用等学科关系密切。在海水层结相对稳定的海洋中,海水温度、盐度、密度、声速等状态参数的垂直分布通常不是逐渐缓慢变化的,而是在海表面的一个近乎均匀的混合层之下,垂直分布的梯度特别大,并超过一定的临界值。海洋学者们将海水温度、盐度、密度、声速等状态参数出现急剧变化或不连续剧变的阶跃状变化水层,称为海水温度跃层、盐度跃层、密度跃层和声速跃层。

温度跃层在海洋中经常存在,并影响盐度跃层、密度跃层和声速跃层。通常,海水的密度变化主要取决于温度的变化,在海水盐度跃层垂直梯度变化不大的海区,其海水的密度跃层大体上与温度跃层相重合。盐跃层可以单独存在,主要发生在大江河口附近海域。声速跃层是指因海水温度、盐度、压强的不均匀,使声音传播速度在垂直方向发生突变的水层。在海洋中,海水密度、比热容及压缩系量均随海水的温度、盐度和压力(与深度相关的静压力)而变,所以声速分布因时因地而异。中尺度涡多生成于越南以东海域、吕宋岛西北海域、我国台湾西南海域,并且涡旋的季节变化、年际变化明显。

1. 声速跃层

为了获取海洋研究的资料,海洋学家历尽艰险远航调查,而水声技术的应用,为海洋的开发和研究提供了广泛的应用前景。声速与温、盐、密都是海水的物理特性参数;温、盐、密反映的是热力学和动力学领域的物理量,而声速是反映水声学特性的,声速的分布能够体现海水的运动。与在空气中一样,水中的任何固体都能反射声波,被反射的声波可被灵敏的接收机检测到。声波、光波和电磁波都可以在海水中传播,唯有声波衰减最小,所以水声技术被广泛应用于海洋研究。海洋声学的基本任务是研究声波与海洋的相互作用。一方面探索海洋环境(海面波浪、海水非均匀性以及海底结构)的时空变化对声场影响的规律。例如,利用射线理论分析海洋中的声波传播规律,海水中的声波衰减规律和吸收机理,海底海面的声学特性及对声传播的影响,对舰艇噪声、混响、海洋环境噪声等水声干扰特性的了解。另一方面研究如何利用声波来探测海洋结构以及海中物体的位置与特性。例如,用声学遥测海洋环流和中尺度涡的运动变化,观测内波的位置;用声学方法监测大洋海水温度;用回波测深取代缆绳测深,在了解水深分布和洋底地貌特征方面起了决定性的作用;回波测深仪器经过改装之后,用于测量海浪波高、周期、潮位变化;鱼探仪在提高渔获量方面的作用,更被渔业系统所公认。

研究海洋中各种要素(温度、盐度、密度与声速等)和现象(海浪、海潮、海流、跃层、内波与中尺度涡旋)的分布特征和演变规律对军事活动与武器装备的影响,能为海岸防御工程、军港、水上机场、水中工程设施的建设,水中武器、水声设备的水下控制,检测系统的研制与改进提供客观数据和理论依据,对水文气象保障水平的提高具有重要意义。海洋开发和军事活动中,水声技术是开发海洋和研究海洋最有效的技术之一。例如,在第二次世界大战中,交战双方被击沉的潜艇中,有60%是由水声设备发现的,声纳设备成了舰艇不可缺少的设备,尤其是反潜战中,它的作用更为重要。从科学的角度来看,在两次世界大战期间,人们对海水中声传播机理的认识更加深化:声音在海水中的传播路径并不是直线的,而是按斯涅尔定律呈圆弧形的。从这个水层发射出去的声线总是向着声速小的方向弯曲,从而使声线保持在上、下两个声速相等的层面之间传播,其声强大,传播的距离远。声能大部分集中在声道轴(声速剖面中声速极小值所在的平面)上下,其所在的水层称为海洋声道。声波在海洋中的传播,与声速的大小和垂直梯度类型有关,只有一定条件下的声速梯度类型才能形成声道,而声波能量在声道中衰减最小,传播距离可达数千千米。海洋中的声道主要有两种:一是表面声道,声道轴在近岸陆架附近60~100m处,声速自海水表层随深度增加而递增,并达到一定厚度,形成以海表面为声道轴的表面声道;二是深海声道,由深海声速剖面的分布特性所构成。在声速跃层以下的深海中,声速的垂直变化趋于平缓,声速随着压强的增大而增大。声速梯度在声道轴上、下方向相反,声源辐射声线在声速跃层强度最强的地方产生向声道轴方向的弯曲,使声音在水中的传播产生了两个结果:一是声信号不易穿过跃层;二是声信号在深声道中的衰减较小,传播距离可以很远(特别是低频声波),利用声波这一特性,可以建立海难救助系统。因此,水声设备在深声道中的使用效果最好,在深声道中航行的潜艇可以探测到距离很远的目标。在声速跃层之上发射的声纳信号,不易探测到跃层之下的目标,这使潜入跃层以下的潜艇被发现的可能性大为减小。总之,声速跃层对水下通信和潜艇的隐蔽及进攻具有极重要的积极作用。

国外的军事部门已采取各种措施调查收集我国近海和西北太平洋的声场等海洋环境资料,有些国家的军事海洋预报已经开始专门预报中国近海的水下声场等与军事活动密切相关的海洋要素,对我国海上安全构成了严重威胁。近年来,这类问题越来越突出。美国为了执行其干涉政策,采取各种方法收集其他国家近海的海洋资料,曾集中力量深入研究过声速分布对声传播的影响为其海军服务,其中重点海区之一就是中国南海。

2. 海洋锋

早期的渔民在海上进行生产活动中,就已经发现了各大洋中存在着各种不同的流系,如上升流、沿岸流、暖流和冷水流等。不同的流系之间存在着较大的温度梯度,称作"流隔",该海洋现象称为海洋锋。

1938年,日本海洋学家宇田道隆在不同流系交汇处,即亲潮和黑潮交接的地方,用水听器清楚地听到了水下的噪声。1959年,他对海洋锋的概况和物理学特征进行了系统总结,并描述了日本沿岸观测到的生物现象。从那以后,海洋锋引起人们的注意。

Cheney 等(1976)出于海军作战的需要,把海洋锋定义为任意水文要素的不连续面。为了便于采用动力方法研究,1974年,Roden(1974)把海洋锋定义为达到水文要素梯度的极大值的位置。1985年,高野健三等(1985)学者将海洋锋定义为不同水团的狭窄过渡带。这个定义存在明显的缺点:在各种物理水文环境要素的阶跃性质的位置,不一定总是水团的边界。

《中国大百科全书》(海洋科学卷,1987)中海洋锋的定义是:"特性明显不同的两种或几种水体之间的狭窄过渡带。可用温度、密度、盐度、叶绿素等要素的水平梯度,或者要素的更高阶微商来表示。即海洋锋的位置可以用上述几个要素特征量的强度来表征。"

海洋锋与许多物理过程相联系。锋不仅是各种不同物理过程作用的结果,同时也是诸多物理过程形成的原因。海洋锋所在海区的水汽、动量和热量等的交换活动异常剧烈,对短期天气和长期气候变化都有显著影响,不仅对局地海雾的形成有着重要的影响,也是海洋上风暴的易生区、大尺度天气和气候现象的发源地。例如,近海的旅顺、连云港等海雾区,基本都处在潮汐锋的附近。

海洋锋经常在水平流剪切处形成,反过来也使得剪切效果增强。海洋锋与中尺度涡旋有密切的关联。一方面,锋面由于不稳定可以产生涡;另一方面,涡旋具有成锋作用,涡旋的外围常会有锋面形成。

海洋锋所在位置是海水的辐聚区,物理过程比较特殊,造成海洋锋区域集中多种物质(如浮游生物、营养盐、叶绿素、碎屑等),和海洋经济产业密切关联。海洋锋的时空变化对中心渔场、渔期和渔获量具有重要影响,因此,为提高渔获量,渔业部门十分重视锋面及其形成变化的研究。自从20世纪70年代开始,一些国家应用遥感技术发布海洋锋位置报告,提供给海洋开发部门使用。

海洋锋区诸多水文要素的变化,必然会影响海水的水声学性质,对于舰艇活动、水声通信及监测军事活动也有重要的影响。

因此,研究海洋锋对渔业生产、国防军事活动及海洋气象交叉学科研究等各方面都具有重要意义。探究海洋锋的海洋学特征、时空变化及其与海洋水文要素的相互联系,也是物理海洋学的基本任务之一。

3. 中尺度涡

中尺度涡作为海洋中尺度现象的一个重要部分,其动能在大多数海域皆高出平均动能一个量级,在海洋动力学以及热度、盐度、水团、动量和其他化学物质输送中起着重要的作用,对海域环流结构、温度和盐度分布、大面积水团分布和海洋生物有着很大影响,可对水面船只活动、水下潜艇活动和海军兵器产生重要影响,是军事海洋学研究和海洋战场建设必须考虑的问题。深海中,中尺度涡引起海水不均匀性分布可造成水下声传播的跃变,对潜艇的潜航、定位、探潜具有指导性作用。例如,在无涡旋时与有涡旋时传播损失可达40dB,声波由涡旋中心向涡旋外传播与涡外向涡心传播,传播损失也可达40dB左右,而40dB是现代声纳总增益的上界,也就是说,这样的中尺度涡会使一台现代声纳完全失去作用。

早在1958年,一位英国海洋学家,利用一种可固定在一定水层自由漂浮的声学追踪中性浮子,对洋底测量后发现,某一深层的流速是上层的十多倍,并且在不到10km的距离内,流场呈现反向的涡状海流。1973年,美国航天器上也拍摄到了这种现象,科学家们在分析了大量图片和资料后认为,大洋中到处都存在这样的涡状海流,如涡流厚薄大小不一、涡流直径从几十到几百千米不等、旋转方向有右有左、中心水温有冷有热、生命周期从几十天到半年以上不等,与大洋中强大而稳定的海流相比,这种涡流是局部涡流,但与人们可以看得清楚的近海小涡旋相比又显得大,海洋学家将这种叠加在海洋平均流场上的涡旋称为中尺度涡,其水平直径几十千米到几百千米,垂向尺度的量级为100m或1000m,寿命一般为几天到几年,与常见的用肉眼可见的涡旋相比,中尺度涡直径更大、生存时间更长;但与大洋中海流相比又小很多,它既不同于潮汐、波浪等短周期现象,也有别于洋流等大尺度现象和年、年际、年代际变化等长周期过程。20世纪70年代,多次的大洋实验也揭示了长期以来被认为是弱流区的广大中大洋区域,几乎都存在着流速较强(量级为10cm/s)的中尺度涡。

中尺度涡很像大气中的涡旋,又称为天气式海洋涡旋,分为两种类型:一种是气旋式涡旋(北半球逆时针旋转),其中心海水上涌,使海面升高,将下层冷水带到上层较暖的水中,导致上层海水温度降低,之后向涡旋外部输运,表现为海水的辐散,使海面降低,又称冷涡旋;另一种是反气旋式涡,其中心海水下沉,使海平面降低,携带上层的暖水进入下层冷水中,使得整个涡旋内部温度比外部稍高,随后,海水向涡旋内辐合,使海面升高,又称暖涡旋。

随着中尺度涡的见诸报道,海洋学家越来越认识到大洋中这一涡旋的重要意义,除了使用常规的岸边及岛屿海洋站、船舶观测外,海洋浮标现场观测资料和卫星资料、微波资料等也越来越多地应用于海洋中尺度涡的研究。海洋中尺度涡研究涉及许多海洋要素,如海水盐度、密度、温度、海面风场等,这些要素对军事活动和社会经济建设都有重大影响或具有实际用途。

1.2 国内外研究现状

1.2.1 大尺度环流

Wyrtki(1961)最早对南海环流进行了研究,认为南海中主要有三种不同海流:一是沿风方向的漂流;二是由于南海较宽以及表层风应力有旋度,可产生水平环流;三是风对海水埃克曼输送导致海水堆积产生的垂直环流。早期的另外一些研究根据水文及漂流瓶等资料也认识到上层环流具有明显季节变化:冬季为气旋式环流,夏季南海北部仍为气旋式环流,南部则为反气旋式环流。随后,Shaw 等(1994)利用数值模式也证实了这一特征。除了这些大尺度的环流背景外,海域内还存在一些有趣的细节结构,如见诸报道的"南海暖流"、夏季越南外海偶极子等。另外,南海中尺度涡活动频繁。

1.2.2 水文资料下多涡结构

20 世纪 80 年代起,海洋学家就已经意识到由于南海特殊的地理环境及冬、夏季反向的季风强迫、黑潮,以及不对称的热力和浮力强迫等因素影响,海域内呈复杂多涡结构。王胄等(1987)利用 1974 年 4 月 13 日至 19 日的温盐资料,描述了中心位于我国台湾岛西南侧 119°E、21°N 处,水平尺度大约为 200km 的一个反气旋涡,他们认为该反气旋涡与黑潮的入侵相关。1994 年 8 月至 9 月南海东北部水文调查发现一个中心位于 21°N、117.5°E,直径约 150km,垂直尺度达 1000m 的反气旋涡,并发现这个反气旋涡的 T-S 特性与太平洋有相似之处,也可能来源于黑潮。在吕宋岛西北部,许建平等(1996)发现有一个气旋式冷涡(吕宋冷涡)。Shaw 等(1991)指出,该区还有明显的上升流。杨海军等(2003)通过 Levitus 资料分析指出,这个冷涡主要发生在冬、春季节,并发现在南海西部越南沿岸有一中心位于 13.5°N、111°E,100m 层中心水温低于 17℃的冷涡(越南冷涡)。王桂华等(2001)利用多个航次资料证实,吕宋冷涡确实是常年存在的。夏季,除了1998年观测一次表层暖池事件外,至今未见有水文资料报道这里出现过暖涡。徐锡帧等(1980)利用历史数据绘出了南海夏季环流图,显示在越南以东强流南侧似乎有一暖涡出现。他们还发现在南海西部越南沿岸有一支很强的上升流,并指出表层冷水还有向东弥散的趋势。Kuo等(2000)发现的冷性急流可能与此相关。Xie等(2003)利用多种遥感资料揭示了越南以东冷水的特征,并指出其南面的反气旋涡与该冷水紧密相关。方文东等(2002)根据多年现场调查资料,发现在越南以东确有一个很强的锋面且锋面的南侧有一暖涡,取名为越南暖涡。苏纪兰等(1999)利用1998年4月至7月两个航次的调查资料也同样发现暖涡的存在,并指出其影响深度可达500m深。还有一些资料也证实了越南外海确实存在中尺度涡。除此之外,南海综合调查报告根据多个航次的温盐结构及水团分析,反映东沙西南海域常出现一个低温高盐中心。管秉贤(1997)综述了1959年以来海南岛以东外海发现的多个暖涡,并发现它们的位置经常发生变化;在吕宋西南侧,观测资料比较少。Fang等(2002)讨论了冬季南海南部的中尺度涡情况,指出在冬季曾母暗沙岛附近有一支强逆风海流,强流的东侧是一个反气旋涡,而西侧则是一个气旋涡。

徐晓华等(2001)指出海表面高度异常(SSHA)能够反映海表面涡旋的发生、变化、迁移和消亡过程,对浮标附近的温度场和流场有明显影响。王桂华等(2004)利用1993年至2000年,共8年的融合卫星高度计的SSHA数据对南海中尺度涡的运动规律进行了探讨,为了揭示南海中尺度涡空间发展和时间演变过程,下面引用其论文中对1998年4月至1999年4月这个时间段内,中尺度涡旋经过三个ATLAS浮标前后涡旋水平和垂直结构分析结果。

图1.1(a)给出了1998年11月5日至1999年1月25日一个反气旋涡影响北面S1浮标的过程,图1.1(b)给出了1998年11月S1浮标附近的流场和一个反气旋式涡旋,此后,这一反气旋式涡旋将绕着S1浮标向西南方向传播。结合图1.1(a)和图1.1(b)具体来看,11月5日,S1浮标还在冷水团的控制范围内,之后,一个反气旋式涡旋开始逐渐靠近浮标,S1浮标附近SSHA缓慢增大,而该处的温跃层开始向下加深,次表层逐渐变为由暖水控制,到12月15日,SSHA达到最大值,约6cm,而温跃层还在下降,12月25日,200m以上温跃层下降到最低,而200m以下温跃层直到1月15日才降到最低。这说明,该中尺度涡影响温跃层从表层到深层有一滞后时间,表层到200m约为10天,从200m到500m也约为10天。随后,反气旋涡开始慢慢离开浮标,表现为SSHA又开始逐渐减小,而该点的温跃层也开始慢慢上升。通过这点的反气旋涡的SSHA振幅不大,是因为该中尺度涡的中心没有通过浮标。

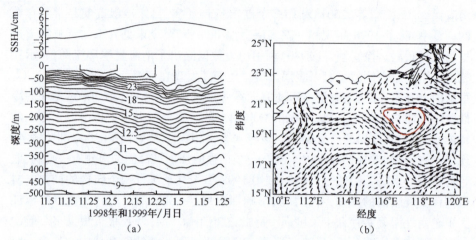

图 1.1　S1 浮标温度剖面及相应 SSHA 随时间变化(a)和 1998 年 11 月 S1 浮标附近流场，实线圆圈代表识别到的一个反气旋式涡旋(b)

图 1.2(a)给出了 1998 年 4 月 15 日至 1998 年 7 月 15 日一个反气旋涡影响中间 S2 浮标的过程，图 1.2(b)给出了 1998 年 4 月 S2 浮标附近的流场和一个反气旋式涡旋，此后，这一反气旋式涡旋将通过 S2 浮标向西北方向传播。结合图 1.2(a)和图 1.2(b)具体来看，4 月 15 日，一个反气旋涡开始慢慢接近浮标，表现为 SSHA 超过 10cm 并逐渐增大，而该点的温跃层开始下降，次表层开始由暖水控制，到 6 月 5 日至 15 日左右，SSHA 达到最大值，温跃层向下加深到最低，深层加深趋势不如表层明显，500m 层时间相对略有滞后，但也能看到中尺度涡影响的痕迹。6 月 15 日以后，反气旋涡开始慢慢远离浮标，表现为 SSHA 开始逐渐减小，而该点的温跃层也开始慢慢上升。

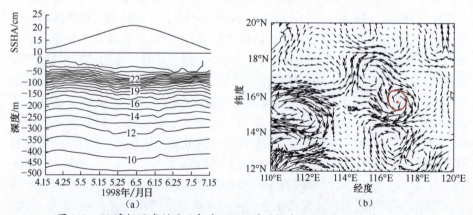

图 1.2　S2 浮标温度剖面及相应 SSHA 随时间变化(a)和 1999 年 4 月 S2 浮标附近流场，实线圆圈代表一个反气旋式涡旋(b)

图 1.3(a)给出了 1999 年 1 月 15 日至 1999 年 4 月 5 日一个反气旋涡影响南面 S3 浮标的过程,图 1.3(b)给出了 1999 年 2 月 S3 浮标附近的流场和一个反气旋式涡旋,此后,这一个反气旋式涡旋将沿着 S2 浮标北部边缘向西传播。结合图 1.3(a)和图 1.3(b)看,1 月 15 日,这一个反气旋涡开始慢慢接近浮标,表现为 SSHA 开始逐渐增大,250m 以上温跃层急剧下降,次表层开始由暖水控制,从 2 月 15 日至 3 月 15 日,SSHA 达到一个最大值,并且相对稳定,期间,该中尺度涡一直在浮标附近,温跃层下降到最低,表层水能够下降到 75m 左右。因 3 月 15 日后反气旋涡开始慢慢离开浮标,表现为 SSHA 开始逐渐减小,而温跃层也开始慢慢上升,但由于 4 月 10 日起没有温度资料,浮标未能监测到反气旋涡最终离开浮标的过程。

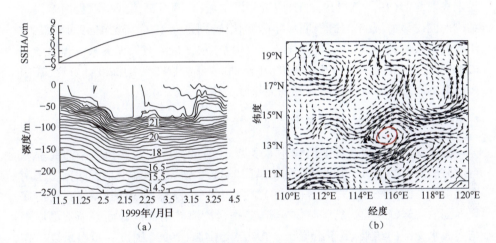

图 1.3 S3 浮标温度剖面及相应 SSHA 随时间变化和(a)和 1999 年 2 月 S3 浮标附近流场,实线圆圈代表一个反气旋式涡旋(b)

水文资料可以显著体现中尺度涡活动,在(反)气旋涡开始靠近浮标时,浮标附近温跃层开始上升(下降),次表层开始由冷(暖)水控制,海表面高度异常开始减小(增大);当(反)气旋涡经过浮标时,浮标附近温跃层上升(下降)到最高(低),次表层完全由冷(暖)水控制,海表面高度异常减小(增大)到最小(大)值;当(反)气旋涡离开浮标时,上述过程刚好相反。可见,中尺度涡对附近流场和温度场有明显影响。

总之,水文资料显示南海中尺度涡确实比较活跃,其多涡结构特点也得到大面积水文资料的支持。

1.2.3 高度计下南海多涡结构

由于水文资料时空连续性差,难以捕捉大面积中尺度涡生消过程。卫星高度计不受传统观测手段的限制,可提供大面积、准同步的海表面高度资料,使得在连续时间步长上对涡旋探测、追踪成为可能。在用高度计研究中尺度涡的工作中,有人利用高度异常加气候平均场研究中尺度涡,如 Hwang 等(2000)采用7年 T/P 月平均资料共辨认出 218 个中尺度涡,其中冷涡 94 个、暖涡 124 个。大多数学者则直接利用海表高度异常研究中尺度涡,如李燕初等(2003)采用7年的 T/P 高度计资料对南海东北部海域高度异常及其季节变化和年际变化进行研究,通过分析海面高度异常的均方根值(RMS)的逐月、季节、逐年变化分布,认为中尺度涡的高能量区主要分布在中国台湾省西南部(21.3°N、119.0°E)和吕宋岛西北部(19.5°N、119.5°E)附近的深水域,且两个高值区呈现为两个涡状结构。同时该海域的 RMS 有明显年际变化,特别是在 1993 年至 1999 年中 1997 年的均方根值最小,认为可能与 1997 年的厄尔尼诺现象有较大关系。程旭华等(2005)通过类似的方法分析了 1993 年至 2003 年,共 11 年的高度计资料,在南海西南部海域也发现中尺度涡的明显年际变化。

1.2.4 南海的锋面分布特征

关于南海海洋锋现象的研究还不多见,已有的研究也只停留在南海北部和台湾海峡附近的海区。1983 年,陈俊昌(1983)首先应用红外卫星云图分析了南海北部存在的海洋锋。李立等(2000)结合实测资料和卫星遥感资料,对台湾海峡南部的海洋锋现象进行了整体分析,冬季台湾海峡南部的锋面是浙闽沿岸水与南海水交汇的结果,属于沿岸锋。1999 年,洪鹰(1999)则进一步揭示夏季在台湾海峡南部也存在着陆架/陆坡锋。

1997 年,许建平等(1997)通过卫星遥感图片指出广东外海大陆架存在一显著的温度锋,大体沿 50m 等深线分布。2001 年,Wang 等(2001)利用 8 年月平均的 SST 遥感资料,温度梯度标准选为 $\Delta T/\Delta x \geq 0.5℃ \cdot (9km)^{-1}$ 计算了锋面出现频率,描述了台湾浅滩锋和黑潮入侵锋的存在和形成机制,也指出锋存在明显的季节变化,但未给出具体数值。2006 年,黄韦艮等(2006)利用 AVHRR 遥感资料,采用锋面温度梯度 $\Delta T/\Delta x \geq 0.05℃ \cdot km^{-1}$ 求取锋面的平均强度,提取了海表面温度锋的时空信息,以及揭示了锋面季节变化、年际变化和锋面波动特征规律。2004 年,王磊(2004)利用 NASA AVHRR Oceans Pathfinder SST 遥感资料,以 $\Delta T/\Delta x \geq 0.05℃ \cdot km^{-1}$ 作为辨别温度锋面的标准,计算了温度锋出现频率大于 50% 的海区近似看作温度锋面。

2009年,邱青岭(2009)通过应用AVHRR SST数据和边缘检测方法,对台湾海峡的温度锋进行分析,得出了台湾海峡及黑潮流径上的温度锋位置,并讨论了其季节、月变化特征。2009年,张伟(2011)应用MODIS资料,利用Canny算子良好的边缘检测性能及数学形态学在二值图像处理上的优势,实现了海洋锋的监测。但是,由于红外反演SST缺测严重,所以效果欠佳,有待于进一步深入研究。监测也是对南海局地海域海洋锋的一种试探性监测,由于未能建立精确的描述海洋锋特征的数学公式,边缘检测技术还存在一定的局限性。因此,小尺度锋与噪声、大尺度锋面间的协调关系不能很好地进行处理,于是,不得不将研究重点放到大尺度锋面系统上。

1.2.5 海洋声速计算研究进展

海水声速是温度、盐度、海水压强的函数,海洋声学界通常以经验公式表示,早期常用的声速计算公式主要是Wilson(1960)公式,即

$$\begin{aligned}
C &= 1449.14 + \Delta C_T + \Delta C_S + \Delta C_P + \Delta C_{STP} \\
\Delta C_T &= 4.5721T - 4.4532 \times 10^{-2}T^2 - 2.6045 \times 10^{-4}T^3 + 7.9851 \times 10^{-6}T^4 \\
\Delta C_S &= 1.3980(S-35) + 1.6920 \times 10^{-3}(S-35)^2 \\
\Delta C_P &= 1.60272 \times 10^{-1}P + 1.0268 \times 10^{-5}P^2 + 3.5216 \times 10^{-9}P^3 - 3.3603 \times 10^{-12}P^4 \\
\Delta C_{STP} &= (S-35)(-1.1244 \times 10^{-2}T + 7.7711 \times 10^{-7}T^2 + 7.7016 \times 10^{-5}P \\
&\quad - 1.2943 \times 10^{-7}P^2 + 3.1580 \times 10^{-8}PT + 1.5790 \times 10^{-9}PT^2) \\
&\quad + P(-1.8670 \times 10^{-4}T + 7.4812 \times 10^{-6}T^2 + 4.5283 \times 10^{-8}T^3) \\
&\quad + P^2(-2.5294 \times 10^{-7}T + 1.8563 \times 10^{-9}T^2) + P^3(-1.9646 \times 10^{-10}T)
\end{aligned} \tag{1.1}$$

式中:温度T、盐度S、静压力P的单位分别为℃、‰、kg·cm^{-2}。

Leroy在Wilson公式基础上,进行了适当的改进和简化。Leroy计算公式为

$$\begin{aligned}
C &= C_0 + V_a + V_b + V_c + V_d \\
C_0 &= 1493.0 + 3(T-10) - 6 \times 10^{-3}(T-10)^2 - 4 \times 10^{-2}(T-18)^2 + 1.2(S-15) - 10^{-2}(T-18)(S-35) + Z/61 \\
V_b &= 2.6 \times 10^{-4}T(T-5)(T-25) \\
V_c &= -10^{-3}\xi^2(\xi-4)(\xi-8) \\
V_d &= 1.5 \times 10^{-3}(S-35)^2(1-\xi) + 3 \times 10^{-6}T^2(T-30)(S-35) \\
\xi &= Z/1000
\end{aligned} \tag{1.2}$$

式中:温度T、盐度S、深度Z的单位分别为℃、‰、m。

1974年左右,Del Grosso(1974)又给出了一个新的声速计算公式。Del

Grosso 公式为

$C = 1402.392 + \Delta C_T + \Delta C_S + \Delta C_P + \Delta C_{STP}$

$\Delta C_T = 0.501109398873 \times 10^1 T - 0.550946843172 \times 10^{-1} T^2 + 0.221535969240 \times 10^{-3} T^3$

$\Delta C_P = 0.156059257041 \times 10^0 P + 0.244998688441 \times 10^{-4} P^2 - 0.883392332513 \times 10^{-8} P^3$

$\Delta C_S = 0.132952290781 \times 10^1 S + 0.128955756844 \times 10^{-3} S^2$

$\Delta C_{STP} = 0.127562783426 \times 10^{-1} TS + 0.635191613389 \times 10^{-2} TP + 0.265484716608 \times 10^{-7} T^2 P^2 - 0.159349479045 \times 10^{-5} TP^2 + 0.522116437235 \times 10^{-9} TP^3 - 0.438031096213 \times 10^{-6} T^3 P - 0.161674495909 \times 10^{-8} S^2 P^2 + 0.968403156410 \times 10^{-4} T^2 S + 0.485639620015 \times 10^{-5} TS^2 P - 0.340597039004 \times 10^{-3} TSP$
(1.3)

式中:温度 T、盐度 S、静压力 P 的单位分别为℃、‰、$kg \cdot cm^{-2}$。

到目前为止,国际上普遍采用的声速计算公式是 Chen-Millero 公式。Chen-Millero 公式为

$(U^P - U^P_{H_2O}) - (U^0 - U^0_{H_2O}) = A \times S + B \times S^{3/2} + C \times S^2$

$U^P_{H_2O} \equiv U_{H_2O}(P) = 1402.388 + 5.03711T - 5.80852 \times 10^{-2} T^2 + 3.3420 \times 10^{-4} T^3 - 1.47800 \times 10^{-6} T^4 + 3.1464 \times 10^{-9} T^5 + (0.153563 + 6.8982 \times 10^{-4} T - 8.1788 \times 10^{-6} T^2 + 1.3621 \times 10^{-7} T^3 - 6.1185 \times 10^{-10} T^4) P + (3.1260 \times 10^{-5} - 1.7107 \times 10^{-6} T + 2.5974 \times 10^{-8} T^2 - 2.5335 \times 10^{-10} T^3 + 1.0405 \times 10^{-12} T^4) P^2 + (-9.7729 \times 10^{-9} + 3.8504 \times 10^{-10} T - 2.3643 \times 10^{-12} T^2) P^3 (U^0 - U^0_{H_2O}) = (1.389 - 1.262 \times 10^{-2} T + 7.164 \times 10^{-5} T^2 + 2.006 \times 10^{-6} T^3 - 3.21 \times 10^{-8} T^4) S + (-1.922 \times 10^{-2} - 4.42 \times 10^{-5} T) S^{3/2} + 1.727 \times 10^{-3} S^2$

式中: U^P 为需要计算的压力 P 时的声速,$U^0_{H_2O} \approx U_{H_2O}(0)$,3 个系数分别为

$A = (9.4742 \times 10^{-5} - 1.2580 \times 10^{-5} T - 6.4885 \times 10^{-8} T^2 + 1.0507 \times 10^{-8} T^3 - 2.0122 \times 10^{-10} T^4) P + (-3.9064 \times 10^{-7} + 9.1041 \times 10^{-9} T - 1.6002 \times 10^{-10} T^2 + 7.988 \times 10^{-12} T^3) P^2 + (1.100 \times 10^{-10} + 6.649 \times 10^{-12} T - 3.389 \times 10^{-13} T^2) P^3$

$B = (7.3637 \times 10^{-5} + 1.7945 \times 10^{-7} T) P$

$C = -7.9836 \times 10^{-6} P$
(1.4)

式中:温度 T、盐度 S、压力 P 的单位分别为℃、psu(盐标)、kPa。

近年来,国内外学者对声速计算公式的准确性进行过比较。周丰年(2001)

的研究表明,当深度为 10~10000m 时,Chen-Millero 算法比较适合该水层的声速计算。声波在深度 1000~12000m 的等温层传播时,Wilson、Leroy、Del Grosso 公式不适用于该层的声速计算。

陈红霞等(2005)利用近年来在西太平洋调查中获取的 3 次 CTD 水文调查数据所做的计算表明,用 Wilson 算法得到的计算声速要比用 Chen-Millero 算法得到的计算声速快。从海表面到 1500m 深度的计算范围内,利用 Del Grosso 的声速算法得到的结果在这几种算法中是最慢的,与同时利用声速测量仪器直接测量的声速相比较,Chen-Millero 算法在 200~800m 内要比 Del Grosso 算法精确。而在其他范围内,Wilson 算法较为准确。在积分意义上,Chen-Millero 算法是最好的。

与刘贞文等(2007)的研究结果对比,Chen-Millero 和 Del Grosso 计算得到的结果比 Wilson 公式更接近于直接测量的声速,Chen-Millero 与直接测量的声速二者所计算相关性比其他两个公式的相关性都高,因此,在 3 个经验公式当中,Chen-Millero 算法与实测声速吻合得最好。

1.2.6 南海声速剖面研究进展

不同类型参数的分布反映了海水介质的不同属性,体现的是海水在不同方面的特性。如果研究海洋动力和热力问题,温度、盐度、密度的分布重要一些,如果是研究海洋中的声传播问题,声速分布(主要是垂直结构,即声速剖面)则是必须要考虑的要素。Urick(1983)将海洋声速剖面分为表面层(混合层)、季节跃层、主跃层和深海等温层 4 层。在相当大的范围内,海水声速在水平方向变化不大,而在深度方向变化较大。海水声速垂直变化使声波折射。一般情况下,深海声速垂直剖面可分为 4 段。

(1) 混合层。海面附近的水层,由于风浪搅拌,在几十米内形成温盐等要素均匀的水层,称为混合层。由于压力随深度增加而增加,声速也随深度而增加,形成不稳定的表面声道。

(2) 季节跃层。混合层之下声速随深度而降低,声速的垂直分布受季节影响很大的一段,称为季节跃层。

(3) 主跃层。从季节跃层向下海水温度不随季节而变,声速稳定地随深度增加而降低,称为主跃层,也有人将季节跃层和主跃层合在一起称为跃层或主跃层。

(4) 深海等温层。从主跃层向下到一定深度以后海水温度不随深度而变化,称为深海等温层。随深度增加,静压力增加,声速也随之增大,一直到海底。

唐永禄(2002)将南海声速剖面年候变化特征归纳如下:11 月中旬至次年 2

月上旬是稳定的"冬季剖面";3月下旬至9月中旬呈现的是"夏季剖面";2月中旬至3月中旬和9月下旬至11月上旬分别为春秋"过渡剖面"。不同海区的声速剖面的差异主要是盐度和海流分布引起的,在夏季气象条件对声速剖面的影响也是巨大的。

张旭等(2010)研究将南海声速剖面分为深海型,浅海型和过渡型海区3个类型。深海型包括南海中部的深海区域,次表层和表层有明显的季节性变化,次表层以下结构稳定,呈现出"主跃层+深海声道+深海正梯度"的结构;深海声道轴对应主跃层以下声速最小值所在深度,一般为800~1200m的范围。浅海型包括南海北部和北部湾的浅海陆架区域,也具有明显的季节性变化特征,即春、夏、秋三季,浅海型海区呈现出"混合层+季节性跃层+下均匀层"的结构,季节性跃层的生消决定了上、下均匀层之间的声速负梯度的强度。过渡型海区定义为水深介于200~2000m的区域,主要包括南海南部、南海北部和附近的大陆坡区域,其水深从大陆架到深海海盆迅速增大。南海过渡型海区的声速剖面结构与南海深海型类似,表层和次表层有季节性变化,次表层以下为"主跃层+深海声道"结构,但两者在主跃层的模态有明显的差异。

1.2.7 海洋跃层研究进展

1958年,毛汉礼等(1964)利用全国海洋调查时期所取得的南森资料及BT资料对124°E以西和28°N以北的渤、黄、东海区及南海北部陆架区的季节温度、密度、盐度跃层的时空分布变化规律进行了详尽的阐释,提出用上界深度、厚度和强度这3项特征表示跃层,给出了不同水深的跃层标准判据。总结出在我国沿海的陆架海域,季节性温跃层的变化趋势可以划分为4个阶段:无跃期、成长期、强盛期、消衰期。同时,对温跃层形成机制进行了初步研究,认为低洼地区有利于冷水的长期保存,这是形成强温跃层的主要原因。他的报告是我国首部开展海洋跃层研究的著作。赵保仁(1985,1987,1989)利用实测CTD资料,指出在风、潮湍流混合的作用下,夏季黄、东海强跃层分布在斜坡地区的转移规律。蓝淑芳(1985)给出了东海陆架区温度逆转相对频率的分布情况。于洪华(1988)对东海温跃层分布变化特征做了许多工作,分析研究了温跃层分布变化规律及垂直结构,讨论了强跃层区的不同时间尺度变化特征。对于跃层的生成机制问题,赫崇本(1964)最早提出潮汐的湍流摩擦对海水的层化现象有重要影响。杨殿荣(1991)指出,在我国陆架浅海区潮混合效应和光的衰减效应的叠加使得海洋水深的变化对跃层影响进一步加强,从而形成陆架海区跃层等深度线与海水等深线的分布趋势较为一致的现象。邹娥梅(2001)利用CTD现场资料分析表明,跃层的水深和海区地理环境有一定的关系。

以上研究认为,跃层形成后,起着阻碍水交换的屏障作用,因而,成为海水运动的垂直边界。中国近海的浅水区域,每年初春随气温回升海水增温层化并开始出现跃层;入夏以后,跃层由于水温剧升,径流增大而强化;入秋以后,随表层水降温,垂直对流混合加强,跃层深度逐渐加大,强度减弱甚至消失。

20世纪90年代以后,我国学者开始对南沙海域进行系统而全面的调查,发表了一批关于南沙跃层研究的文献。邱章等(1994)用1985年至1990年南沙科考资料全面地分析了南沙海域的温跃层分布特点,结果表明,低温海水在东北季风的推动下,自南沙的西北部向东南部推进,海水温度垂直梯度越大,其阻碍上层热量往深层扩散的能力就越强;创造性地提出了"海表日辐射型温跃层"。周发琇等(1995,2001)在分析南海表层和次表层水温的季节性变化时,对温跃层深度的变化也进行了研究,指出海表风应力通过埃克曼作用可以直接影响跃层的上升与下降。陈希等(2001)利用21层海温资料,研究了南海北部海区的温跃层季节变化特征,证明了净辐射通量对该海域温跃层季节性分布影响较大。王东晓等(2001,2002)采用Levitus资料,运用通风温跃层的理论对南海地区温跃层进行了研究。结果说明,温跃层的生成与混合层水团的变化规律是密不可分的。施平等(2001)和杜岩等(2001)通过分析得到了南海混合层的时空分布特征,认为季风通过埃克曼效应影响混合层深度。郝少东(2010)使用Levitus资料对南海北部温跃层及内潮波进行研究,认为温跃层深度、厚度和强度的季节性变化幅度不相同,极值出现的时间也不同步,近岸跃层的特征值季节性变化较外海显著。孙成学等(2007)通过分析新的SODA资料,得到南海混合层时空场的分布特征,研究表明,南海混合层深度季节变化明显:冬季北深南浅,西北陆架区深,吕宋冷涡处浅;夏季西北浅,东南深,冬夏过渡期短。南海这种混合层深度分布特征除了与热通量的季节变化有关外,在相当大的程度上与季风季节变化引起的埃克曼输送及埃克曼抽吸有关。但是,他们都没有将这种特性及规律与声速跃层的特性、规律及其影响因素相联系。

兰健等(2006)利用GDEM的温、盐资料和P矢量方法计算并分析了南海的表层环流与多涡结构的空间分布特征及季节变化规律:受南海季风和复杂地形的影响,南海环流场具有复杂的空间结构和明显的季节变化,同时,此海域又是中尺度涡多发海域,这些特征必然对南海跃层深度的水平分布及季节变化有显著的影响。

Liu等(2000)结合1907年至1990年南海历史调查资料,分析了南海海区温跃层的季节变化特征及其和季风、黑潮、中尺度涡等之间的关系。结论表明,南海温跃层季节性变化主要受气旋(反气旋)风应力引起的埃克曼上升(下降)流的影响。Liu等(2001)利用1998年4月13日至1999年4月8日的ATLAS

浮标资料分析表明,南海中部温跃层的季节性变化主要由净热通量的季节性变化和海表面风应力引起,而季节内变化主要受净热通量和中尺度涡的控制,跃层上界深度变化和海表面高度变化关系密切,特别阐明了春季的双跃层是由海表上层强太阳辐射引起的。刘秦玉等(2001)利用 POM 模式对南海暖水和季节变化的不同阶段给出了机制的解释,指出跃层的季节变化与南海暖水的季节变化有密切关系,在风应力和中尺度涡共同作用下的受迫振荡是跃层季节内变化的主要机制。

莫军等(2009)利用海洋模态重构方法对 Levitus 数据库数据进行分析,获得了南海的温度、密度和声速的最大跃层强度及其深度的月平均变化规律:从最大声速跃层强度的分布来看,南海海域的变化比较稳定,几乎所有海域在 $0.2s^{-1}$ 附近。1 月至 3 月,最大声速跃层强度的分布有比较明显的北弱南强的特征。从 4 月开始,南海海域的最大声速跃层强度随时间增强,在 8 月达到顶峰,超过 $0.2s^{-1}$,最大声速跃层强度开始逐渐减弱。到 10 月,南海海域小于 $0.2s^{-1}$ 弱的趋势一直持续到 12 月,最大声速跃层强度的分布与 1 月接近。从最大声速跃层的对应深度结果可看出,南海大部分海域最大声速跃层的对应深度在 100m 左右。到 4 月,南海大部分海域最大声速跃层的对应深度已经开始上升到 50m 左右。从 5 月开始,最大声速跃层的对应深度上升的趋势更加明显。7 月和 8 月,最大声速跃层的对应深度海域在 50m 左右。从 9 月开始,最大声速跃层的对应深度开始逐渐下降。12 月的最大声速跃层的对应深度分布与 1 月的分布几乎相同。

数值模式对跃层演化过程的模拟和机理的探讨非常有效,能细致地反映海洋要素场的垂向结构,其中三维模式代表着模式发展的趋势。但数值模式预报一方面存在诸如运算时间过长等弊端,另一方面,现有的模式大多是约化模式和重力模式,因而,难以直接用于实践。

自 20 世纪 50 年代以来,我国在近海进行了几十年的连续海洋调查,在本海域积累了大量宝贵的海洋实测资料,因此,借鉴统计预报方法(张元奎等,1989;邱道立等,1989)以及利用经验正交海洋模态(McWilliams 等,1974)开展跃层预报研究有着重要的实践价值。随着各种新型海洋卫星的应用,人们逐渐获得高分辨率海表面温度和海表面高度,通过海表面资料,反演深层垂直水文要素成为解决跃层预报很好的方法。国外一些学者(如 Chu 等,1998,2000,2003)通过一种参数化模型,提出从卫星海表面温度反演得到下层热结构的方法。Carnes 等(1994)在前人研究的基础上提出基于 EOF 分解技术,通过海表面温度和高度场,反演海水表层以下的水文要素场。其他学者,如 Pascual(2003),在其他的海域,针对不同问题,应用该种方法,都取得了较好的结果。

1.2.8 中尺度涡研究进展

传统的中尺度涡研究主要基于水文观测资料,而卫星高度计能提供大面积、准同步的海面高度异常资料,成为近些年来研究中尺度涡的有力工具。由于中尺度涡的直观表现就是海表面高度的异常高低,因此,采用卫星高度计的海表面高度异常(SSHA)数据探测中尺度涡是识别涡旋最直接的方法(Roemmich 和 Gilson,2001;Wang 等,2003;林鹏飞等,2007)。Roemmich 和 Gilson(2001)对 22°N 的涡旋结构进行了研究,并定义 SSHA 大于 7.5cm 的海表面异常才是涡旋。Wang 等(2003)在对南海中尺度涡旋的研究中沿用了这个临界值,并针对南海中尺度涡的特点提出涡旋中心位置水深要大于 1000m。林鹏飞等(2007)在研究南海中尺度涡旋的时空变化规律时,参考 Wang 等(2003)的识别准则,并根据卫星资料时间分辨率的限制,提出涡旋周期至少为 5 周的标准。

近几年,Okubo-Weiss(OW;Okubo,1970;Weiss,1991)算法越来越多地在中尺度涡旋的研究中被使用(Chelton 等,2007;Xiu 等,2010,2012)。该方法通过流场中的拉伸、剪切以及相对涡度定义 OW 参数,基于物理判定条件 OW 参数从 SSHA 数据中判断识别涡旋这种方法的缺点是容易引入新的噪声,并且会误将一些不是涡旋的信号识别为涡旋。

WA(Sadarjoen 和 Post,2000;Chaigneau 等,2008)是近几年最普遍使用的涡旋自动识别方法(Chaigneau 等,2008,2009;Chen 等,2011)。首先,在一个 1°×1° 经纬度移动窗口内通过寻找内部 SSHA 最小(最大)值点作为气旋涡(反气旋涡)的可能中心。随后,对于每一个可能的气旋涡(反气旋涡)中心以 1mm 的增幅(减幅)向外扩展 SSHA 的等值线,最外那条包含着涡旋中心的等值线即为涡旋的外边缘。一般把中心点与外边界高度差值大于 3cm 的认为是涡旋。Chaigneau 等(2008)对东南太平洋中尺度涡的研究中对 OW 和 WA 方法进行比较,WA 方法涡旋的准确度更高。2010 年,陈更新(2010)利用改进的 WA 涡旋识别方法(即利用地转流场代替 SSHA 等值线)对南海中尺度涡进行统计分析。

Nencioli 等(2010)(简称为 N2010 方法)提出一种新的中尺度涡旋识别方法。涡旋在速度场上的直观表现是速度矢量围绕着一个中心呈顺时针或逆时针旋转,在涡旋中心的位置速度最小,随着距中心的距离增大,切向速度逐渐增加到最大值,之后又逐渐减小。N2010 方法根据这一特征,以速度最小点涡旋的中心和切向速度最大值处为外边界。Liu 等(2012)利用 N2010 方法对北太平洋北部的亚热带涡动能高值区域进行中尺度涡统计分析。

随着 drifter 表面漂流浮标资料的丰富,利用 drifter 对涡旋规律的研究也逐步展开(Hamilton,2007)。该方法根据 drifter 的运动轨迹识别涡旋主要依据线段交点判断,认为同一个 drifter 的轨迹中每一个交点对应一个涡旋。作为水文实测资料,drifter 浮标轨迹中包含高度计资料无法分辨的次级涡旋信息。Li 等 (2011)利用 drifter 浮标对南海北部涡旋进行统计,并指出南海北部涡旋数量随季节变化与东亚季风有密切关系。

鉴于单颗卫星高度计资料精度较低,王桂华(2004)利用 1993 年至 2000 年多卫星融合高度计资料探讨了南海中尺度涡的统计特征和运动规律,并根据南海中尺度涡生成机理的不同,把这些中尺度涡分在 4 个不同的区,分别是台湾岛西南、吕宋岛西北、吕宋岛西南以及越南外海,其中吕宋岛西北和越南外海涡旋产生最多。林鹏飞等(2007)同样利用 SLA 涡旋辨认算法,统计了 1993 年至 2002 年的南海中尺度涡,共辨认出 163 个中尺度涡,其中反气旋涡 84 个、气旋涡 79 个。这和 Wang 等(2003)的统计结果不甚一致,差异可能是由于 Wang 等 (2003)对 SSHA 数据进行过低通滤波,仅统计了生命周期大于 60 天的涡旋所致。程旭华(2005)等利用 1993 年至 2003 年共 11 年的 TOPEX/Poseidon、Jason 和 ERS1/2 高度计的融合资料,对南海中尺度涡的时空分布规律进行统计,并分析了南海中尺度涡的季节和年际分布规律。林鹏飞等(2007)指出,南海涡旋最大频数出现在半径为 200km 的位置;涡旋生命以 30~60 天为主,一般不超过 180 天。同时,他指出涡旋大多位于越南中部外海海域到吕宋海峡以西的西南-东北的条带内,而南海西北部和东南部涡旋出现较少。陈更新(2010)以吕宋海峡西部海域和越南东部海域为重点研究区域,研究了季节性涡旋吕宋暖涡的垂向结构和演化特征,并利用模式讨论越南东部夏季偶极子的形成机制。此外,他还利用 17 年高度计资料,统计了南海涡旋的性质和时空变化特征,基于 WA 方法共有 434 个反气旋涡和 393 个气旋涡被辨认出来。

南海西北部涡旋频发,黑潮被认为是导致部分涡旋产生的原因。Wang 等 (2000)通过对多年平均的 XBT 资料分析,发现吕宋海峡的黑潮是斜压不稳定的,并推测这种不稳定可能激发产生南海西北部中尺度涡。蔡树群和苏纪兰 (1995)通过正压、约化模式以及二层模式发现,黑潮西侧的正涡度平流输入可以在南海激发周期性的涡。杨昆等(2000)认为黑潮在巴士海峡也能形成如墨西哥湾似的"流套"并脱离出中尺度涡。Wang 等(2008a)利用卫星及水文数据证实存在从黑潮中脱落反气旋涡个例。Yuan 等(2006)则通过分析多年高度计资料指出,任何季节都存在反气旋涡从黑潮中脱落的现象。

风的作用是激发中尺度涡生成的另一个主要成因。Qu(2000)通过比较风场与水文观测资料,认为吕宋西北海域的涡旋和越南冷涡与风应力旋度有很强的相关性。王桂华(2004)认为海洋通过大尺度风应力的埃克曼抽吸作用获得位能,在一定条件下所获取的位能能够转换成尺度与Rossby半径相当的中尺度涡位能,进而通过中尺度涡位能转换成中尺度涡的动能。Wang等(2008b)利用约化重力模式研究表明,冬季风急流是吕宋海峡区域多涡的原因之一。Chen等(2010b)认为夏季越南外海偶极子的产生与局地风应力旋度密切相关。此外,Cai等(2002)还认为季风与复杂的地形相互作用也可能产生中尺度涡。

沿岸强流的不稳定是越南东部海域涡旋产生的重要原因。夏季,越南以东120°E附近似乎有一股较强的离岸流(东向流),Su(2004)指出,急流的不稳定可能激发中尺度涡:当锋面更不稳定时,中尺度涡更容易在锋面两边成长。冬季,越南东部南向沿岸流与海山的相互作用利于该区域气旋涡的生成。

第 2 章 资料和方法

2.1 使用的资料

2.1.1 SODA

海洋数据集(Simple Ocean Data Assimilation, SODA)(Carton, et al., 2008),由全球简单海洋资料同化分析系统(Simple Ocean Data Assimilation)生成,该系统是美国马里兰大学于20世纪90年代初开始开发的分析系统,其目的是为气候研究提供一套与大气再分析资料相匹配的海洋再分析资料。SODA 分析系统最初采用的是美国地球物理流体力学实验室(GFDL)的海洋模式 MOM2,后来又引入了以 POP 数值方法和 SODA 程序为基础的全球海洋环流模式(General Circulation Ocean Model)。该系统用于同化分析的温度和盐度廓线数据多达 700 万个,其中 2/3 来自世界海洋数据库(World Ocean Database),其他来自美国国家海洋地理数据中心(NODC)的实测温度廓线数据、大西洋热带-海洋浮标组群(TAO/Triton)和全球海洋观测网(ARGO)的观测数据、综合海气数据集(COADS)的混合层温度数据、NCEP/NCAR(1948 年至 2004 年)或 ECMWF(1958 年至 2001 年)的再分析海表风场数据、全球降水气候计划(GPCP)的月平均降水通量数据、卫星海平面测高仪测得的海平面高度和改进的红外甚高分辨率辐射仪(AVHRR)测得的海表温度数据等。在同化分析资料种类和数量增多的同时,将系统性误差也引入到同化系统中,这些误差除了由观测系统和观测手段的改变引起外,还可能由变量不能很好地表征海洋的物理属性、不恰当的数值运算、变量的内在变率和初始场的质量等原因引起。因此,该同化系统采用了随机连续估计理论和质量控制方法,如临近点检验法、"预报值–观测值"差值检验法、卡尔曼滤波法、四维变分法等多种方法减少误差,以保证资料的准确度、可用性和可信度。

SODA 包含的变量有海平面高度、海表风应力、温度、盐度、海流速度、海洋上层 0~500m 热含量等。由于同化观测数据以及变量之间动力关系的局限性,变量被分为 A、B、C 共 3 种类型:A 型指的是可以由观测数据直接获得的变量,如上层海洋温度;B 型指的是与 A 型变量有很强的动力关系并且直接受到观测数据影响的变量,如海平面高度;与 B 型变量正好相反,C 型变量指的是并不严格地受到观测数据制约和动力关系束缚的变量,如深层的温度、盐度和海流速度,以及上层海洋的散度、动量通量等。因此,要慎重使用 C 型变量的数据资料。

SODA 随着同化系统的不断开发与升级,陆续有多种 SODA 版本问世。目前,IRI 中心 2010 年发布的最新版本为 SODA-2.2.4 的月平均数据资料,数据集的时间序列从 1871 年到 2008 年。本书研究中使用 2008 年发布的 SODA-2.1.6 版本 1958 年至 2007 年的月平均数据资料,获取网址为 http://dsrs.atmos.umd.edu/DATA/soda_2.1.6/。

SODA-2.1.6 版本的基本信息如下:水平覆盖范围:0.25°E~359.75°E,75.25°S~89.25°N。水平方向上的分辨率为 0.5°×0.5°,因此,在经、纬向上的格点数分别为 720 个和 330 个。垂直方向上的分辨率为不等间距,从上向下共 40 层,深度(单位:m)分别为 5、15、25、35、46、57、70、82、96、112、129、148、171、197、229、268、317、381、465、579、729、918、1139、1378、1625、1875、2125、2375、2624、2874、3124、3374、3624、3874、4124、4374、4624、4874、5124、5374。资料时段:1958 年 1 月至 2007 年 12 月,共 50 年(600 个月)。包含的变量分别为温度(temp)、盐度(salt)、纬向海流速度(u)、径向海流速度(v)、纬向海表风应力(taux)、径向海表风应力(tauy)和海平面高度(ssh)共 7 个,变量详细信息如表 2.1 所列。资料存储形式为每个月一个文件,每个文件包含本月 7 个变量的月平均信息,共 600 个文件。每个文件的容量是 147MB,50 年资料的总计容量为 88.23GB。资料存储文件的命名规则:(系统名)_(版本号)_(年月),如 SODA_2.1.6_195801 这个文件就表示 SODA 同化系统 2.1.6 版本的 1958 年 1 月的 7 个

表 2.1　SODA_2.1.6 月平均海洋数据集变量介绍

变量名称	变量简称	维数	存储格式	垂直分布	单位	变量类型
温度	temp	(depth,lat,lon)	(lon lat depth time)	40 层	℃	A[①]
盐度	salt	(depth,lat,lon)	(lon lat depth time)	40 层	$g \cdot kg^{-1}$	B[①]
纬向速度	u	(depth,lat,lon)	(lon lat depth time)	40 层	$m \cdot s^{-1}$	B[①]
径向速度	v	(depth,lat,lon)	(lon lat depth time)	40 层	$m \cdot s^{-1}$	B[①]
海表面高度	ssh	(lat,lon)	(lon lat time)	1 层	m	B
纬向风应力	taux	(lat,lon)	(lon lat time)	1 层	$N \cdot m^{-2}$	
径向风应力	tauy	(lat,lon)	(lon lat time)	1 层	$N \cdot m^{-2}$	

①表示在 1~23 层是 A 型或 B 型,在 24~40 层是 C 型。

变量月平均资料。数据以 NetCDF 格式存储,可以用 GrADS 软件或者安装有 NetCDF 插件的 Matlab 直接读取,NetCDF 插件可在 http://mexcdf.sourceforge.net 获取。本书研究中,使用 Matlab 提取 1958 年 1 月至 2007 年 12 月间水平覆盖范围在 98.75°E~122.25°E、-1.25°N~24.25°N 的温度、海表面高度、海表风应力和海流速度数据。

2.1.2 卫星高度计数据

随着卫星遥感技术不断发展,以卫星为载体,以海面作为遥测靶的卫星测高学逐渐被越来越多的应用于海洋学研究。它的基本工作原理是根据卫星上微波雷达测高仪向海面发射脉冲信号并返回的时间,计算卫星高度计的测量值。具体原理这里不再累述,需要强调的是,卫星高度计数据不受传统观测手段的限制,获取资料具有大面积、准同步性的特点,所获取的海表面动力高度资料包含了海洋动力过程的各种信息,由于中尺度涡的生消活动必然伴随海面高度的变化,因此,卫星高度计数据可以对其进行观测。但是高度计资料中的海表高度异常数据在海陆边界附近处理较复杂,同时,在浅海区域潮汐、海浪等现象对于海面高度异常的影响较大。

这里使用的海表高度异常(Sea Surface Height Anomaly,SSHA)数据来自欧盟气候与环境 ENACT 计划(EVK2-CT2001-00117),由法国太空局(CNES)下的 CLS 公司海洋空间部门提供。该资料的水平覆盖范围为 0.0000°E~359.6667°E、82.0000°S~81.9746°S,地图投影方式采用的是墨卡托投影,在赤道位置分辨率可达 37km,至南北纬 60°时,分辨率能达到 18.5km。经向分辨率 $1/3°$,纬向分辨率随经度变化。资料时段:1992 年 12 月至 2011 年 11 月,时间间隔 1 个月。本文研究中,使用 Matlab 提取 1992 年 12 月至 2011 年 11 月(228 个月)水平覆盖范围在 105°E~121°E(49 个格点)、1.575°N~23.855°N(70 个格点)的月平均海表高度异常数据(单位:cm)。资料的获取网址为 http://www.ecmwf.int/research/EU_projects/ENACT/index.html。

2.2 声速跃层判定和统计方法

2.2.1 声速计算方法

Chen-Millero 公式(Chen 和 Millero,1977)是由 UNESCO 推荐为声速计算的标准算法,在以往的研究中,与其他算法相比,该公式最为精确。因此,首先应用

Saunders(1981)经验公式计算出南海区域格点的海水压强,将海水深度 h 转换为海水压强 P,然后,结合 Chen-Millero 公式计算南海区域格点的声速序列。

2.2.2 插值方法

在使用 SODA 求取声速跃层的参量过程中,资料并不连续,而是离散的。计算过程中需要知道两个观测值之间的数据,因此,将数学方法引入数据资料的内插中是极有必要的。

已有的内插方法包括线性内插,多项式内插,二、三次样条函数插值,拉格朗日抛物插值,Akima 插值等。侍茂崇等(2006)研究得到如下结论。

(1) 线性内插只顾及相邻两点之间的影响;多项式内插精度很低;二次样条插值在许多情况下计算结果不稳定,效果及可信性较差,建议不要使用。

(2) 三点拉格朗日插值法,插值曲线光滑性较差,资料出现跃层时,拟合曲线出现一定程度的摆动。

(3) 通过大量的实际资料分析表明,在海洋水文要素的跃层强度小于 $0.75 m^{-1}$ 的情况下,可采用 Akima 插值方法分析,不会带来较大误差。

(4) Akima 插值方法插值曲线具有较好的光滑性,一般情况下,它的插值曲线均无不合理的摆动出现,插值误差较其他插值方法要小,插值曲线与点实曲线较吻合。

因此,结合前人研究,这里最终采用 Akima 插值求声速剖面,得到深度间隔为 1m 的声速序列,并在进行插值运算前,先做了斜率运算和判断,去掉斜率最大的那个点,改善了数据内插的效果。

2.2.3 声速跃层的分类

跃层是水文要素垂直分布中梯度达临界值的水层,是海洋水文要素中时空分布特征突出的水文现象之一。通常,以跃层上界深度、厚度、强度 3 项表示它的示性特征。某水文要素垂直分布曲线上曲率最大的点 A、B(为拐点)分别称为跃层的顶界和底界,水深较浅的 A 所在深度 Z_A 定义为跃层上界深度,水深较深的 B 所在深度 Z_B 定义为跃层底界深度。ΔZ(即 $Z_B - Z_A$)为跃层厚度。当 A、B 两点对应的某海洋要素差值为 ΔX,则跃层强度为 $\Delta X/\Delta Z$。根据海洋调查规范(1992),跃层强度临界值的判定:对于水深小于 200m 的浅海海域而言,声速跃层强度临界值取 $\Delta C/\Delta Z = 0.5 s^{-1}$,水深大于 200m 的深海声跃层强度临界值取 $\Delta C/\Delta Z = 0.2 s^{-1}$。

本文根据南海声速剖面的特点,将声速跃层分为主跃层、双跃层、负跃层 3 种类型。主跃层型:在判定跃层时,从海水表面到海底垂直梯度连续满足临界值,并且层顶与层底上声速差不小于 $1.0 \text{m} \cdot \text{s}^{-1}$ 时将其作为一个跃层段,对于不连续者,判断两跃层相间的间隔小于 5m(当上界深度小于 50m 时)或小于 25m(当上界深度大于 50m 时),将两段合并进行跃层临界值的判定。合并后,如声速梯度仍大于等于临界值,则合并为一个跃层段;如声速梯度小于临界值,则以上界深度 50m 为界,分别在 50m 以浅、以深选取跃层强度强者,如强度相等,则选取厚度厚者为主跃层段。双跃层型:声速随深度增加有两段或两段以上满足主跃层条件,本书的双跃层上界深度、厚度和强度指垂直方向上从海表至海底的第二主跃层的上界深度、厚度和强度。负跃层型:声速随深度增加而升高,且变化强度超过声速跃层的临界值时,取负跃层段。

2.2.4 声跃层的判定方法

对于如何准确求出声速跃层的特征值,已有的跃层判定主要有以下方法。

(1) 垂直梯度法。自海表至海底将海水分为 N 层,每层深度和声速值分别为 $Z_1, Z_2, \cdots, Z_n; V_1, V_2, \cdots, V_n$,则

$$\text{声速跃层的强度} = \left(\frac{\Delta V}{\Delta Z}\right)_{\text{MAX}} = \left(\frac{V_K - V_{K+1}}{Z_{K+1} - Z_K}\right)_{\text{MAX}} \tag{2.1}$$

当一个声速剖面中某一段的垂直梯度大于临界值,确定该段为声速跃层,以本段的顶部水深为跃层上界深度,该段整个声速垂直梯度为跃层强度。

(2) 曲率极值法。根据声速剖面曲线的曲率变化,查找曲率的极大值或极小值点,确定跃层的边界。

(3) 拟阶梯函数拟合法。求解声速跃层的计算方法,其函数表现形式为

$$\begin{cases} V = A, P \leqslant a \\ V = r(p-a) + A, a < p < b \\ V = B, p \geqslant b \end{cases} \tag{2.2}$$

式中:V 为拟合声速值;p 为海水压力(a、b 为海水深度);a 为声速跃层上界深度;b 为声速跃层下界深度;跃层强度为 $-r$;A 为上均匀层平均声速;B 为下均匀层的平均声速。依照声速剖面的结构形式,用最小二乘法确定上式中的 a、b 和 r,即可得到跃层的特征值。用最小二乘法确定最佳跃层参量,使其均方差 ΔS 最小,即

$$\Delta S = \sqrt{\frac{1}{n}\sum_{i=1}^{N}(V_i - V_i')^2}$$

式中:V 为实测声速;V' 为由函数表达式计算出的声速。

(4) 三次样条数值函数法。对水文要素进行 3 次样条函数插值,将要素曲线上的一阶导数值与跃层强度的临界值进行比较。利用插值计算出声速跃层的上、下界位置及其对应的声速值,从而计算出声速跃层的强度和厚度。

Li(1983)研究指出，最大曲率法确定的边界曲率不明显，跃层上、下界难以确定，而采用三角平移法，在实际应用中却难以应用。吴巍(2001)利用CTD实测资料和Levitus资料进行跃层分析时，采用垂直梯度法，注意到了深浅水交接处的跃层分析。他认为，用CTD资料时，跃层分析选用垂向梯度法更合理，同时，应滤掉小尺度变化所带来的影响。如果拥有多年月或季节平均资料，用最大曲率点法寻找跃层顶界深度和上混合层深度的做法是合适的。贾旭晶等(2001)指出，对于南海上层海洋的温盐分布特点，使用垂直梯度法能比较真实地反映南海上层的海洋状况。周燕暇(2002)采用多种资料，利用垂直梯度法分析南海温跃层的示性特征。郝佳佳等(2008)利用南海东北部资料，探讨了垂向梯度法和拟阶梯函数法在不同水深海区的应用情况。结果表明，在浅海区，两种方法结果比较一致。深水开阔区域，垂向梯度法所得温跃层特征量与实际符合较好，而拟阶梯函数法获得的温跃层强度偏大。

综合以上方法的优缺点和已有的研究表明，垂直梯度法在几种判别方法中是较好的，但南海海区深度变化幅度很大，特别是在吕宋海槽、马尼拉海沟以及巴拉望岛附近海底伴生着的一系列海槽与海沟，深度急剧下降；在沿海陆架和巽他陆架大部分海域水深在100m之内，而声速跃层深海标准和浅海标准相差2.5倍，如果采用两种标准分析跃层，则跃层参数会发生不连续的现象。在跃层的分析中，本书使用了月平均的SODA，声速剖面数据相对于单次实测数据而言，是多日的平均，其垂直梯度相对而言要小一些，采用深海标准所得到的声跃层考虑的声速跃层更详细些。因此，本文分析跃层采用深海标准0.2s^{-1}，更能够体现跃层的细节结构，然后，沿声速垂直分布曲线量取梯度，梯度大于临界值的曲线段为跃层。

2.2.5 统计方法

(1) 跃层的概率分布统计。这里对南海海区($2°30'\text{S} \sim 23°30'\text{N}$、$99°10'\text{E} \sim 121°50'\text{E}$)逐月统计声速跃层分布类型及其出现频率。对于某一格点来说，假如某一月在1958年至2007年存在主跃层的样本点数为n，存在双跃层的样本点数为m，存在负跃层的样本点数为l，样本总数为$N=50$，将$P_1=n/N\times100\%$、$P_2=m/N\times100\%$、$P_3=l/N\times100\%$分别称为该点主跃层出现概率、双跃层出现概率和负跃层出现概率。

(2) 均方差分析。反映一个时间序列的离散程度，通过计算时间序列的均方差，了解这个时段中数据偏离平均水平的程度，间接反映资料的时间变化，对于一个气象时间序列$x_1,x_2,\cdots,x_n$，则有均方差 $\text{RMS}=\sqrt{\dfrac{1}{n}\sum\limits_{i=1}^{n}(x_i-\overline{x})^2}$，其中，$x_i$ 代表格点上的跃层特征值，$\bar{x}$ 代表格点上特征值多年的平均，n 代表样本长度。格点上的均方差表示了特征值年际变化的大小，然后，将格点上的均方差绘制成各月空间分布图，通过对各月空间分布图的分析，寻求跃层特征年际变化的时空分布变化规律，找出跃层特征年际变化的最大关键区。

(3) 气候变化趋势分析。

① 线性倾向估计方法。将研究的跃层特征值序列用 x_i 表示，气候变量对应的时间序列用 t_i 表示，建立两个序列间的一元线性回归方程，$\hat{x}_i = a + bt_i$ ($i=1, 2, \cdots, n$)，n 为气候变量的样本个数，b 为倾向值(线性回归系数)，a 为回归系数。a 和 b 的最小二乘法估计为

$$\begin{cases} b = \dfrac{\sum\limits_{i=1}^{n} x_i t_i - \dfrac{1}{n}\left(\sum\limits_{i=1}^{n} x_i\right)\left(\sum\limits_{i=1}^{n} t_i\right)}{\sum\limits_{i=1}^{n} t_i^2 - \dfrac{1}{n}\left(\sum\limits_{i=1}^{n} t_i\right)^2} \\ a = \bar{x} - b\bar{t} \end{cases} \quad (2.3)$$

式中：$\bar{x} = \dfrac{1}{n}\sum\limits_{i=1}^{n} x_i$；$\bar{t} = \dfrac{1}{n}\sum\limits_{i=1}^{n} t_i$。倾向值 b 的符号表明气候变量的趋势倾向。$b>0$，x 随时间 t 的增加而增加；$b<0$ 时，x 随时间 t 的增加而减小。倾向值的大小反映了变化的速率，x_i、t_i 之间的相关系数为 $r = b\dfrac{s_t}{s_x}$，s_t 和 s_x 分别代表两样本的均方差。r 值越大，表明变量与时间的关系越密切，其大小可以用来对倾向趋势进行显著性检验，确定显著水平 α，令对应的趋势系数为 r_α，若 $|r| \geq r_\alpha$，则表明 x 随 t 的变化是显著的，否则不显著。若样本个数是 50，则显著性水平 $\alpha = 0.05$ 对应的 $r_\alpha = 0.2732$。

② Cubic 函数拟合法。在描述气候要素随时间的变化趋势时，这里将气候要素写成时间 t 的非线性函数形式：$y = b_0 + b_1 t + b_2 t^2 + b_3 t^3 + b_4 t^4 + b_5 t^5$，通过最小二乘法将 b_0、b_1、b_2、b_3、b_4、b_5 计算得出。Cubic 函数曲线 y 就能很好地反映要素序列的气候变化特征。根据函数 y 上的阶段性极值可以定性解释各要素时空变化的特征。这里没有其他特殊说明，各特征值要素的年际变化曲线(如虚线所示)均是 Cubic 曲线。

(4) 气候突变的检测。曼-肯德尔(Mann-Kendall, M-K)法是一种非参数统计检验方法。其特点是不需要样本满足一定的分布检验，也不受个别异常值

的干扰。这里从时间演变的角度考虑跃层特征的均值突变,找出特征值序列的突变时间点。

对于具有 n 个样本量的时间序列 x,构造一个秩序列

$$S_k = \sum_{i=1}^{k} r_i \quad (k = 1, 2, \cdots, n) \tag{2.4}$$

式中 $r_i = \begin{cases} 1, x_i > x_j \\ 0, x_i \leq x_j \end{cases} \quad (j = 1, 2, \cdots, j)$

在时间序列随机独立的假设下,定义统计量为

$$\mathrm{UF}_k = \frac{[S_k - E(S_k)]}{\sqrt{\mathrm{var}(S_k)}} \quad (k = 1, 2, \cdots, n) \tag{2.5}$$

式中:$\mathrm{UF}_1 = 0$;$E(S_k)$、$\mathrm{var}(S_k)$ 是累计数 S_k 的均值和方差,在 $x_1, x_2, x_3, \cdots, x_n$ 相互独立,且具有连续分布式,它们分别为

$$E(S_k) = \frac{n(n-1)}{4} \tag{2.6}$$

$$\mathrm{var}(S_k) = \frac{n(n-1)(2n+5)}{72} \tag{2.7}$$

UF_i 为标准正态分布,它是按照时间序列 x 顺序 $x_1, x_2, x_3, \cdots, x_n$ 计算出的统计量序列,给定显著水平 α,若 $|\mathrm{UF}_i| \geq U_\alpha$,表明序列存在显著的趋势变化。

首先计算顺序时间序列的秩序列 S_k,计算出 UF_k;然后计算出逆序时间序列的秩序列 S_k,计算出 UB_k。给定显著性水平,将两个统计量 UF_k 和 UB_k 序列曲线以及临界值直线绘在一张图上。以 UF 代表正序列的突变检测统计量,UB 代表逆序列的突变检测统计量,即可方便地得到所检验统计量的曲线变化。本文取置信水平为 0.05,置信区间为 $[-1.96, 1.96]$。

(5)气候序列的周期提取。功率谱分析是以傅里叶变换为基础的频域分析方法,其意义为将时间序列的总能量分解到不同频域上的分量,根据不同频域的波的方差贡献诊断出序列的主要周期,功率谱有利于识别整个时域上平均的周期性。有关功率谱的概念和算法,很多书籍都有详尽的说明,不再赘述,在分析时,取显著性检验水平 $\alpha = 0.05$。

小波分析方法可以分析出时间序列的周期属于年际变化还是季节变化,能更清楚地看到各周期具体的位置,具有局部化、多分辨、多层次等优点。实际上,小波变换就是将一维信号在时间和频率两个方向上展开,提取有价值的时频结构。这里采用连续小波作为基函数进行小波变换。

一个关于时间 t 的函数 $f(t)$,变换到频率域上为

$$F(\omega) = \int_R f(t) e^{i\omega t} dt \tag{2.8}$$

式中: ω 为频率; R 为实数域。$F(\omega)$ 确定了 $f(t)$ 在整个时间域上的频率特征,而 $f(t)$ 的小波变换定义为

$$\tilde{f}(t',a) = \frac{1}{a^{1/2}} \int f(t) \psi^* \left(\frac{t-t'}{a} \right) dt \tag{2.9}$$

式中: $\psi^*\left(\dfrac{t-t'}{a}\right)$ 为小波; a 为尺度因子; t' 为平移因子; a 为频率参数; t' 为时间参数; $\psi^*\left(\dfrac{t-t'}{a}\right)$ 为 $\psi\left(\dfrac{t-t'}{a}\right)$ 的复共轭。$\tilde{f}(t',a)$ 为小波系数,小波系数的模平方 $|\tilde{f}(t',a)|^2$ 是小波功率谱。

小波变换的逆变换为

$$f(t) = \frac{1}{C_\psi} \int_0^\infty \frac{da}{a^2} \int \tilde{f}(t',a) \psi\left(\frac{t-t'}{a}\right) dt' \tag{2.10}$$

式中: $C_\psi = \int_R \dfrac{|\psi(\omega)|^2}{|\omega|} d\omega$ 称为容许条件,满足容许条件的小波称为容许小波。小波变换具有总能量守恒和局部能量守恒的性质,总能量可以分解为不同时间尺度 a 上的能量和。这里采用 Morlet 小波作为母小波,其小波函数为

$$\psi(t) = (1-t^2) \frac{1}{\sqrt{2\pi}} e^{-t^2/2} \quad (-\infty < t < \infty) \tag{2.11}$$

用这种标准 Morlet 小波,分析所定义指数的主要周期变化。

2.3 锋的判断方法

本章主要采用梯度法确定锋面,其方法是:计算研究区域内各点的海洋锋要素(温度、盐度和密度)梯度,判断是否为海洋锋,主要是根据经验选取某一个数值作为临界值,选取那些要素梯度大于临界值的点视为海洋锋点。具体做法是:计算每个格点 x、y 方向的梯度值 $\left(\dfrac{\partial T}{\partial x}\right)$、$\left(\dfrac{\partial T}{\partial y}\right)$ 及总梯度值的大小,即 $GM = \sqrt{\left(\dfrac{\partial T}{\partial x}\right)^2 + \left(\dfrac{\partial T}{\partial y}\right)^2}$。总梯度的大小表征了海洋锋点的强度大小。

这种方法计算方便、原理直观,已被广泛应用。但是也存在一个问题:由于没有统一的判断海洋锋要素梯度临界值的标准,研究者基本依据前人经验确定

临界值。例如,汤毓祥等(1996,2000)在研究东海温度锋时以 $\Delta T/\Delta x \geqslant 0.1\text{℃} \cdot$ n mile^{-1}作为临界值,郑义芳等(1985)在研究黄海海洋锋时以 $0.05\text{℃} \cdot \text{n mile}^{-1}$ 作为标准,Wang 等(2006)以 $0.5\text{℃} \cdot 9(\text{km})^{-1}$ 作为标准研究南海温度锋。因此,根据前人研究的经验,并且考虑到资料的差异性,本书中选取 $0.01\text{℃} \cdot \text{km}^{-1}$ 作为温度锋的标准,盐度锋以 $0.004\text{psu} \cdot \text{km}^{-1}$ 为判断标准,以 $0.005(\text{kg} \cdot \text{m}^{-3}) \cdot \text{km}^{-1}$ 作为密度锋的判断标准。

除此之外,还可以用海洋锋出现频率描述海洋锋的大体分布位置和变化,因而体现了海洋锋的分布范围和出现位置的稳定性,在许多文献中得到了应用。按照下式对各点在50年中各月锋出现的频率进行计算,即

$$某点锋出现的频率 = \frac{50\text{年中该点出现锋的次数}}{50\text{年中该点有效观测数据的次数}} \quad (2.12)$$

一般选取频率大于40%的区域作为锋出现的区域,而不把海洋锋的要素(温度、盐度或者密度)梯度作为判断依据,是因为50年各月梯度平均值会削弱梯度的大小,导致有些年份本来是海洋锋,但由于求平均而导致梯度小于临界值,在气候平均图上不能真实地反映锋面的分布,所以国内外很多学者都是采用统计整个研究区域内海洋锋出现频率而确定海洋锋的大体分布状况。

海洋锋出现频率分布图鲜明地体现海洋锋的两个特点:一是研究海域海洋锋的分布范围和形态变化规律及其年际变化特征;二是锋面在某海域发生的稳定性。因为海洋锋总是相对固定地出现在某些特定海域,那么,这些区域的各个网格点出现海洋锋的频率值就很大。相反,那些网格点出现海洋锋频率值很小的海域,几乎不存在海洋锋。这就很容易区分海洋锋和非海洋锋,同时,也可以了解海洋锋在整个海区的总体分布特征。海洋锋出现频率较大的区域也体现了对应锋面的变化范围,区域越大,说明这条锋面的移动范围越大,位置的变动越明显。之所以说锋点的频率值体现了此点作为锋点的稳定性,是因为频率值大,说明此点作为锋点的次数多,锋面易于在此点稳定地出现。

2.4 海洋锋所用统计方法介绍

2.4.1 海洋锋的出现频率统计

对南海海区(1.25°S~24.25°N、98.75°E~122.25°E)逐月统计锋的出现频率大小。假设某一个格点,50年内某一月份内达到海洋锋标准的样本点数为 n,则样本总数为 $N=50$,将 $P=n/N\times 100\%$ 称为海洋锋的出现频率。

2.4.2 气候变量场的时空分离方法

经验正交函数(又称自然正交函数,EOF)分解技术最早由统计学家 Person 在1902年提出,由 Lorenz(1956)将其引入气象问题分析中。该方法以场的时间序列为分析对象,对计算条件要求甚高。直到20世纪60年代后期,随着计算机技术的迅速发展,EOF 分解技术才在实际诊断研究中得以广泛应用。它主要有以下优点。

(1) 没有固定的函数,典型场由海洋要素场序列本身的特征确定。

(2) 展开收敛速度快,能浓缩资料的信息量,简化数据处理过程,可作为资料同化、统计分析和预报的有效数学工具。

(3) 能在有限区域对不规则分布的站点进行分解。

(4) 分离出的空间结构有一定的物理意义。

因此,EOF 分解技术已成为科学研究中分析变量场特征的主要工具,并在近30年来出现了适合于各种分析目的的 EOF 分析方法,如扩展 EOF(EEOF)方法、旋转 EOF(REOF)方法、风场 EOF(EOFW)方法和复变量 EOF(CEOF)方法等。

经验正交函数分解的主要思想是:将原始场分解成正交函数的线性组合形式,用个数较少且之间互不相关的典型模态替代原始场,用前几个主要模态典型场及其时间系数就可以表征原始场时空变率的主要结构。通过时空分离,EOF 分解可以有效地压缩变量自由度,保留方差贡献较大的时空尺度,消除一些小尺度变化及噪声的影响。因此,它是表达场的空间相关结构或多变量综合信息的一种有效方法。

将气候变量场用矩阵表示为

$$X_{m \times n} = \begin{bmatrix} x_{11} & x_{12} & \cdots & x_{1n} \\ x_{21} & x_{22} & \cdots & x_{2n} \\ x_{31} & x_{32} & \cdots & x_{3n} \\ \vdots & \vdots & \ddots & \vdots \\ x_{m1} & x_{m2} & \cdots & x_{mn} \end{bmatrix} \quad (2.13)$$

式中:n 为时间序列长度;m 为空间点数,作经验正交展开时,就是将上述矩阵分解成相互正交的空间函数 V 和时间函数 T 的乘积之和,即

$$X_{m \times n} = V_{m \times p} \times T_{p \times n} \quad (2.14)$$

或

$$x_{ij} = \sum_{k=1}^{p} v_{ik} t_{kj} = v_{i1} t_{1j} + v_{i2} t_{2j} + \cdots + v_{ip} t_{pj} \quad (i = 1,2,\cdots,m; j = 1,2,\cdots,n)$$
(2.15)

这样,场中第 i 个格点上第 j 次观测值可以看作是 p 个空间函数 v_{ip} 和时间函数 t_{pj} 的线性组合。

利用 EOF 分解技术从南海海洋锋的特征要素(强度场)中提取主要信号,并确定该要素时间和空间变化的主要特征,因此,本书分析第一模态和第二模态以及对应模态的时间系数,研究海洋锋特征的演变。对于以分析变量场特征为主要目的的研究,所用的变量场大多都存在季节性变化,平稳性很差,造成经验正交函数的不稳定,用距平计算时,XX' 是协方差矩阵,分析出来的特征矢量的气象学意义比较直观。本书的目的是找出气候变率强度的地理差异,因此,直接采用距平场为分析对象。

因此,分解出来的经验正交函数究竟是有物理意义的信号还是毫无意义的噪声,应该进行显著性检验,特别是当变量场的空间点数大于样本量时,显著性检验尤为重要。本书应用 North(1982) 等提出的计算特征值误差范围进行显著性检验。在95%置信水平下特征值 λ_i 的误差范围为

$$e_i = \lambda_i \left(\frac{2}{n}\right)^{1/2}$$
(2.16)

式中:n 为数据的有效自由度,当相邻的特征值之间误差范围有重叠,则它们之间没有显著差别。即满足 $\lambda_i - \lambda_{i+1} \geq e_i$,就认为这两个特征值所对应的经验性正交函数是有价值的信号。

2.4.3 气候序列的周期提取

以傅里叶变换为基础,将时间序列的总能量分解到不同频域上,根据不同频率波的方差贡献,诊断出序列隐含的显著周期,这种方法称为功率谱分析。

小波分析方法在时域和频域上同时具有良好的局部性质,小波变换不仅可以给出气候序列变化的尺度,还可以显现出变化的时间位置,对于气候预测是十分有用的,所以本书中采用连续小波分析时间序列的主要周期变化。

2.5 中尺度涡自动探测方法介绍

目前,对海洋中尺度涡定义还没有一个统一标准,因此,涡旋检测方法也较多。按照涡旋检测过程中使用的海洋要素大致可以分为三类:第一类是使用海

表面高度(异常)或海表面温度数据,或使用模式输出数据进行涡旋检测的欧拉法;第二类是使用海面浮标、定标数据进行涡旋检测的拉格朗日法;第三类是使用卫星成像照片对图像进行分析处理,得到涡旋分布。对于中尺度涡的探测识别方法中,第一类使用最为频繁。目前,基于海表面高度(异常)数据的海洋中尺度涡旋自动识别方法,主要有以下三大类:第一类是物理海洋参数法;第二类是几何学方法;第三类是物理参数与流场几何特征混合判别法。

物理海洋参数法,主要原理是通过定义一个具体的参数,然后判断通过资料计算得到的参数值是否满足设定的阈值来判别涡旋。这类方法虽然物理意义清晰,但是由于物理属性通常和海洋要素属性梯度相关联,因此,物理参数阈值的选取对涡旋数目和位置有很大影响。这一类中最流行的方法是先后由 Okubo(1970)和 Weiss(1991)等发展完善起来的 Okubo-Weiss 参数法。传统的 W 参数法中对 W 计算采用如下公式,即

$$W = s_n^2 + s_s^2 - \omega^2 \qquad (2.17)$$

式中:s_n 为张力的法向分量;s_s 为张力的剪切分量;ω 为流场的相对涡度。对于涡旋内的流场,旋转的贡献大于形变,涡旋区域内 $W<0$。引入临界值 W_0,则可用 $W=W_0$ 的等值线识别涡旋。针对水平方向的海洋非辐散流,式(2.17)可进一步简化为

$$W = 4(u_x^2 + v_x u_y) \qquad (2.18)$$

$$\omega = \frac{\partial v}{\partial x} - \frac{\partial u}{\partial y} \qquad (2.19)$$

$$S_n = \frac{\partial u}{\partial x} - \frac{\partial v}{\partial y} \qquad (2.20)$$

$$S_s = \frac{\partial u}{\partial y} + \frac{\partial v}{\partial x} \qquad (2.21)$$

$$u = -\frac{g}{f}\frac{\partial \eta'}{\partial y}, \quad v = \frac{g}{f}\frac{\partial \eta'}{\partial x} \qquad (2.22)$$

式中:η' 为海表面高度异常;g 为重力加速度;f 为科氏参数。Okubo-Weiss 参数法目前已被用于使用卫星高度计资料和数值模式结果对中尺度涡的探测研究中,其特点是根据 W 值划分涡旋核心,而且涡旋外围只需要海表面高度数据即可确定,国内外的相关研究中认为采用这种方法得到的研究结果可以接受。然而,这种方法存在 3 个比较严重的问题。第一,涡旋提取的过程中需要一个明确的阈值,从空间上来看,对于整个世界海洋范围,海底地貌、海面环流不同,使得并不存在统一阈值,阈值设置得过高或者过低都会影响涡旋的提取效果。另外,从时间上来看,随着时间序列的增长,临界值 W_0 需要不断地随着涡旋流场性质

而变化调整,这对于时间序列较长的数据,提取工作变得复杂耗时。第二,反演得到的 SSH 数据中的噪声对计算影响较大,由于要算得 W 必须先计算速度分量,每一级的微分以及系数加倍都会使得 SSH 数据中噪声对该方法计算效果产生较大影响。一些研究也证实了这种方法的局限性:虽然通过平滑算法可以消除部分,但是同样一些有用的物理信息也会被去除,也会很容易将错误的信号识别为涡旋。第三,W 值的闭合等值线所确定的涡旋内部区域与反演得到 SSH 值的闭合等值线所确定的并不能够普遍重叠。

另一种属于第一种类型的方法是在 Weiss(1991)研究的基础之上,由 Doglioli(2007)提出来的。为了突出涡旋主要受旋转控制的特征,将海表相对涡度 ξ 场进行二维的小波分析:首先,将相对涡度展开到小波基上;然后,利用最大的系数进行分析重构一个平滑的涡度场。涡旋可以通过重构的相对涡度 ξ 场中 $\xi \neq 0$ 的相邻区域识别。它的缺点是:有时会把小尺度的丝状流(filament)误判为涡旋。为了使得误差最小化,一般通过增加一个涡旋最小尺度的条件滤除。

几何学方法主要是通过判别瞬时流线的形状或者曲率给出流线几何特征,进而确定涡旋中心和边界。几何学方法主要包括卷曲角(winding-angle)法和 SSH-based 法。Sadarjoen 和 Post(2000)在假设涡旋中心由环形或者螺旋的瞬时流线所围绕的基础上提出 WA 方法:首先,由地转流场计算获得瞬时流线;然后,计算每条流线的卷曲角。卷曲角 α 定义为组成此流线的相邻部分之间方向变化的累积值(图 2.1)。对应卷曲角 $|\alpha| \geq 2\pi$ 的闭合螺旋曲线即为识别到的涡旋所在位置,这样一个中心点、一条闭合的外廓线就可以描述一个完整的涡旋。外廓线内部所有的点都属于此涡旋并且确定了此涡旋的表面范围。这一方法对涡旋检测十分精确,然而,计算代价很高。对于被地转流所围绕的涡旋,它的外廓线大致与 SSH 的闭合等值线相符。基于这一假设,Chelton(2011)提出了一个更简便的涡旋识别算法——SSH-based 法,即通过查找 SSH 最外层的闭合等值线确定涡旋边界。这一方法对数据中噪声比较敏感。

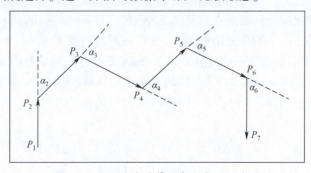

图 2.1　分段流线计算的卷曲角 α 示意图

Chaigneau 等(2008)曾将 WA 方法应用于东南太平洋的涡旋活动分析,在识别到涡旋中心位置后,他们用流场的几何特征确定涡旋边界,并与应用 Okubo-Weiss 方法所获得的结果进行了对比。结果表明,这种物理参数与流场几何特征混合判别的方法对涡旋的识别成功率更高且探测的误差更小。它的缺点是:对赤道地区流场采用地转近似后探测误差较大,对计算的需求较高。他们提出,将此方法仅应用于那些探测到海面高度异常的极大或极小值区域可以解决此问题。

第三种方法属于前两种方法的综合,实际应用中也较多。基于涡旋主要受旋转的流场控制,McWilliams(1990)提出用二维湍流衰减的数值解定量描述相对涡度的特殊性质,并将其用作探测涡旋的标准:涡旋的中心由局地的 ξ 最大及最小值确定,边界定义在 $\xi/\xi_{cen} < 0.2$ 处(ξ_{cen} 为中心值)。对于利用相对涡度识别到的"准涡旋"结构,再加入一些几何特征的限制条件,例如,那些流线偏离对称轴线大小适当的流体结构才最终被认为是涡旋。

涡旋中心位置和边界确定以后,需要对涡旋属性(即气旋涡和反气旋涡)进行分类,并对相同属性的涡旋在时间上进行追踪。目前,对涡旋过程追踪方法主要有以下三种:一种是由 Henson(2008)和 Xiu(2010)提出的像元连通算法,一种是由 Isern-Fontanet 等(2003,2006)和 Chelton(2007,2011)提出的阈值搜寻算法,还有一种由 Penven(2005)和 Chaigneau 等(2008)提出的基础相似性算法。像元连通算法对于涡旋中心区域比较明显,并且不同涡旋个体之间存在一定距离的情况比较有效,该方法是通过确认在 x、y 以及时间上相邻的像元组的办法实现的。

(1) 针对每周的海表面高度异常数据,利用 Okubo-Weiss 参数获取涡旋中心区域的 W 参数,并且把有涡旋区域相应的像元赋值为 1,否则赋值为 0。

(2) 针对数据中是 1 的每个像元,寻找与该像元在 x、y 和时间上临近且也是涡旋中心区域的像元,并标注,当遍历完该周所有为 1 的像元区域后,就可以找到该涡旋对应的下个时刻的涡旋区域对应的像元组合。

(3) 生命周期的计算是在该算法的基础上,计算出持续时间。阈值搜寻算法是采用聚类分析中的最短距离法,此方法按照时间步长从一个时间到下一个时间追踪每个涡旋,在下一张地图中找到的涡旋中心距离最近的对象即为追踪到的目标。Chaigneau 等(2008)提出的基础相似性算法是在 Penven(2005)基础之上发展而来的,它将两张连续地图中的被检测涡旋之间的无量纲化距离 D_{e_1,e_2} 定义为

$$D_{e_1,e_2} = \sqrt{\left(\frac{\Delta D}{D_0}\right)^2 + \left(\frac{\Delta R}{R_0}\right)^2 + \left(\frac{\Delta \xi}{\xi_0}\right)^2 + \left(\frac{\Delta EKE}{EKE_0}\right)^2} \qquad (2.23)$$

式中:ΔD 为两个涡旋之间的空间距离,根据两个涡旋中心点的空间位置计算得到;ΔR 为两个涡旋之间半径之差,通常根据特征距离(涡旋长轴长度与短轴长度和的 1/2)大小选取;$\Delta \xi$ 为两个涡旋之间的涡度之差;ΔEKE 为两个涡旋之间的涡动能之差;D_0 为特征距离;R_0 为特征半径;ξ_0 为特征涡度;EKE_0 为特征涡动能。这样计算得到的 D_{e_1,e_2} 代表了涡 e_1 和涡 e_2 的相似程度,因此算法中取最小的 D_{e_1,e_2},并认为涡 e_1 和涡 e_2 是不同时刻的同一个涡旋,即

$$\xi = \frac{8gM}{fD^2} \tag{2.24}$$

$$EKE = \frac{1}{2}(u^2 + v^2) \tag{2.25}$$

除了采用海表面高度数据进行涡旋识别探测外,Dong(2010)等应用遥感系统(REMSS)下 SST 数据驱动的热力速度对中尺度涡进行自动识别。其主要思想是:首先从 SST 场计算出相应的热成风场,这一过程包括使用高斯平滑滤去原始场噪声,使用 sobel 梯度算子计算 SST 梯度,即

$$G_y = \begin{bmatrix} +1 & +2 & +1 \\ 0 & 0 & 0 \\ -1 & -2 & -1 \end{bmatrix} * A, \quad G_x = \begin{bmatrix} +1 & 0 & -1 \\ +2 & 0 & -2 \\ +1 & 0 & -1 \end{bmatrix} * A \tag{2.26}$$

式中:$*$ 为二维卷积运算;A 为网格点上 SST 矩阵,并定义虚假速度 $V = (U_x, U_y)$,其中

$$\begin{aligned} U_x &= -G_y; U_y = G_x (北半球) \\ U_x &= G_y; U_y = G_x (南半球) \end{aligned} \tag{2.27}$$

然后,给定 4 个限制条件从热力速度场中探测涡旋中心,最后,计算涡旋大小并在连续时间步长上对涡旋过程进行追踪。这一方法在中尺度涡活跃区得到的结果较好(如黑潮延伸区)。

2.6 中尺度涡所用统计方法

2.6.1 均方差分析

RMS 高值区是海面高度变化最大的区域,即动力上的高能区域。通过对 RMS 季节和年际空间分布特征的分析,后续章节将讨论南海中尺度涡强度的时空分布变化规律。

2.6.2 气候变量场的时空分离方法

由于中尺度涡属于能量较高的一种运动类型,因此,在中尺度涡活动频繁及强涡存在的海域,海表面高度波动(异常)幅值应该大于周围无涡区或弱涡区的海表面高度波动幅值。这里对 50 年逐月海表面高度序列采用不同方法处理后,使用 EOF 分解技术从方差贡献率较大的前几个模态开始,对海表面高度的空间分布以及季节和年际演化特征进行分析。

对于不存在季节变化的变量场,用原始场计算时,XX' 是原始数据交叉乘积,第一模态代表了平均状况,权重很大。即使是随机数或者虚假数据,放在一起进行 EOF 分析,也可以将其分解成一系列的空间特征矢量和主成分。

2.6.3 快速傅里叶变换

在数字信号处理中,有限长序列常常可通过离散傅里叶变换(DFT),将其频域也离散化成有限长序列,从而获取信号的频域特征,其计算公式为

$$X(k) = \sum_{n=0}^{N-1} x(n) W_N^{nk}, W_N = e^{-i\frac{2\pi}{N}} \quad (k = 0,1,2,\cdots,N-1) \quad (2.28)$$

式中:$x(n)$ 为输入的离散数字信号序列;W_N 为旋转因子;$X(k)$ 为一组 N 点组成的频率成分的相对幅度。DFT 的物理意义可解释为:$x(n)$ 的 N 点 DFT 是 $x(n)$ 的 z 变换在单位圆上的 N 点等间隔抽样。然而,这一传统算法,计算量大、耗时长,不易实时地处理问题。1965 年,Cooley 和 Tukey 根据离散傅里叶变换的奇、偶、虚、实等特性,提出了计算离散傅里叶变换(DFT)的快速算法——快速傅里叶变换(FFT),可将 DFT 的运算量减少几个数量级,特别是被变换的抽样点数 N 越多,FFT 节省的计算量就越显著。由于它克服了时域与频域之间相互转换时的计算障碍,FFT 开始在光谱、大气波谱分析、数字信号处理等方面有广泛应用。

FFT 公式推导如下:将 $x(n)$ 分解为偶数与奇数的两个序列之和,即

$$x(n) = x_1(n) + x_2(n) \quad (2.29)$$

式中:$x_1(n)$ 和 $x_2(n)$ 的长度都是 $N/2$,$x_1(n)$ 为偶数序列,$x_2(n)$ 为奇数序列,那么,式(2.28)可写为

$$X(k) = \sum_{n=0}^{\frac{N}{2}-1} x_1(n) W_N^{2nk} + \sum_{n=0}^{\frac{N}{2}-1} x_2(n) W_N^{(2n+1)k} \quad (k=0,1,2,\cdots,N-1)$$

$$(2.30)$$

即

$$X(k) = \sum_{n=0}^{\frac{N}{2}-1} x_1(n) W_N^{2nk} + W_N^k \sum_{n=0}^{\frac{N}{2}-1} x_2(n) W_N^{2nk}$$

由于

$$W_N^{2nk} = e^{-i\frac{2\pi}{N}2kn} = e^{-i\frac{2\pi}{N/2}kn} = W_{N/2}^{nk} \tag{2.31}$$

故式(2.30)可用蝶形迭代代替,即

$$X(k) = \sum_{n=0}^{\frac{N}{2}-1} x_1(n) W_{N/2}^{nk} + W_N^k \sum_{n=0}^{\frac{N}{2}-1} x_2(n) W_{N/2}^{nk} = X_1(k) + W_N^k X_2(k) \tag{2.32}$$

通过上述算法,某点 n 所表示的频率为

$$F_n = (n-1) F_s / N \tag{2.33}$$

式中:F_s 为采样频率;N 为采样点数。

第3章 声速主跃层的时空变化

3.1 主跃层发生概率及季节性变化

本书根据南海海区的气候,声速剖面的年候变化特征以及主跃层的消长过程特点,将主跃层的发展过程分为4个阶段:12月至2月为无跃期;3月至5月为成长期;6月至8月为强盛期;9月至11月为消衰期。以下按跃层的消长阶段,对主跃层的概率分布,上界深度、厚度、强度的分布状况逐一分析说明。

3.1.1 无跃期主跃层季节性变化

图3.1所示[①]为主跃层各月的概率分布情况,通过比较分析发现,全年18°N以南、108°E以东的南海海域主跃层发生的概率在90%以上,没有呈现明显的季节性变化特征。但是18°N以北的北陆坡、南海南部的巽他陆架和加里曼丹岛北部岛架却存在明显的季节性变化。12月至2月南海北陆架、巽他陆架海域跃层出现概率均在30%以下。

由图3.2可以看出,12月至2月自海盆的东南至西北方向,跃层深度由浅变深,整体上都呈现西深东浅的形势。近岸在海南岛以东、珠江口外及台湾岛南部有小范围的跃层分布,深度一般都大于100m。1月份冬季由于太阳辐射减弱,海表温度降至全年最低,南海海面东北季风达到全盛时期,风速较大,最大风应力可达 $0.3N \cdot m^{-2}$。寒冷的东北季风使海水垂向混合剧烈,上混合层明显加深,深度超过70m的跃层范围较全年最广,分布较均匀。无跃区全年最多,主要分布在南海北部近海浅水区和巽他陆架大部。冬季整个南海18°N以北的海水表层,为一气旋式大环流系统控制,引起海水在海面辐散,加强了上升流,近岸浅海区进入无跃期;越南南部东侧有向南的沿岸流发展,离开越南沿岸后,作为海盆尺度气旋式环流的西边界流大致沿着巽他陆架东缘的陆架坡继续向南流,越往南强度越大,从北向南输送冷水形成沿着陆坡的冬季南海冷舌,使这片海域成为无跃区。

12月至2月在我国中南半岛沿岸的陆架海域、南沙群岛南部、西沙群岛-中

注:本书地图横轴全部为经度,纵轴全部为纬度,为免过度重复,不在图中标示。

第3章 声速主跃层的时空变化

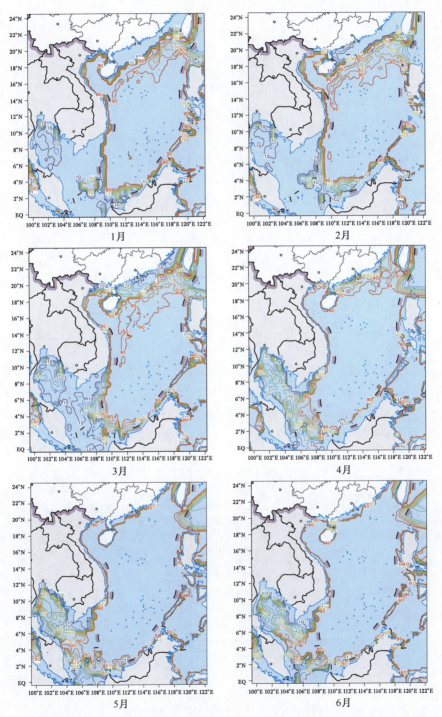

1月　　2月
3月　　4月
5月　　6月

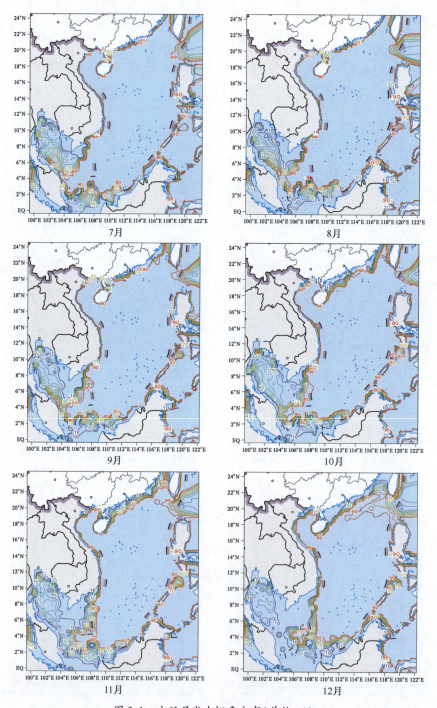

图 3.1 主跃层发生概率分布(单位:%)

第3章 声速主跃层的时空变化

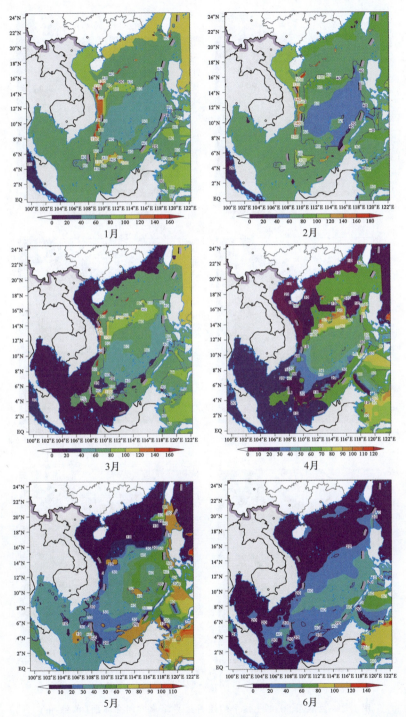

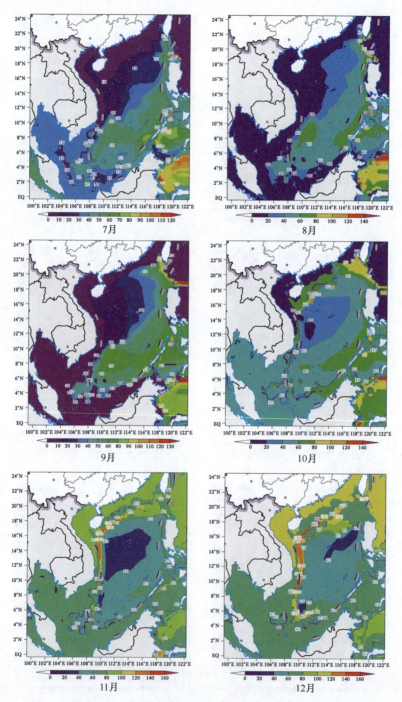

图3.2 主跃层50年气候平均逐月上界深度空间分布图(单位:m)

沙群岛、台湾岛南部沿岸始终存在 4 个高值区。根据 Ekman 漂流理论,在寒冷而且速度较大的东北风作用下,海水向西北方向的质量输运,加上中南半岛近岸陆架的阻挡,使得垂向混合急剧加强,混合层加厚,跃层深度大大增加,在中南半岛沿岸出现深度超过 100m 的南北方向长,东西向窄的高值区;在南海南部,由于南沙反气旋的存在,引起海水在海面辐聚,加强了下降流,导致混合层增厚,主跃层下沉变深,使南沙南部为高值区。在西沙-中沙群岛海区,同样存在着一个反气旋式涡旋使得该海域的主跃层变深;在台湾岛的南部,终年有一股黑潮支流沿台湾岛西侧北上,反气旋涡在台湾岛的阻挡下,混合作用加强,跃层变深。

同样是由于 Ekman 水平输运效应,东北季风引起海水在西北方向的质量输运,使吕宋岛和加里曼丹岛西北海域上层海水流失,由于岛屿的存在,得不到水平方向海水的补充,致使混合层变薄,跃层变浅,出现跃层深度的低值区;位于吕宋岛西北海域 16°N~19°N 的吕宋冷涡,对应着系统且连续的沿岸上升流,造成冷水上涌,使跃层深度变浅。

12 月至 2 月近岸浅海区只有我国海南岛以东和珠江口外有少量跃层分布,但厚度只有 10m 左右。由图 3.3(12 月至 2 月厚度)可以看出,水平分布显示在海盆的中央区域较厚,边缘较薄。1 月份的跃层范围为一年中最小,大部分厚度较薄,厚度超过 40m 的跃层散布在吕宋岛以西的南海海盆及其以南的深海海域。对于海盆高值中心原因,部分学者认为,原因之一是冬季海洋上层气旋式环流沿西边界将水体输运到南部,形成一定的堆积作用,造成厚的主跃层结构;原因之二是气候平均的次表层环流结构与表层相反,为反气旋结构,造成水体辐合。

无跃期跃层强度最弱,因为冬季南海表层海水温度达到一年中最低,并且东北季风风速较大,导致海水垂向混合发达,表层海水降温,不利于跃层形成,近岸部分浅水区甚至垂向混合达到海底,整个成了混合层,跃层消失。在外海深水海域,仍有跃层存在,但强度也有所减弱,一般不超过 $0.25s^{-1}$,只在西沙群岛和南沙群岛海域存在两个大于 $0.35s^{-1}$ 的相对高值区。

3.1.2 成长期主跃层季节性变化

成长期(3 月至 5 月)3 月主跃层出现概率在 80%以上的区域向北,向西延伸;5 月北陆坡海域完全在 80%以上。春季南海太阳辐射增强,海水开始升温,随着表层温度的升高,海水层化逐渐形成。但是,由于 4 月南海海域风速为一年中最小,风力产生的海水混合也最弱。混合层水在西北陆架区堆积的现象远远不如冬季那样显著,整个南海的主跃层上界深度变浅,是一年中全场平均值最浅的季节,约为 30m。5 月西南季风尚未完全建立起来,主跃层的深度与其他月份相比仍然较为浅薄,混合层内水体继续得到加热。由图 3.2 可知,3 月近岸大陆

南海海洋环境气候特征

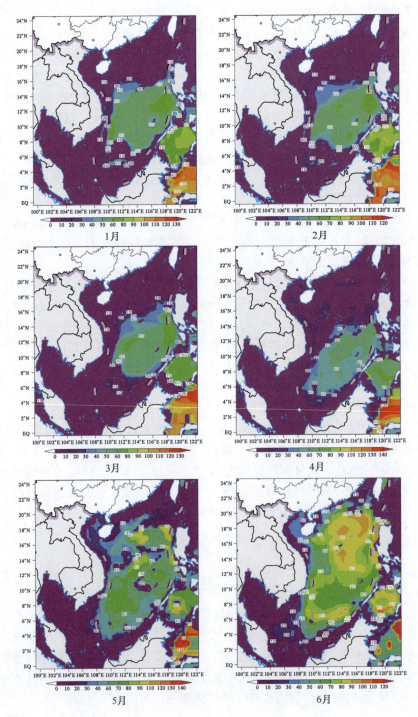

1月　2月　3月　4月　5月　6月

第3章 声速主跃层的时空变化

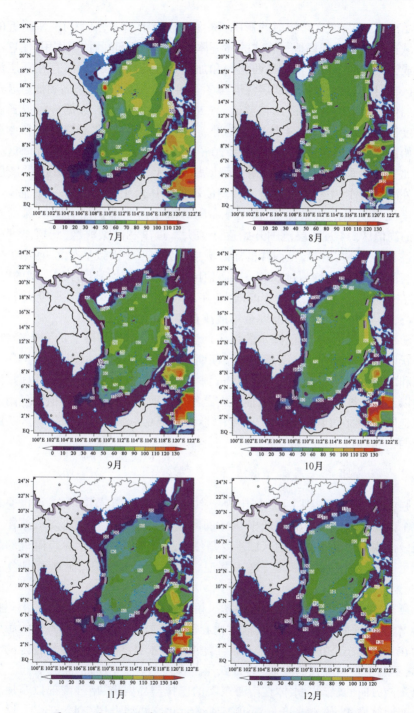

图3.3 主跃层50年气候平均逐月厚度空间分布图(单位:m)

架开始出现跃层,受太阳辐射的影响,深度一般小于20m。4月16°N附近的南海海域存在一个弱的局地气旋式的环流体系,上升流所起的抽吸作用,使这部分海域成为无跃区。位于吕宋岛西北侧和加里曼丹岛西北侧,同时存在跃层深度低值区,而且这两个海域的跃层深度与冬季相比变得更浅,吕宋岛和加里曼丹岛附近的低值区大约为10m,这与兰健等(2006)采用MOODS数据分析得到温跃层深度的结果是一致的。4月加里曼丹岛西北沿岸海域,北部湾海域和粤东沿岸开始出现大范围的跃层,一个深度20m左右的舌状区域从西沙东北海区一直向西北延伸到珠江口以西的近海,西陆坡也有大范围深度小于20m的跃层出现。外海在东沙、中沙群岛附近有较弱的高值区。由于冬季Ekman漂流作用和中尺度反气旋涡的背景,3月和4月在南海海盆西北部仍然有跃层深度超过90m的高值区。4月跃层范围开始逐渐增大。近岸和陆架海区,跃层厚度一般不超过10m,在中沙群岛至南沙群岛海域主要分布一个大致呈东北-西南走向的舌状高值区,其厚度均超过60m。由高值区向南北两侧均呈现厚度递减的趋势。5月,在南海北部主跃层厚度逐渐增大,在吕宋岛的西北海域存在厚度大于80 m的中心,这与此时上混合层厚度全年最浅直接相关。

随着太阳辐射的加强,降水的增多产生海水上层增温,降盐的变化趋势,促进了跃层的进一步强化。跃层的成长期期间,近岸的珠江口以东,雷州半岛东部海域和北部湾开始有跃层出现。300m海水等深线以外海域,吕宋岛以西、南海海盆以及西陆坡均有跃层分布,而且在北部湾以西的越南沿岸,等值线呈南北向舌状延伸,范围在14°N~18°N,强度中心都大于$0.5s^{-1}$。但大部分地区跃层强度较弱,一般稍大于$0.2s^{-1}$。

3.1.3 强盛期主跃层季节性变化

强盛期(6月至8月)主跃层出现概率达到最高,分布范围最广,可以遍布几乎整个南海海域。出现概率低于90%的区域主要集中在巽他陆架水深较浅的海域。出现概率低于20%的区域主要是位于泰国湾、湄公河出海口附近的陆架和加里曼丹岛以西的浅滩区,这主要应该是由于潮混作用,使垂直混合变得均匀。

夏季,南海盛行西南季风,与冬季风相比风速较小,海面蒸发加强,潜热损失开始增加,海面吸收的太阳短波辐射比春季显著减少。南海中部海域的海表风应力在6月减小至$0.1N \cdot m^{-2}$,并且伴随上层海水温度升高,形成较稳定的海水层结,不利于垂向混合的发展,导致跃层的深度较浅。Ekman漂流引起上层海水沿东南方向的输运。水体在南海东南的巴拉望岛西侧、南沙南部以及加里曼丹岛西北侧堆积,使40m跃层深度等值线西北部的混合层变薄,跃层上界深度明显变浅,而 40m 跃层深度等值线东南部则相反,上均匀层海水变厚,跃层深度逐渐变深。6 月至 8 月(图 3.2)吕宋岛西北海域始终存在一高值区,基本与反气旋涡相对应。在跃层深度 40m 等值线的南侧存在明显的跃层深度高值区(超过 60m),此高值区基本与南沙反气旋相对应。这是由于夏季南海南部受西南季风驱动,出现反气旋式环流,南海西边界流向北,与冬季相比呈现明显的季节反转。南沙反气旋造成海水在海面辐合,加强了下降流,导致均匀层增厚,跃层整体下沉变深。在跃层深度 40m 等值线的北侧、中南半岛的东部沿岸海域存在的是跃层深度低值区(10m),这一低值区基本与越南冷涡所在的地理位置相对应,冷水中心为 12°N~14°N,它的存在造成海表面水体的辐散,上升流加强后导致混合层变薄,跃层整体抬升变浅。

由图 3.3 可知,强盛期整个南海跃层厚度基本都在 50m 以上,6 月至 7 月西沙群岛与东沙群岛海域存在厚度大于 100m 的跃层中心。只是在雷州半岛以东海域、东沙群岛与台湾海峡之间以及加里曼丹岛以北海域分布有几个低中心。另外,由于越南冷涡和吕宋冷涡,在越南东南和吕宋岛以北研究海区的边缘,也出现了两个不完整的低值区。6 月至 8 月,在海盆西南侧始终存在一个跃层厚度中心,中心位置在 7°N、110°E 附近,这主要是由于该海域间接受到表层 Ekman 水平东南向输运的影响,混合层厚度变至最薄,因此跃层厚度最大。

夏季南海表层水温较高,大部分海区跃层强度加强,与全年其他季节相比,强度值达到最大。由于太阳辐射强烈,海水气热交换迅速,浅层海水强烈增温。同时,次表层海水爬坡涌升,占据了沿岸的底层,跃层发展到强盛。图 3.4 中 6 月明显显示,强度等值线与海岸线基本平行,粤东、粤西和北部湾西部近跃层的强度急剧增大,强度最大值出现在海南岛以东海区,达 $0.8s^{-1}$ 以上。$0.2s^{-1}$ 强度等值线已推进至近岸,北部湾强度普遍大于 $0.4s^{-1}$,海南岛和粤东沿岸海区的强度都在 $0.5s^{-1}$ 以上。另外,在纳土纳群岛西北出现大于 $0.7s^{-1}$ 的强跃层。但是,在南海中部深水海区,跃层强度与成长期相比变化不大,大部分海域强度都在 $0.3s^{-1}$ 左右。

3.1.4 消衰期主跃层季节性变化

消衰期(9 月至 10 月)9 月主跃层出现概率小于 60%区域从湄公河沿海区域向巽他陆架南部延伸,在泰国湾与湄公河沿岸的海域,出现无主跃区。10 月,珠江口沿海海域的跃层出现概率急剧下降。至 11 月,珠江口外水深小于 100m 的浅海区呈现垂直均匀的无跃层结构。

9 月以后,太阳日辐射量逐渐减少,海水吸热量日趋减少,这期间是南海台风季节,水温开始下降,风浪扰动加速了表层热量向深层传导。表层海水因水温

南海海洋环境气候特征

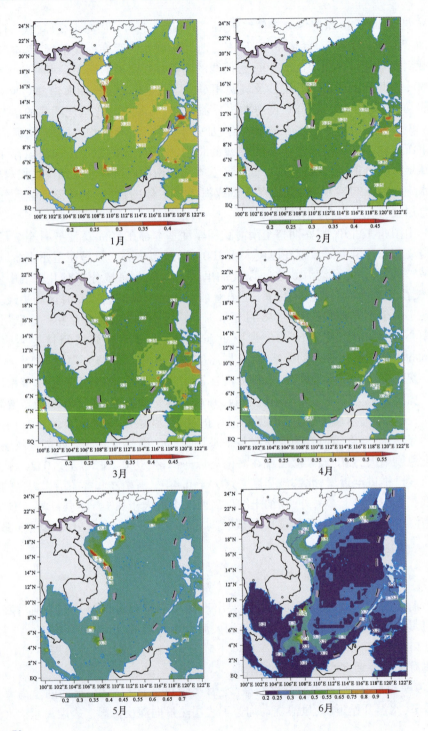

· 50 ·

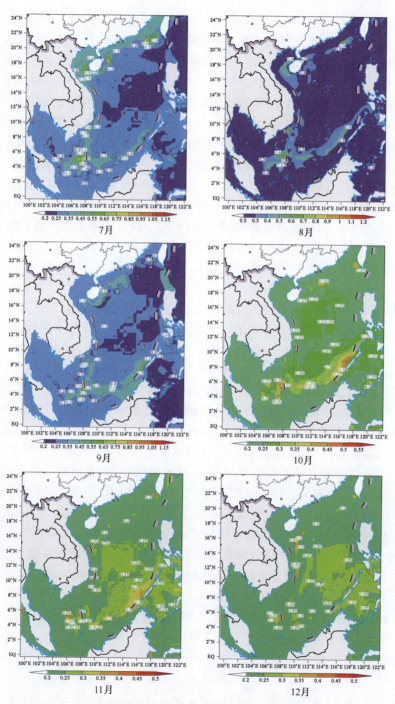

图 3.4 主跃层 50 年气候平均逐月强度空间分布图(单位:s^{-1})

下降密度增大而下沉,混合层日渐加厚,等温层逐渐向深处延伸。秋季为由夏到冬的过渡期,跃层深度水平分布保留着夏季的一些特征:9月吕宋岛以北海域大部分区域跃层深度变化不大。图3.2中9月显示贯穿南海海盆的西南至东北走向的上界跃层深度值的分界线依然存在,高值区位于分界线的东南侧,低值区在其西北侧。在分界线的西北部、越南沿岸的东部海域,有一片主跃层上界深度的低值区(20 m等值线所包围的区域)。低值区的主体部分向南可延伸至10°N,向北可至21°N(海南岛东北侧),向东延伸到珠江口南侧。越南沿岸低值区的北部比较宽,南部较窄基本呈东南-西北走向,这片低值区基本对应着环流场中一个次海盆尺度的气旋式环流,气旋式环流的存在导致表层海水辐散,上升流加强,主跃层深度变浅。9月和10月,位于越南沿岸的金兰湾以东海域出现了一个大片的低值区,同样也对应着12°N~14°N的冷涡。但随着太阳辐射减弱,表层海水温度降低,加之西南季风逐渐开始转为风速较强的东北季风,跃层深度水平分布开始具有冬季的特征。10月和11月,台湾岛西南部至南海东北部的北陆架海域盛行暖涡,这种反气旋式环流导致跃层逐步加深。而加里曼丹岛西北部海域的跃层逐渐抬升,低值区开始出现。由于海水温度降低,风速加大,垂向混合加强,南海整体跃层深度加深,10月以后,海南岛东南沿岸跃层深度超过100m,北部湾的跃层深度也超过了30m。混合加强使一些浅海区跃层甚至消失,20m跃层上界深度等值线向外海衰退。另外,南沙海域出现深度超过90m的高值区,除了夏季Ekman漂流作用使海水在东南海域堆积这一个原因外,东南沙反气旋和南沙反气旋对这个高值区的形成分别做出了贡献。与春季相比,秋季风速较大,导致垂向混合较强,所以跃层深度较成长期深。11月以后,主跃层的范围逐渐衰减,近海跃层基本消失,跃层的分布开始体现冬季的特征。

秋季江河入海水量逐渐减少,东北季风开始增强,西南季风减弱,表层海水逐渐降温,海水垂直混合作用逐渐加强。从图3.3中10月可以看出,与夏季相比,秋季跃层厚度减弱,40m厚度等值线先从海南岛南部和东沙开始向深海衰退,由西北向东南方向厚度递增,吕宋岛以西海域是大于80m的高值中心。

10月(秋季)太阳辐射逐步减弱,表层海水开始降温,跃层强度也开始减弱。由图3.4中10月可知,与夏季相比,跃层范围明显缩小,而强度也有所减弱。强度减弱主要表现在:北部湾强度大于$0.4s^{-1}$的区域消失,南海大部分海域强度在0.25~$0.3s^{-1}$。秋季和春季虽同为冬夏之间的过渡季节,但跃层强度比春季稍强。

3.2 主跃层年际变化特征

在3.1节中,主要讨论了主跃层季节性变化的基本特征及影响因素。从气候变化的角度来讲,最重要的是系统的变化而不只是气候平均状态。事实上,从时间上讲,主跃层的年际变化还是很大的;从空间上讲,跃层的空间分布也是很明显的。因此,分析南海主跃层的年际变化对于南海环流系统和海气相互作用的研究,同样具有重要意义。

3.2.1　上界深度年际变化特征

主跃层上界深度是海水声速剖面结构的重要参数,是体现表层海水运动的物理量。南海环流变化的强弱,应该在跃层深度异常均方根的大小上有所反映。通过对均方差的分析,找出主跃层深度年际变化最大的关键区,以便对南海海洋环流的异常有更好的认识。图3.5所示为1958年至2007年主跃层上界深度12个月的均方差图。从图中可以看出,南海北部年际变化的均方差比南部的要高。各月均方根的高值区主要分布在南海大陆坡的北陆坡、西陆坡、吕宋岛以北、台湾岛西南、北部湾海域,而南海东南部逐年的跃层深度异常均方根都是低值。这种高低值的分布表明,南海北部海洋环流年际变化的波动比较大,东南部海域相对较小。冬季是高值区的全盛时期,均方差数值最大高达70m,呈现明显的东北-西南向的带状分布,与南海大陆坡的海底地形一致。4月至5月高值区明显减弱,至跃层的强盛期(6月至8月)时,均方差全年最小。9月南海海域均方差值相对稳定,10月至11月高值区出现加强,数值增大,向南海北部海域扩展,至12月均方差分布逐渐呈现冬季的特点。

本节对处理得到的主跃层特征值(上界深度、厚度、强度)资料分别进行EOF分解,分析南海海域声速主跃层的异常模态,资料时间跨度为1958年至2007年,分析区域为45′S~24°15′N、99°15′E~122°15′E。由50年逐月特征值数据得到气候态的月平均特征值,再分别用逐月特征值减去气候态月平均值,得到逐月特征值的距平场,对距平场进行EOF分析,得到它所对应的几个主要模态的特征向量的空间分布及其时间序列。对所得到的主要模态进行North显著性检验,对累积方差贡献最大的时间系数序列做功率谱和小波分析,探讨气候扰动的年(代)际时间变化特征及正负长期趋势的地域特征。

主跃层深度距平场EOF分解得到的前9个模态均能通过North显著性检验。前6个主要模态方差贡献分别是8.99%、4.61%、4.05%、3.27%、2.65%、2.11%,本节主要分析第一模态。南海声速主跃层深度距平场EOF分解得到的第一模态特征矢量(解释总方差的8.99%)的空间分布型如图3.6所示。可以看出,该模态是南海声速主跃层深度变率的主要的形式,其空间分布明显为一个东南-西北向的偶极子型,整个南海主跃层的深度变率存在一正一负相反的两个中心,两个中心的位置分别在巴拉望岛以西海域9°N附近和17°N附近。该

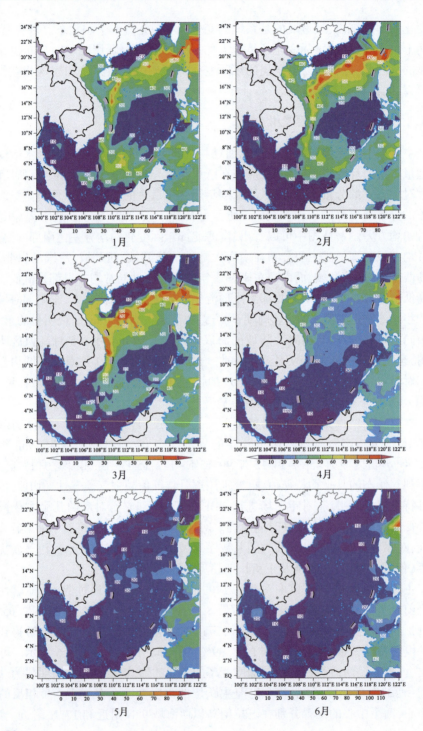

1月　2月　3月　4月　5月　6月

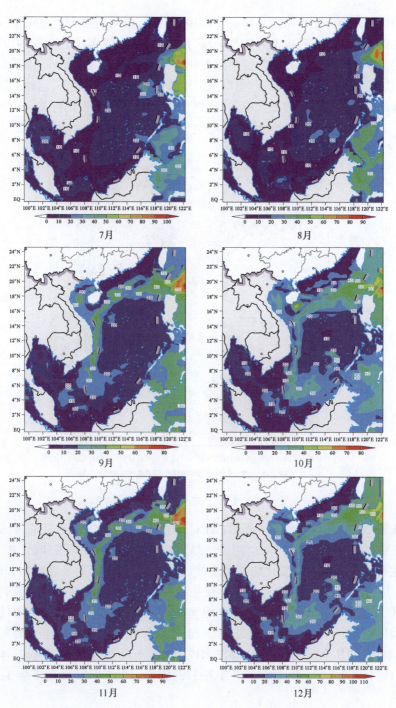

图 3.5 主跃层上界深度均方差各月变化(单位：m)

模态呈现的是南海主跃层上界深度反位相的特征,说明南海声速主跃层深度的年际变化异常在很大程度上可能与季风引起的 Ekman 输送及 Ekman 抽吸有关,南海的东南部海域是主跃层深度年际变化信号最强的区域。此外,吕宋海峡以北的海域为一个正位相中心,越南以东沿岸海域呈现负位相特征,这种空间分布所阐释的物理意义可能与黑潮或者南海中尺度涡旋的年际变化有关。

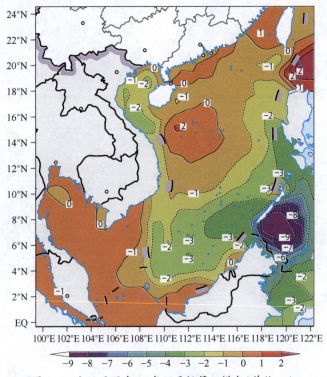

图 3.6 主跃层深度 50 年距平场第一模态(单位:m)

从第一特征矢量场的时间系数(图 3.7)可以看出,1958 年至 2007 年总体上相对平稳,呈现周期变化,有波动上升的趋势。对其进行功率谱分析(图 3.8)得到主跃层深度随时间变化的周期规律,该主模态存在 3 个显著周期,分别为 100 个月、42.9 个月、30 个月的年际变化周期。图 3.9 给出的是小波功率谱,阴影区为通过 0.1 信度检验的区域,纵坐标为周期,单位是年。结合对该模态的时间序列进行小波分析的结果来看,通过显著性检验的周期也主要集中在功率谱显示的几个时间尺度上,具体来说,1958 年至 1970 年主要是 2~4 年的周期,1971 年至 1996 年主要是 8 年左右的周期,1997 年以后主要是 3~4 年的周期。

第3章 声速主跃层的时空变化

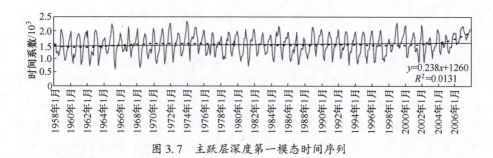

图 3.7　主跃层深度第一模态时间序列

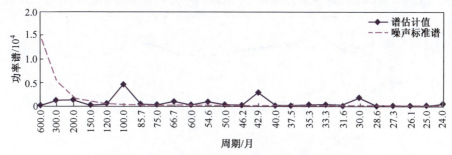

图 3.8　主跃层深度第一模态时间序列功率谱

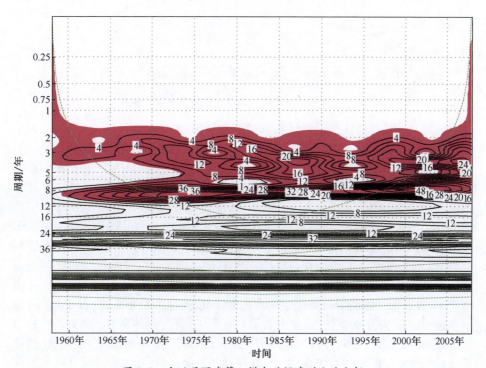

图 3.9　主跃层深度第一模态时间序列小波分析

主分量的方差贡献反映出某一振荡型在总振荡中的贡献,而特征值就是主分量的方差。因此,对50年的跃层上界深度资料取距平场以后,按12个月分别组成各月距平资料,对其分别进行EOF分析,分析各月第一特征值,第一特征矢量场的变化情况,从中找出最能体现整体年际变化的月份。从图3.10和图3.11可以看出,第一特征值及其方差贡献率季节变化明显,5月至9月方差贡献率为15%~18%,10月至翌年4月为7%~10%,而1月至5月的第一特征值明显要比6月~10月大,可见,第一特征值的年际变化特征在夏、秋季比冬、春季明显,但是冬、春季的振荡型的总能量更大,这与年际均方差分布的结果是一致的。

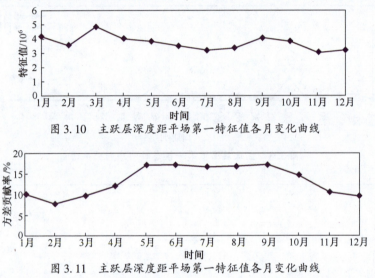

图3.10 主跃层深度距平场第一特征值各月变化曲线

图3.11 主跃层深度距平场第一特征值各月变化曲线

气候突变是普遍存在于气候系统的重要现象,由于南海环流形势复杂,属于季风气候区,又受黑潮影响,对整个南海跃层特征值取面积平均后,观察其年均值的变化意义不大。因此,本节主要针对年际变化扰动特征明显的正、负位相中心进行特征值的分析,采用线性倾向估计,Cubic曲线拟合和M-K检验等方法对其年均值进行突变检测。如图3.12(a)所示,主跃层上界深度正位相中心1958年至1963年呈现加深的趋势,1964年以后呈现略微减小的变化,图3.13(a)指出(M-K突变检验),1964年正位相中心开始呈现变浅的趋势,其正序列曲线UF和逆序列曲线UB的交点出现在1972年,且位于置信区间之内,因此,可以认为1972年是主跃层上界深度显著的(气候)突变点,其趋势大致与Cubic函数拟合(图3.12(a)虚线所示)主跃层深度的时间变化也大致相似,深度变浅的趋势显著;图3.12(b)显示负位相中心50年的变化,整体上看呈现变深的形势,具体而言,1958年至1963年呈现减小的趋势,1964年以后呈现明显加深的趋势,其M-K突变点和变化趋势通过显著性检验的时间均在20世纪70年代初。由此可见,主跃层深度确实存在正副位相分布的偶极子形态,两者的变化形势恰好相反。

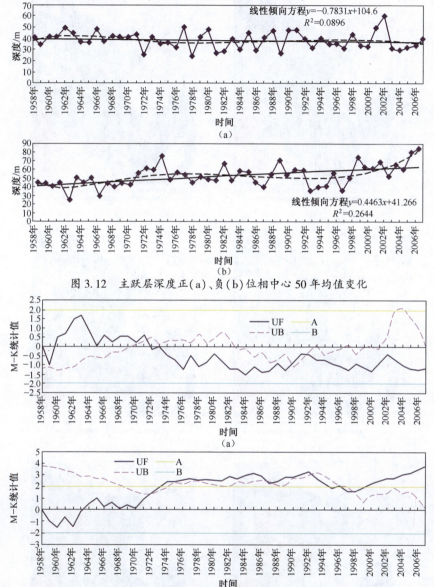

图 3.12 主跃层深度正(a)、负(b)位相中心 50 年均值变化

图 3.13 主跃层深度正(a)、负(b)位相中心 50 年均值变化 M-K 检验

3.2.2 厚度年际变化特征

主跃层厚度均方差分布特征:纵观 12 个月的均方差(图 3.14),整体上看,

南海海洋环境气候特征

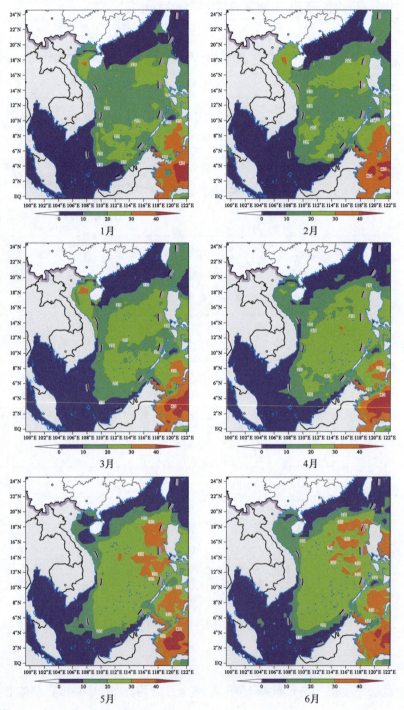

1月 2月 3月 4月 5月 6月

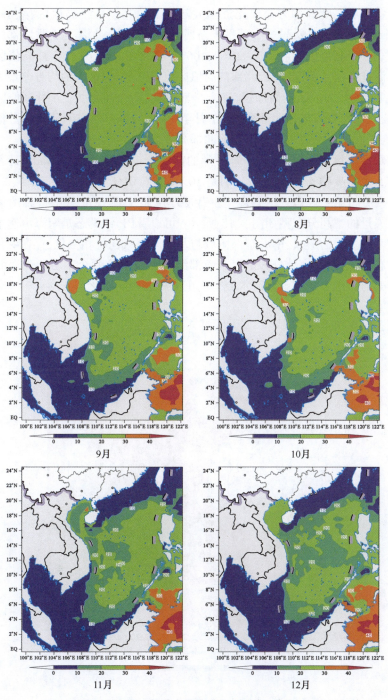

图 3.14 主跃层厚度均方差各月分布(单位:m)

南海海盆跃层厚度的均方差要比近岸大陆架的值高。全年高值区存在两个中心：一个是北部湾海域；另一个是吕宋岛西北深水海域。1月至3月北部湾海域始终存在一个高值中心（18°N~20°N，106°E~108°E）。4月和5月高值区表现为深水海盆高值区范围增大，北部湾高值区明显减弱，深水区的均方差最大值在30m以上。5月高值区全面加强，进入全盛时期，为全年最大。6月高值区分裂成几块，散布在吕宋岛西北部海域。7月至10月均方差的空间分布和数值都相差不大，最大值中心集中在吕宋岛西北部海域。

主跃层厚度距平场EOF分解得到的前5个模态均能通过North显著性检验。前5个主要模态方差贡献分别是10.02%、6.01%、4.13%、3.35%、2.33%，这里主要分析第一模态。南海声速主跃层厚度距平场EOF分解得到的第一模态特征矢量的空间分布型如图3.15所示。可以看出，该模态是南海声速主跃层厚度变率的主要的形式：南海东部海域与北部湾海域同位相变化，存在明显的负位相中心，并且东部海域分为南海东南部海域和吕宋岛两个中心。南海北部近海大陆架与巽他大陆架等浅海水域呈现正位相的相同变化。

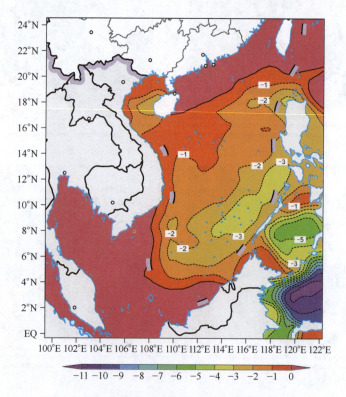

图3.15 主跃层厚度50年距平场第一模态（单位：m）

从其时间序列(图 3.16)中可以看出,1958 年至 2007 年总体为相对下降的趋势,其功率谱分析图(图 3.17)中可以看到该主模态存在一个 54.6 月的显著周期。从该模态的时间序列进行小波分析(图 3.18)的结果来看:1965 年至 1975 年主要是 3~5 年的周期,1975 年以后主要是 5 年左右的周期。

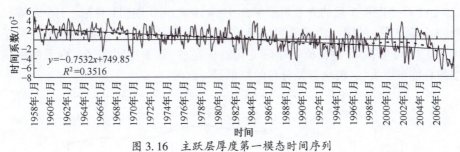

图 3.16 主跃层厚度第一模态时间序列

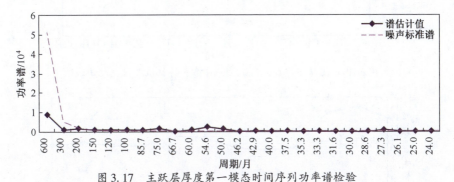

图 3.17 主跃层厚度第一模态时间序列功率谱检验

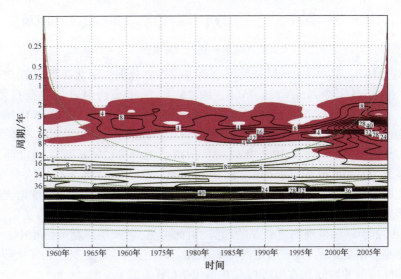

图 3.18 主跃层厚度第一模态时间序列小波分析

对50年的跃层厚度资料取距平场以后,按12个月分别组成各月距平资料,对其分别进行 EOF 分析,分析各月第一特征值、第一特征矢量场的变化情况,从第一特征值及其方差贡献率各月的变化曲线(图3.19和图3.20)可以看出,第一特征值及其方差贡献率季节变化明显,6月至11月的方差贡献率在10%~12%,12月至翌年5月的方差贡献率在9%~18%,无跃期(11月至2月)和成长期(3月至5月)的第一特征值明显要比强盛期(6月至8月)和衰减期(9月至10月)大,可见,第一特征值的年际变化特征在冬、春季更明显,冬、春季的振荡型的总能量更大,这与均方差分布的结果是一致的。

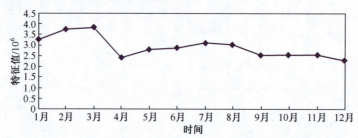

图3.19 主跃层厚度正(a)、负(b)第一特征值各月变化曲线

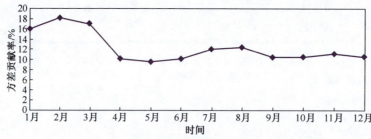

图3.20 主跃层厚度第一模态方差贡献各月变化曲线

利用 M-K 方法对主跃层厚度两个负位相中心分别位于北部湾(107.75°E,19.25°N)和吕宋岛西北(119.75°E,19.75°N)的年平均值进行突变检测,图3.21((a)表示(107.75°E,19.25°N)、(b)表示(119.75°E,19.75°N))所示为负位相中心总体上1958年至2007年都呈现变厚的趋势,但两者还有具体区别。(107.75°E,19.25°N)自1966年以后呈现减小的趋势,1971年至1972年减小趋势显著。其 UF 和 UB 的交点出现在1978年,表明在78年发生一次突变,厚度变浅的趋势显著,1978年至1986年变化相对平稳,1987年以后厚度增强的趋势显著。图3.21(b)(119.75°E,19.75°N)显示负位相中心50年的变化,具体而言,1972年以后呈现明显变厚的趋势,由此可见,主跃层厚度负位相中心的时空变化是非常复杂的,具有一定的不确定性。但是其 M-K 突变点和变化趋势通过显著性检验的时间均在20世纪70年代初(图3.22)。

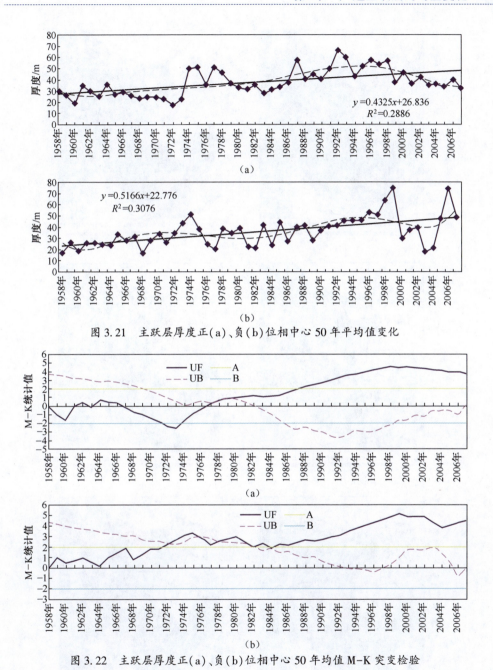

图 3.21　主跃层厚度正(a)、负(b)位相中心 50 年平均值变化

图 3.22　主跃层厚度正(a)、负(b)位相中心 50 年均值 M-K 突变检验

3.2.3　强度年际变化特征

从图 3.23 看出,11 月至 2 月(无跃期)近海大陆架的强度均方差要比深水

南海海洋环境气候特征

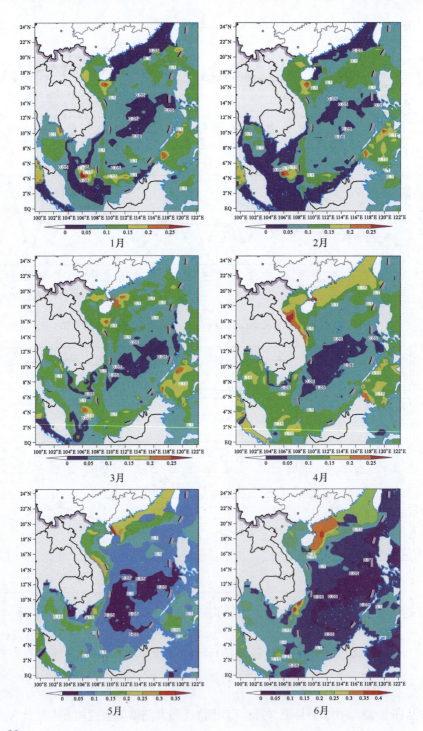

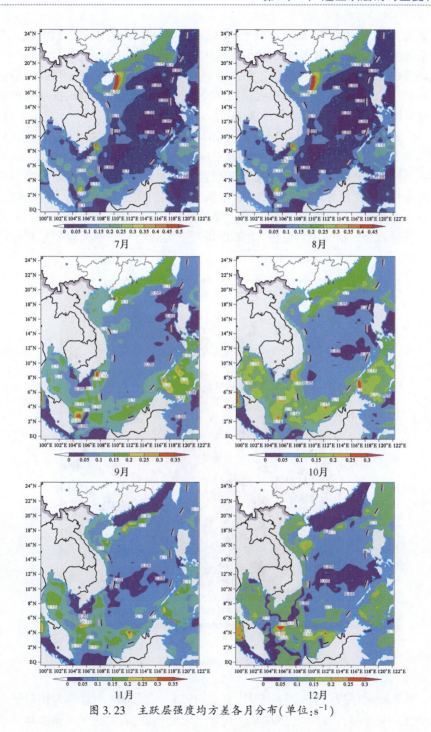

图 3.23 主跃层强度均方差各月分布(单位:s^{-1})

海盆大,最大值在 0.3 以上,在纳土纳群岛西北海域和西沙群岛以西海域始终存在最强的高值区。3 月至 9 月琼州海峡水团混合作用强烈,始终存在一个均方差高值中心。3 月琼州海峡至北部湾海域均方差逐渐增强,至 8 月达到最强值 0.45 以上。5 月湄公河出海口大量陆地淡水流入,表层盐度剧降,跃层强度均方差逐渐增大,8 月达到最强,9 月至 11 月逐渐衰减。

主跃层强度距平场 EOF 分解得到的前 5 个模态均能通过 North 显著性检验。前 5 个主要模态方差贡献分别是 9.80%、6.72%、4.14%、3.20%、2.92%,这里主要分析第一模态。南海声速主跃层强度距平场 EOF 分解得到的第一模态特征矢量(解释总方差的 9.80%)的空间分布型如图 3.24 所示。可以看出,该模态是南海声速主跃层强度变率的主要的形式,其空间分布呈现为整个南海大部与苏禄海呈现相同的负位相,南海北部近岸大陆架与巽他大陆架呈现相同的正位相。

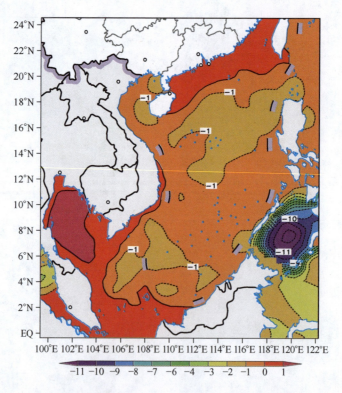

图 3.24 主跃层强度 50 年距平场第一模态(单位:s^{-1})

从其时间序列(图 3.25)中可以看出,1958 年至 2007 年总体为相对平稳的趋势,但 1994 年、1997 年、2002 年出现 3 个大的负值,表明这 3 年强度减小的趋势是非常显著的。从图 3.26 中可以看到,该主模态存在 3 个显著周期,分别为 100 个、60 个、33.3 个月的年际变化周期。从对该模态的时间序列进行小波分析(图 3.27)的结果来看,主要是 1985 年以后呈现出 2~8 年的周期。特别是 1997 年至 2002 年期间 2.5~8 年的周期显著。

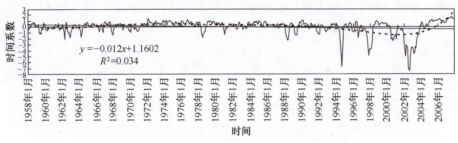

图 3.25　主跃层强度第一模态时间序列

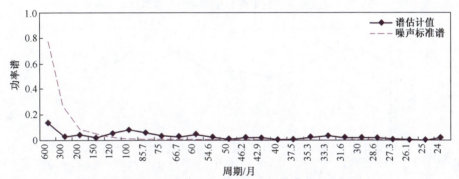

图 3.26　主跃层强度距平场第一模态时间序列功率谱

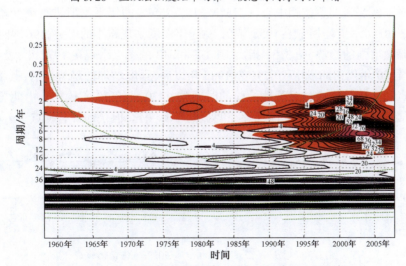

图 3.27　主跃层强度距平场第一模态时间序列小波分析

对50年的跃层强度资料取距平场以后,按12个月分别组成各月距平资料,对其分别进行EOF分析,分析各月第一特征值,第一特征矢量场的变化情况,从第一特征值及其方差贡献率各月的变化曲线(图3.28和图3.29)可以看出,9月份方差贡献率16.67%,第一特征值120.63为全年最高,说明在西南季风向东北季风调整期间,9月份主跃层的强度是年际变化非常强的信号,振荡型的总能量最大。

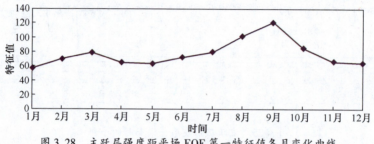

图3.28 主跃层强度距平场EOF第一特征值各月变化曲线

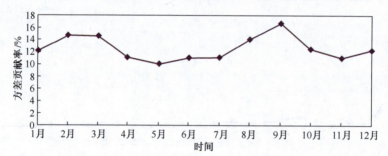

图3.29 主跃层强度距平场EOF第一模态方差贡献各月变化

对主跃层强度负位相中心(9.75°N,107.75°E)的年平均值进行突变检测,由图3.30所示负位相中心1958年至1963年强度呈现减小的趋势,1964年以后呈现略微增强的趋势,图3.31指出,其UF和UB的交点出现在1972年,表明在20世纪70年代初期发生一次突变,1985年以后,强度增加的趋势显著;其M-K突变点和变化趋势通过显著性检验的时间均在20世纪70年代初。由此可见,主跃层强度与深度、厚度一样都存在明显的年际变化,但是却各有特点。

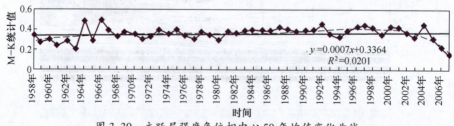

图3.30 主跃层强度负位相中心50年均值变化曲线

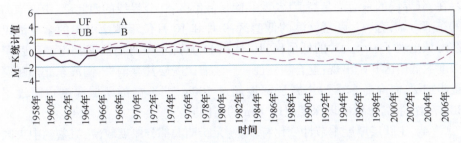

图 3.31　主跃层强度负位相中心 50 年均值变化 M-K 检验曲线

3.3　本章小结

本章经过科学计算得到跃层示性特征,采用各种气候统计分析的方法研究了南海主跃层气候平均态和异常的时间演变特征与空间结构,结合南海大气环流和海洋环流的时空变化特点,分析主跃层的季节和年际变化规律,初步得到以下结论。

(1) 从整体上来看,对南海北部近海沿岸区域而言,主跃层在一年中存在显著的消长过程,而南海中部和南部,由于纬度低,海水温盐年变化小,表层水温终年偏高,跃层季节变化不及北部明显,其季节性变化主要表现在跃层的深度和范围的大小上;南海北部跃层的特征值年际变化比南海南部明显要强。

(2) 主跃层范围季节性变化特征是:无跃期的无跃区全年最多,主要分布在近海浅水区,跃层范围为一年中最小,深度超过 70m 的跃层范围为全年最广,分布较均匀;成长期间,近岸海域开始有跃层出现,300m 海水等深线以外海域,均有跃层分布,范围开始逐渐增大;强盛期跃层范围为全年最大;消衰期范围明显缩小,近海跃层基本消失。

(3) 主跃层深度季节性变化特征是:无跃期自海盆的东南至西北方向,跃层深度由浅变深;在我国中南半岛沿岸的陆架海域、南沙群岛南部、西沙群岛-中沙群岛、台湾岛南部沿岸存在 4 个高值区;在吕宋岛和加里曼丹岛西北海域,出现低值区。成长期近岸大陆架的跃层深度一般小于 20m;跃层深度是一年中全场平均值最浅的季节,约为 30m;位于吕宋岛西北侧和加里曼丹岛西北侧的低值区,与无跃期相比更浅。强盛期跃层深度大都较浅,40m 跃层深度等值线可以作为分界线,其东南部和西北部呈现相反的变化。消衰期跃层深度水平分布开始具有冬季的特征,同时又保留了夏季的特征,9 月吕宋岛以北海域大部分区域跃层深度变化不大,贯穿南海海盆的西南至东北走向的跃层深度值的分界线依然存在,分界线的东南侧是高值区,西北侧是低值区;在分界线的西北部、中南半岛的东部海域,有一片跃层深度的低值区;9月和10月位于越南沿岸的金兰湾以东海域出现了一个大片的低值区;10月和11月加里曼丹岛西北部海域的跃层深度的低值区开始出现;混合加强使一些浅海区跃层甚至消失,南海东北部跃层逐步加深,海南岛东南沿岸跃层深度超过100m,北部湾的跃层深度也超过了30m,南沙群岛海域出现深度超过90m的高值区。

(4) 主跃层厚度季节性变化特征是:无跃期大部分厚度较薄,海盆的中央区域跃层较厚,边缘较薄,厚度超过40m的跃层散布在吕宋岛以西的南海海盆及其以南的深海海域。成长期3月和4月外海在东沙群岛、中沙群岛附近跃层较深。在近岸和大陆架海区,跃层厚度一般不超过10m,中沙群岛至南沙群岛海域主要分布一个大致呈东北-西南走向的舌状高值区,其厚度均超过60m。4月,由高值区向南北两侧均呈现厚度递减的趋势。5月,在南海北部主跃层厚度逐渐增大,在吕宋岛的西北海域存在厚度大于80 m的中心。强盛期基本都在50m以上,为全年最厚。消衰期与夏季相比,秋季跃层厚度减弱,40m厚度等值线先从海南岛南部和东沙开始向深海衰退,由西北向东南方向厚度递增,吕宋岛以西海域是大于80m的高值中心。

(5) 主跃层强度季节性变化特征是:无跃期跃层强度全年最弱,一般不超过$0.25s^{-1}$。成长期在北部湾以西的越南沿岸的强度中心大于$0.5s^{-1}$,但大部分海域跃层强度较弱,一般稍大于$0.2s^{-1}$。强盛期大部分海区跃层强度加强,与全年其他季节相比,强度值达到最大;粤东、粤西和北部湾西部近跃层的强度急剧增大,强度最大值出现在海南岛以东海区,达$0.8s^{-1}$以上。$0.2s^{-1}$强度等值线已推进至近岸,北部湾强度普遍大于$0.4s^{-1}$,海南岛和粤东沿岸海区的强度都在$0.5s^{-1}$以上,在湄公河入海口附近形成一个大于$0.5s^{-1}$的强跃层,在纳土纳群岛西北出现大于$0.7s^{-1}$的强跃层;但是在南海中部深水海区,跃层强度与成长期相比变化不大,大部分海域强度都在$0.3s^{-1}$左右。消衰期强度减弱主要表现是:北部湾强度大于$0.4s^{-1}$的区域消失,南海大部分海域强度在$0.25\sim0.3s^{-1}$。秋季和春季虽同为冬、夏之间的过渡季节,但跃层范围比春季大,深度比春季深,强度比春季强。

(6) 主跃层深度年际变化特征是:南海北部海洋环流年际变化的波动比较大。冬春季是均方根高值区的全盛时期,振荡型的总能量更大,呈现明显的东北-西南向的带状分布,与南海大陆坡的海底地形相一致,强盛期的均方差为全年最小。主跃层深度变率的空间分布既存在南北向的反位相分布,也存在明显的东西向的反位相分布。东南-西北向明显为一对偶极子型,存在一正一负相反的中心,南海的东南部海域是主跃层深度年际变化信号最强的区域。此外,吕宋海峡以北的海域与越南以东沿岸海域也呈现反位相特征。它们反映主跃层深度变化的基本模态,在一定意义上视为影响深度异常的变化关键区和关键型。该空间型存在着多时间尺度的变化特征,小波分析表明,1958 年至 1970 年主要是 2~4 年的周期,1971 年至 1996 年主要是 8 年左右的周期,1997 年以后主要是 3~4 年的周期。M-K 分析表明,正、负位相中心年均值呈现相反的趋势,并在 20 世纪 70 年代初期发生一次突变。

(7) 主跃层厚度年际变化特征是:均方差图显示整体上来看,南海海盆跃层厚度的均方差要比近岸大陆架的值高,全年始终存在两个高值中心:一个是北部湾海域;另一个是吕宋岛西北深水海域。第一特征值的年际变化特征在冬春季更明显,主跃层厚度变率的空间分布南海东部海域与北部湾海域同位相变化,存在明显的负位相中心,并且东部海域分为南海东南部海域和吕宋岛两个中心,其功率谱分析图中可以看到该主模态存在一个 54.6 月的显著周期。厚度负位相中心的时空变化是非常复杂的,但是其 M-K 突变点和变化趋势通过显著性检验的时间均在 20 世纪 70 年代初。

(8) 主跃层强度年际变化特征是:9 月强度第一特征值及方差贡献最大,是年际变化非常强的信号,振荡型的总能量最大。强度变率的空间分布呈现为整个南海大部与苏禄海呈现相同的负位相,南海北部近岸大陆架与巽他大陆架呈现相同的正位相。功率谱分析图显示了该模态存在 100 个月、60 个月、33.3 个月的年际变化周期。强度负位相中心在 20 世纪 70 年代初期发生一次突变,主跃层强度与深度厚度一样都存在明显的年际变化,但是却各有特点。

(9) 本章借助于气候平均态的声速序列资料揭示了跃层分布变化的原因,讨论影响跃层特征的动力和热力学因素。从示性特征来看,利用 SODA 资料分析南海声速跃层的特性是可行的,得到的结果具有一定的借鉴意义。以往根据个别航次实测数据得出的统计成果可视为"天气式"的图像,侧重考虑部分效应的结果,与本章通过诊断分析得到的气候态特征相比,就会出现既有共性又有区别的情况。

(10) 太阳辐射是决定南海水温的根本原因,由于南海南部接近赤道的海区太阳辐射比北部显著得多,因而,造成温盐场南、北空间分布很不均匀。太阳辐射的季节变化在很大程度上决定了南海表层要素场的季节变化,进而影响跃层深度的季节变化。

(11) 海表风场通过海洋流场对跃层的时空分布具有明显的影响:一方面,季风通过海洋表层 Ekman 效应起作用;另一方面,风应力旋度激发出各种尺度的涡旋环流影响跃层水平分布:在空间上具有多层次结构,包括海盆尺度环流、次海盆尺度环流、中尺度环流结构,在时间上包括日变化、季节变化、年际变化等。冬季南海强劲的东北季风,强迫出海盆尺度的气旋式环流;夏季南海北部气旋式环流减弱,南部则受西南季风驱动出现反气旋式环流;冬、夏季海盆尺度环流在西边界存在强化现象;造成海水辐合(上升流)或者辐散(下降流),限制或者促进深度的发展。

(12)在地形效应的大背景下,南海北部环流、吕宋冷涡、越南冷涡、越南东南海域环流、南海暖流、贯穿南海的东北向海流、黑潮水入侵从不同方面影响声速跃层的时空分布。主跃层的上界深度和厚度等值线与海底地形的等深线相比,两者的分布趋势较为一致,说明跃层的深度与海底地形有一定的关系。

(13)从特征值前两个模态的累积方差贡献来看,分析的跃层特征异常值过于分散,不能通过前几个模态代表全场,很难用EOF方法将特征值分解出来的时间系数实现跃层特征值的预报。

第 4 章　声速双跃层的时空变化

在 3 种不同水团交汇的海域,水文要素的垂直分布常因 3 种水团在不同层次互相叠置或相互侵入形成的温盐梯度递增而形成双跃层现象。一般来说,上跃层是沿岸水(或沿岸变性水)与陆架混合水叠置或由于混合层快速增温、降盐形成的,而下跃层是由于深层存在冷水引起的。研究这类跃层对于认识不同类型水团之间的混合、叠加过程及不同水体的交换是十分重要的。

4.1　双跃层发生概率及季节性变化

由于不同温盐性质水团相互穿插和叠加,使界面处形成较大的温度或盐度梯度,当铅直向梯度足够大时,便形成双跃层,图 4.1 所示为声速双跃层类型出现概率与分布。从季节分布上看,双跃层 5 月出现的概率达到最大,1 月最小,总体上呈现夏强冬弱的趋势;从空间分布形态上看,沿岸海域发生双跃层的高概率区远远大于深水海盆,说明沿岸海域不同类型水团之间的混合作用明显强于深水海盆。泰国湾-巽他大陆架以东的广大海域,终年双跃层出现概率低于 10%。以 10°N 为轴以南海域,常年存在双跃层结构,同时呈现冬春季分布的范围远远大于夏、秋季的趋势。

冬季随着气温降低,风力搅拌作用使得上混合层混合均匀,南海北部除北部湾海域以外,其他海域出现概率较小,而南海南部加里曼丹-巴拉望岛一线海域双跃层出现概率在 60% 以上,这应该是由于加里曼丹沿岸水、南海南部表层水、加里曼丹近岸混合水团在不同层次相互穿插的结果。如图 4.1 中 2 月所示,15°N 以北,吕宋岛以西海域的双跃层结构逐渐显现,这可能是在黑潮的动力驱动下,黑潮水和南海北部局地水体性质不同,从而菲律宾海表层水进入南海后与南海表层水混合变性所造成的。3 月、4 月北部湾以南海域双跃层范围逐渐向北扩展,同时,北部湾以南的越南沿岸,随着气温的升高,高温低盐的北部湾沿岸水向南扩张覆盖在高温(比沿岸水低)高盐的暖流水(其下为低温水)之上,因此出现

南海海洋环境气候特征

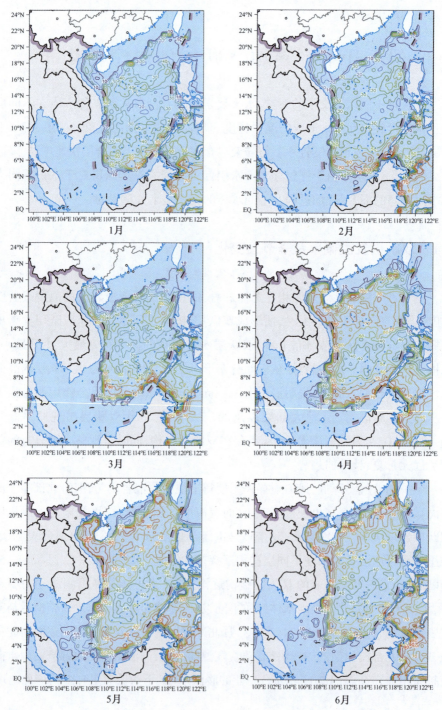

1月　　2月　　3月　　4月　　5月　　6月

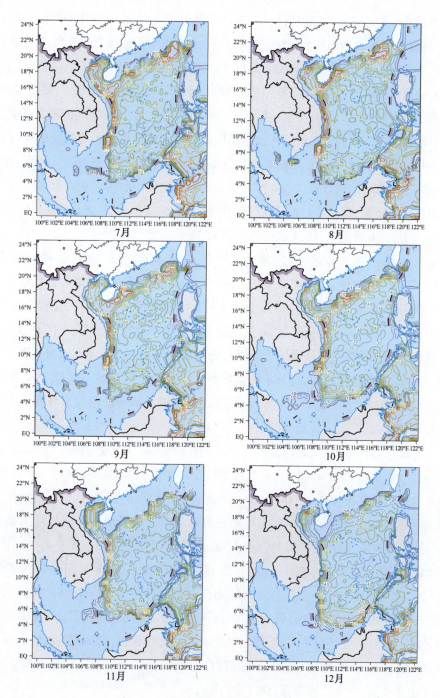

图 4.1　双跃层发生概率分布(单位:%)

概率最高。5月随着太阳辐射增强，珠江冲淡水开始由珠江口外向西南方向扩展，海南岛以东海域出现大范围的双跃层区，6月海表面温度急剧升高，珠江冲淡水向南扩展最远，双跃层的范围也最大，7月和8月珠江冲淡水转向东及东北的台湾海峡西南海域，9月返转西南。巴士海峡以东的菲律宾次表层水，除秋季外，存在沿着斜坡向岸的涌升现象，因此，台湾海峡西南由粤东沿岸水，南海北部表层水和南海北部陆架混合水团相互作用所形成的双跃层结构自4月开始出现，5月和6月持续发展，7月和8月概率分布范围达到最大，此后逐渐衰退。同样，在4月越南以南海域出现双跃层结构，5月随着湄公河流域淡水的大量涌入，沿岸水与南海南部表层水，巽他陆架表层混合水团相互作用的持续发展，至6月到8月达到强盛，9月和10月消退，11月以后呈现冬季的分布态势。

因此，根据南海海区水系分布和水团划分，以及双跃层的消长过程特点，同主跃层一样，从整体上看，双跃层的发展过程大致也分为4个阶段：12月至2月为无跃期；3月至5月为成长期；6月至8月为强盛期；9月至11月为消衰期。12月至翌年2月的无跃区全年最多，这是由于较强的东北季风，大大强化了海水垂直混合，混合层加深，在浅海区形成温盐的垂直均匀状态。跃层范围为一年中最小，上界深度普遍超过60m，分布非常零散。厚度为全年最薄不超过30m，强度全年最弱，在$0.25s^{-1}$左右。3月，南海海盆南部以及吕宋岛西北海域有跃层零星分布，随后跃层范围开始逐渐增大。3月和4月，由于冬季Ekman漂流作用和中尺度反气旋涡的背景，越南沿岸开始出现双跃层，而且深度一般大于100m，跃层厚度一般不超过40m。5月，双跃层厚度逐渐增大，在吕宋岛的西北海域和南海海盆中部存在厚度大于60m的中心。随着太阳辐射的加强，大部分海域跃层强度仍然较弱，一般稍大于$0.2s^{-1}$，不超过$0.4s^{-1}$。强盛期双跃层深度大都较浅，在50~100m，但在东沙群岛以南海域，双跃层深度存在最大值中心，水深大于250m。最大厚度基本都在150m以上，跃层强度加强，与全年其他季节相比，强度值达到最大，中沙-东沙群岛海域始终存在强跃层中心。消衰期跃层深度水平分布开始具有冬季的特征，同时又保留了夏季的特征，范围明显缩小。混合加强使一些双跃层甚至消失，范围逐渐衰减。与夏季相比，秋季跃层厚度和强度明显减弱。10月和11月，双跃层海域强度为$0.2~0.3s^{-1}$。跃层范围比春季大，深度比春季深，强度比春季强(图4.2~图4.4)。

第4章 声速双跃层的时空变化

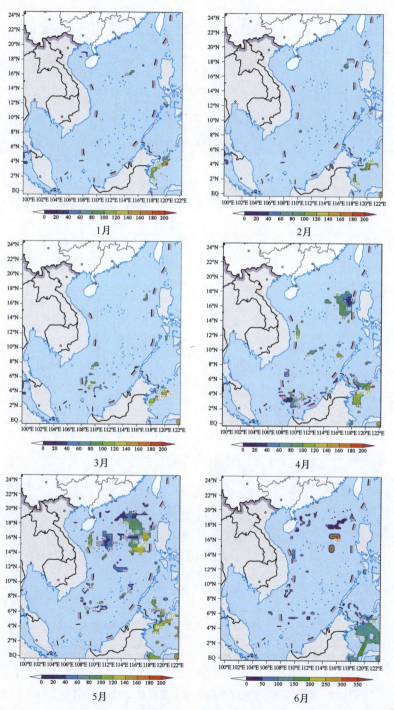

1月

2月

3月

4月

5月

6月

· 79 ·

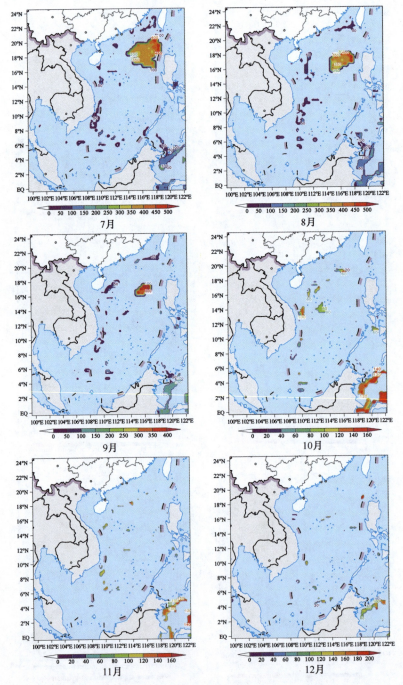

图4.2 双跃层50年气候平均逐月上界深度空间分布图(单位:m)

第4章 声速双跃层的时空变化

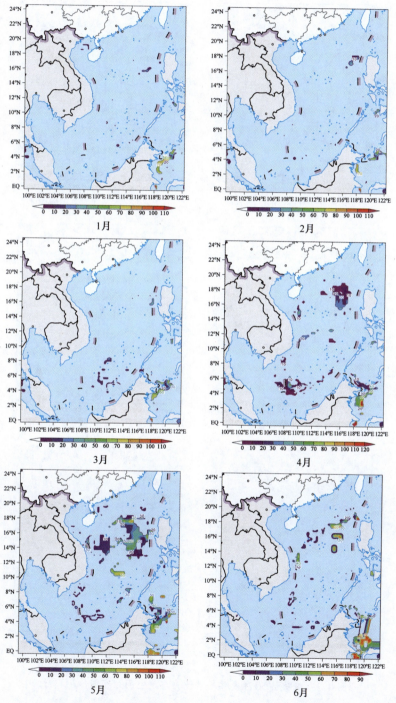

1月

2月

3月

4月

5月

6月

· 81 ·

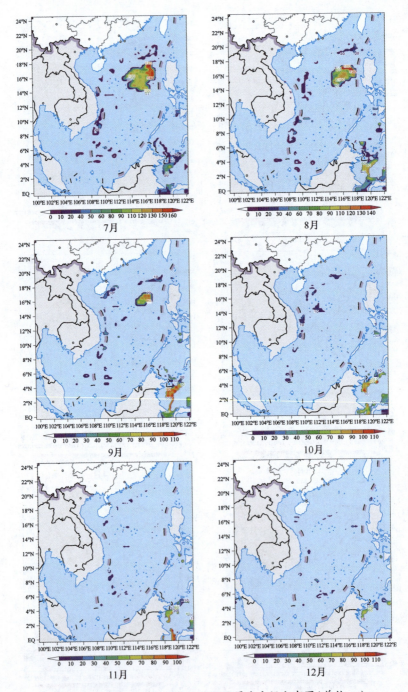

图 4.3 双跃层 50 年气候平均逐月厚度空间分布图(单位:m)

第4章 声速双跃层的时空变化

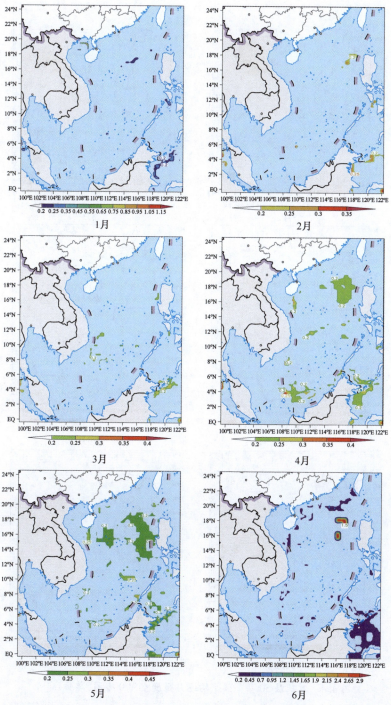

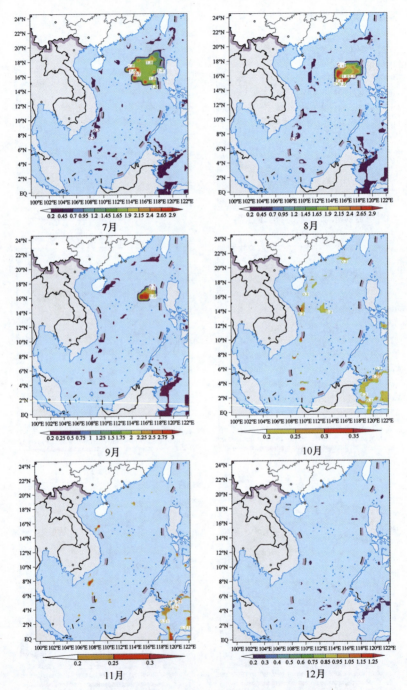

图 4.4 双跃层 50 年气候平均逐月强度空间分布图(单位:s^{-1})

4.2 双跃层年际变化特征

4.2.1 上界深度年际变化特征

双跃层上界深度是海水声速剖面结构的重要参数,是体现海洋水团运动的物理量。南海水团混合和叠加作用的强弱,应该在跃层深度异常均方根的大小上有所反映。图4.5是1958年至2007年双跃层上界深度12个月的均方差图。从图中可以看出,11月至翌年2月是高值区的全盛时期,呈现明显的东北-西南向的带状分布,与南海西北部浅海大陆坡的海底地形基本一致,均方差最大值集中在西沙群岛以西海域,2月高达130m以上。3月至5月高值区范围明显减少,至跃层的强盛期(6月至8月)时,南海东部海域出现年际变化最强的高值区,吕宋岛以北和巴拉望岛以西海域出现两个高值区,8月巴拉望岛与南沙群岛之间的最高值在110m以上。9月南海海域均方差值相对稳定,10月和11月高值区出现加强,数值增大,向南海北部海域扩展,至12月均方差分布逐渐呈现冬季的特点。这种高低值的分布表明,在冬季和夏季南海海洋水团年际变化的波动比较大,而春、秋季波动较小的态势。

双跃层深度距平场EOF分解得到的前7个模态均能通过North显著性检验。前6个主要模态方差贡献分别是13.22%、4.99%、2.82%、2.55%、2.16%、1.67%,通过分析第一模态探讨双跃层上界深度年际变化的主要扰动特征。由图4.6可以看出,该模态的空间分布为一单极型,最大深度变率中心在吕宋岛以西沿岸。整个南海双跃层上界深度呈现的是以全域同位相振荡为主要特征,空间函数值由东至西逐渐减小。

从其时间序列(图4.7)中可以看出,1958年至2007年总体相对下降,结合其空间分布型可知,南海整体上深度逐年变浅。具体来说,1958年至1962年为变深趋势,1963年至1996年为变浅趋势,1997年以后又呈现先增加后减小的趋势。从图4.8中可以看出该主模态分别存在200个月、150个月、75个月的3个显著周期。对该模态的时间序列进行小波分析(图4.9)的结果来看,1958年至1997年主要是12~16年的周期,1998年以后主要是6年左右的周期。

南海海洋环境气候特征

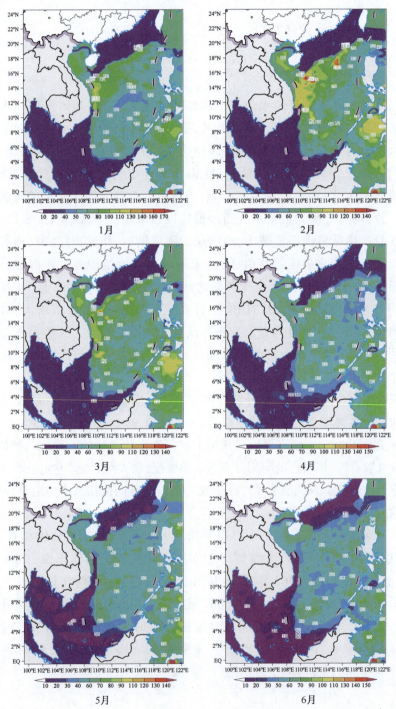

1月

2月

3月

4月

5月

6月

第4章 声速双跃层的时空变化

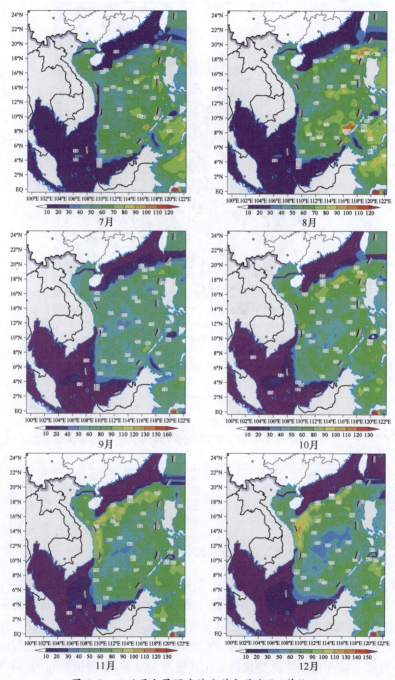

图 4.5 双跃层上界深度均方差各月变化(单位:m)

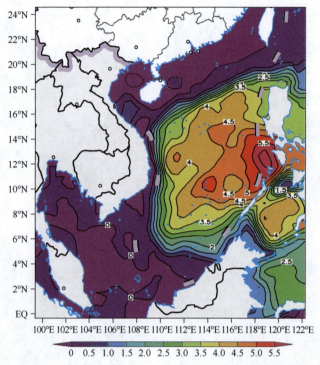

图4.6 双跃层深度50年距平场第一模态(单位:m)

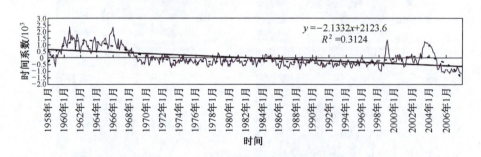

图4.7 双跃层深度第一模态时间序列

对50年的跃层上界深度资料取距平场以后,按12个月分别组成各月距平资料,对其分别进行EOF分析,分析各月第一特征值、第一特征矢量场的变化情况,从图4.10和图4.11可以看出,第一特征值及其方差贡献率季节变化并不显著,夏半年方差贡献率为11%~18%,冬半年为13%~16%。但是,相比较而言,8月和9月第一特征值的年际变化特征比其他月份显著,特征值最高,方差贡献率都在18%以上。

第4章 声速双跃层的时空变化

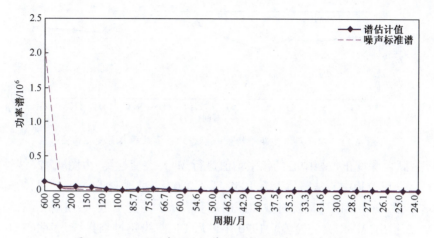

图 4.8 双跃层深度距平场第一模态时间序列功率谱检验

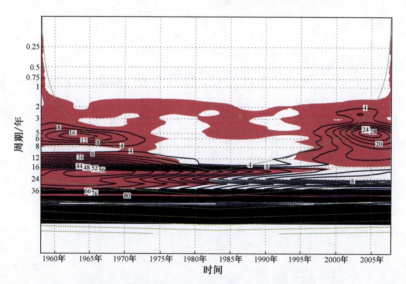

图 4.9 双跃层深度第一模态时间序列小波分析

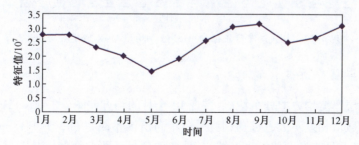

图 4.10 双跃层距平场 EOF 第一特征值各月变化曲线

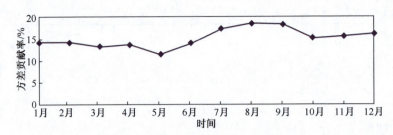

图4.11 双跃层深度距平场第一模态方差贡献率各月变化曲线

双跃层深度正位相中心的年平均值进行 M-K 突变检测,由图 4.12(线性倾向)所示,正位相中心从整体上看 1958 年至 2007 年呈现变浅的趋势,具体来说,1958 年至 1962 年以后呈现略微加深的趋势,1962 年至 1970 年逐渐变浅,结合图 4.13 指出(M-K 突变检验),1970 年以后 UF 曲线超过临界线,表明在 20 世纪 70 年代初期发生过一次突变,双跃层上界深度变浅的趋势非常显著。

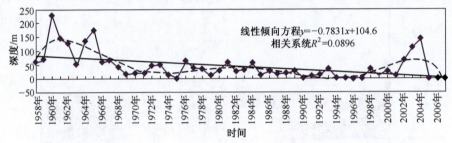

图4.12 双跃层深度正位相中心50年平均值变化曲线

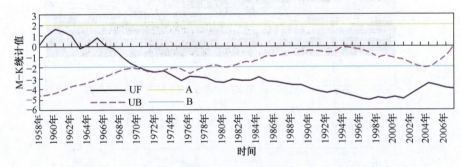

图4.13 双跃层深度正位相中心50年均值 M-K 突变检验曲线

4.2.2 厚度年际变化特征

双跃层厚度均方差分布特征:纵观 12 个月的均方差图(图 4.14),四季的空间分布和数值相差不大,从地域上看,全年高值区始终存在 3 个中心:一是北部湾海域;二是吕宋岛西北深水海域;三是加里曼丹岛西北海域。从时域上看,夏

第4章 声速双跃层的时空变化

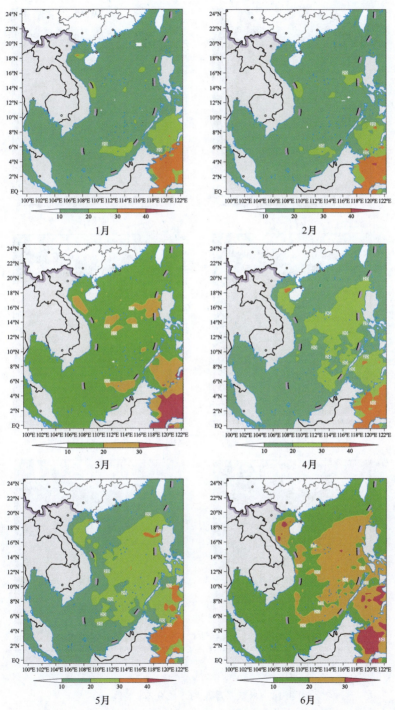

1月

2月

3月

4月

5月

6月

· 91 ·

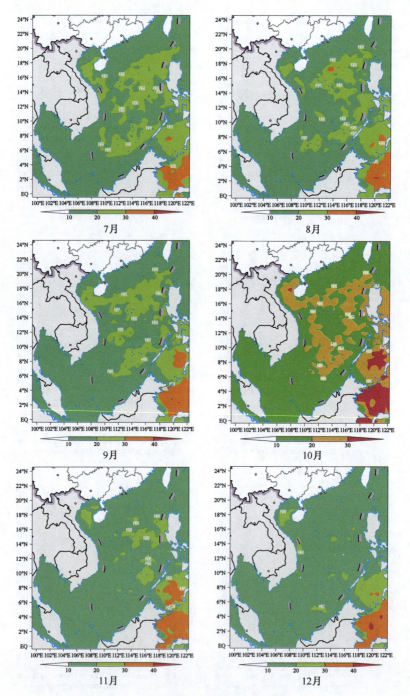

图 4.14 双跃层厚度均方差分布(单位:m)

秋季的均方差微大于冬春季。北部湾高值中心的最大值在30m左右。3月至5月高值区表现为深水海盆和北部湾高值区的范围增大,深水区的均方差最大值在30m以上。5月高值区全面加强,进入全盛时期,为全年最大。6月和7月的空间分布与数值都相差不大,最大值中心集中在吕宋岛以西海域。8月至10月均方差高值区分裂成几块,散布在南海海域。11月以后逐渐呈现冬季均方差值较小的特征。

双跃层厚度距平场EOF分解得到的只有前3个模态能通过North显著性检验。前3个主要模态方差贡献分别是6.34%、4.07%、3.39%。南海声速双跃层厚度距平场EOF分解得到的第一模态的空间分布型如图4.15所示。可以看出,该模态是声速双跃层厚度变率的主要形式:与深度场相比,其空间模态分布仍然为单极型,最大位相中心位于巴拉望岛西北海域。

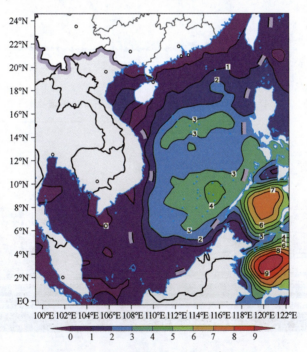

图4.15 双跃层厚度第一模态(单位:m)

从图4.16可以看出,1958年至2007年总体为逐年减小的趋势,从其功率谱分析(图4.17)中可以看到该主模态存在3个显著周期,分别是100个月、75个月、30个月的周期。从对该模态的时间序列进行小波分析(图4.18)的结果来看:1958年至1974年主要是5年的周期,1976年至1990年主要是3~5年的周期,1997年以后是2~3年的周期。

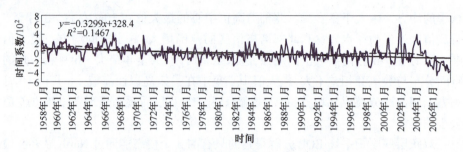

图 4.16 双跃层厚度距平场第一模态时间序列

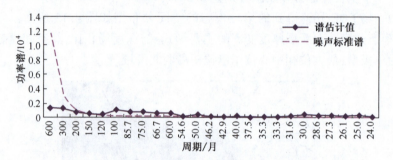

图 4.17 双跃层厚度第一模态时间序列功率谱检验

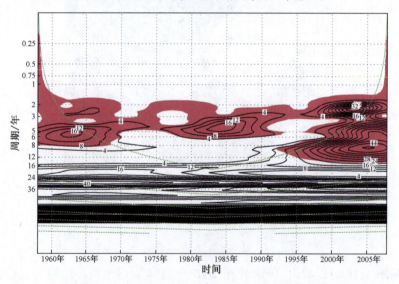

图 4.18 双跃层厚度第一模态时间序列小波分析

对 50 年的跃层厚度资料取距平场以后,按 12 个月分别组成各月距平资料,对其分别进行 EOF 分析,从图 4.19 和图 4.20 可以看出,第一特征值及其方差贡献率季节变化并不明显,全年的方差贡献率为 7%~12%,5 月和 11 月的第一特征值明显要比强盛期(6月至8月)和无跃期(12月至翌年2月)大,可见,第一特征值的年际变化特征并不明显,相比较而言,冬夏之间过渡季节振荡型的总能量更大。

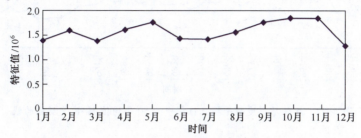

图 4.19 双跃层厚度距平场第一特征值各月变化曲线

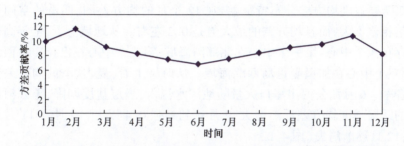

图 4.20 双跃层厚度距平场第一模态方差贡献率各月变化曲线

利用 Mann-Kendall 方法对双跃层厚度正位相中心位于巴拉望岛西北(115.75°E, 9.75°N)的年平均值进行 M-K 突变检验,如图 4.21 所示,正位相中心总体上 1958 年至 2007 年都呈现变薄的趋势。具体来说,自 1958 年以后呈现交替增减的趋势。M-K 突变检验线表明 1973 年以后减小趋势显著,其 UF 和 UB 的交点出现在 1995 年,表明在 1995 年发生一次突变,厚度变薄的趋势显著。由此可见,双跃层厚度正位相中心的时空变化是非常复杂的(图 4.22)。

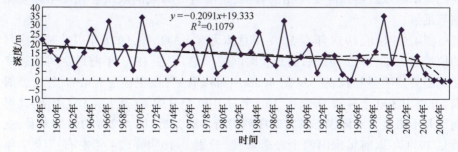

图 4.21 双跃层厚度距平场正位相中心 50 年均值变化曲线

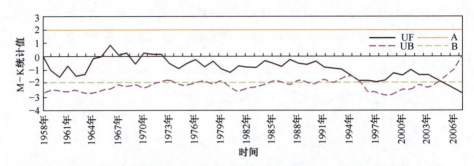

图 4.22 双跃层厚度距平场正位相中心 50 年均值 M-K 突变检验线

4.2.3 强度年际变化特征

双跃层强度均方差分布特征:纵观 12 个月的均方差图,四季的空间分布和数值相差不大,而且均方差的最大值是 0.2 左右。从地域上看,全年高值区始终存在 3 个中心:第一个中心在北部湾海域;第二个中心在巴拉望岛西北海域;第三个中心在加里曼丹岛西北海域。从时域上看,夏、秋季的均方差微大于冬春季。6 月湄公河出海口大量陆地淡水流入,表层盐度剧降,湄公河以南海域的跃层强度均方差逐渐增大,9 月达到最强 0.4 以上,10 月和 11 月逐渐衰减,12 月逐渐消失(图 4.23)。

双跃层强度距平场 EOF 分解得到的前 5 个模态均能通过 North 显著性检验。前 5 个主要模态方差贡献分别是 12.27%、5.03%、3.33%、2.27%、2.02%,本章主要分析第一模态。南海声速双跃层强度距平场 EOF 分解得到的第一模态特征矢量(解释总方差的 12.27%)的空间分布型如图 4.24 所示。可以看出,整个南海双跃层的强度变率存在一正一负相反的中心,正中心的位置分别在巴拉望岛和加里曼丹岛西北海域,负位相中心就在北部湾,整体为东南向—西北向的偶极子型,这与年际均方差分布的结果是一致的。该模态呈现的是南海双跃层强度反位相的特征,说明这些海域的双跃层强度年际变化信号最强。

图 4.25 显示 1958 年至 2007 年总体为减小的趋势,1971 年以前时间序列的值普遍为正,1972 年以后出现长时间的负值,表明 1971 年前后空间模态变化的趋势是明显相反的。从图 4.26 中可以看到,该主模态存在 4 个显著周期,分别为 300 个月、200 个月、150 个月、100 个月的年(代)际变化周期,其周期性并不明显。对该模态的时间序列进行小波分析(图 4.27)的结果来看,主要是 1971 年以前呈现出两个显著周期,分别是 16 年和 24 年左右。1997 年以后 8 年的周期显著。

第4章 声速双跃层的时空变化

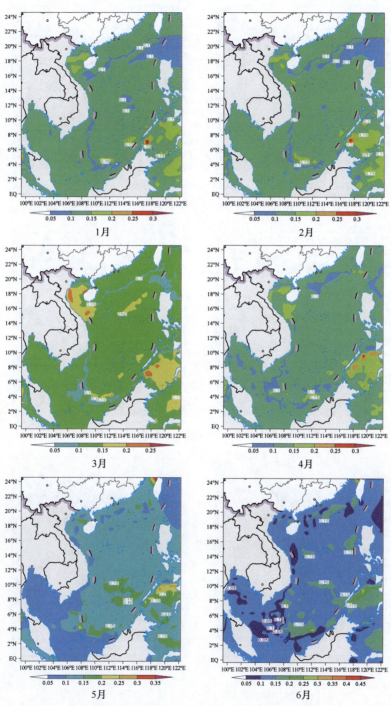

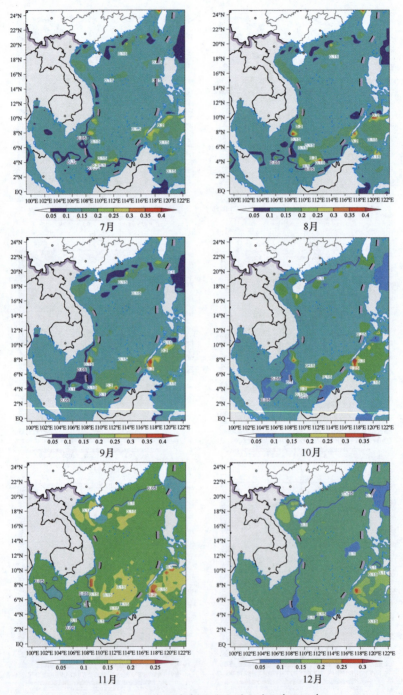

图 4.23 双跃层强度各月均方差分布(单位:s^{-1})

第4章 声速双跃层的时空变化

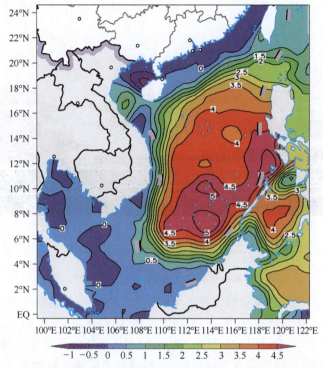

图 4.24 双跃层强度距平场第一模态(单位:s^{-1})

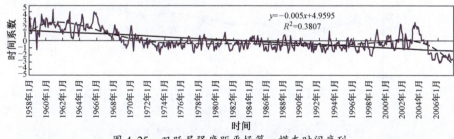

图 4.25 双跃层强度距平场第一模态时间序列

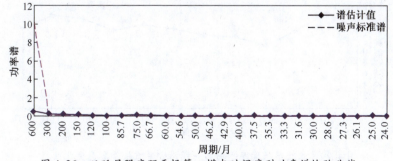

图 4.26 双跃层强度距平场第一模态时间序列功率谱检验曲线

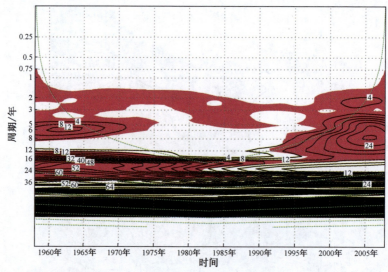

图 4.27 双跃层强度距平场第一模态时间序列小波分析

对 50 年的跃层强度资料取距平场以后,按 12 个月分别组成各月距平资料,对其分别进行 EOF 分析,从图 4.28 和图 4.29 可以看出,2 月和 11 月方差贡献率最高,大于 16%,10 月和 11 月第一特征值都大于 132 为全年最高,说明 11 月双跃层的强度是年际变化非常强的信号,振荡型的总能量最大。

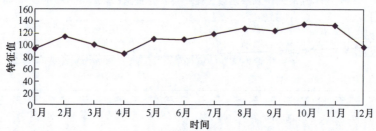

图 4.28 双跃层强度距平场第一特征值各月变化曲线

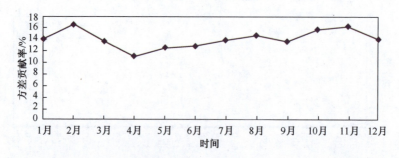

图 4.29 双跃层强度距平场第一模态方差贡献率各月变化曲线

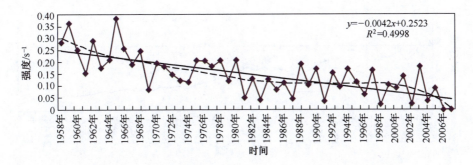

图 4.30　双跃层强度距平场第一模态正位相中心 50 年均值变化

由图 4.30 和图 4.31 所示正、负位相中心的年均值的变化，从总体上来看，正位相(7.75°N，113.75°E)中心呈现历年减弱，而负位相中心(19.75°N，108.75°E)历年增强。对正、负位相中心的年平均值进行突变检测发现：负位相中心(图 4.32)，其 UF 和 UB 的交点出现在 1966 年，表明在 1966 年发生一次 M-K 突变，1991 年以后强度增强的趋势明显。同时，正位相中心(图 4.33)1966 年以后出现减弱的趋势，至 1972 年强度减弱的趋势非常明显。

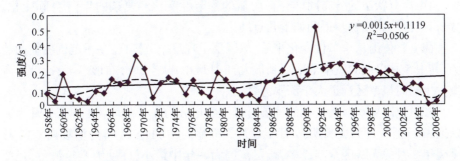

图 4.31　双跃层强度负位相中心 50 年均值变化曲线

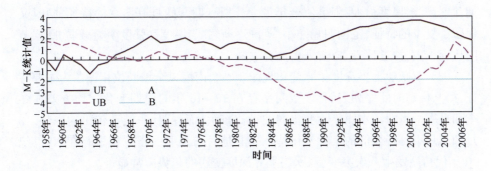

图 4.32　双跃层强度距平场第一模态负位相中心 50 年均值变化 M-K 突变检验曲线

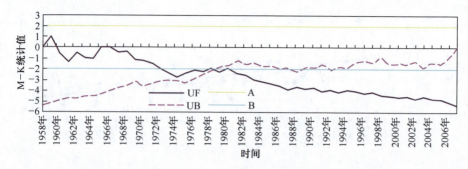

图 4.33 双跃层强度正位相中心 50 年均值 M-K 突变检验曲线

4.3 本章小结

南海幅员辽阔,与周边海域有着多种形式的水交换,致使其上层水团的分布与变化相当复杂。双跃层基本属于水团叠加型,跃层分布范围及跃层的示性特征与大气环流直接关系不大。气候平均态数据将水团交换的细节过多的平滑掉,但声速双跃层的分布同样存在明显的季节性变化和复杂的年(代)际变化。分析其规律,我们初步得到如下几点结论。

(1) 整体上从季节性变化来看,双跃层呈现夏季范围广,冬季范围萎缩的趋势,其中 5 月出现的概率范围达到最大,1 月最小;从空间分布形态上看,沿岸海域发生的高概率区远远大于深水海盆。

(2) 双跃层季节性变化的发展过程大致也分为 4 个阶段:12 月至 2 月为无跃期;3 月至 5 月为成长期;6 月至 8 月为强盛期;9 月至 11 月为消衰期。12 月至翌年 2 月的无跃区全年最多,跃层范围为一年中最小,厚度为全年最薄,强度全年最弱。成长期跃层范围开始逐渐增大,厚度逐渐增大,强度仍然较弱。强盛期深度最浅,厚度最大,强度值全年最大。消衰期开始具有冬季的特征,同时又保留了夏季的特征,范围明显缩小,范围逐渐衰减,厚度和强度明显减弱,跃层范围比春季大,深度比春季深,强度比春季强。

(3) 双跃层上界深度年际变化规律。整个南海以全域同位相振荡为主要特征,第一模态时间序列表明,该空间型存在 12~16 年的周期变化。均方差在冬季和夏季南海海洋水团年际变化的波动比较大,而春、秋季波动较小的态势。8 月和 9 月第一特征值的年际变化特征比其他月份显著。正位相中心在 20 世纪 70 年代初期发生一次突变,双跃层上界深度变浅的趋势非常显著。

(4) 双跃层厚度年际变化特征。均方差从地域上看,全年高值区始终存在

3个中心:第一个中心在北部湾海域;第二个中心在吕宋岛西北深水海域;第三个中心在加里曼丹岛西北海域。从时域上看,夏、秋季的微大于冬、春季。EOF第一模态空间分布为单极型,该空间型 1958 年至 1974 年主要是 5 年的周期,1976 年至 1990 年主要是 3~5 年的周期,1997 年以后是 2~3 年的周期。正位相中心的时空变化是非常复杂的,自 1958 年以后呈现交替增减的趋势,在 1995 年发生一次突变,厚度变薄的趋势显著。第一特征值的年际变化特征并不明显,5月和 11 月的第一特征值明显要比强盛期(6 月至 8 月)和无跃期(12 月至翌年 2月)大。

(5) 双跃层强度年际变化特征。其空间分布异常型明显为东南向—西北向的偶极子型,正中心的位置分别在巴拉望岛和加里曼丹岛西北海域,负位相中心就在北部湾,与年际均方差分布的结果是一致的,1971 年前后该空间模态变化的趋势是明显相反的。从小波分析结果来看,1971 年以前呈现出两个显著周期,主要是 16 年和 24 年左右,1997 年以后 8 年的周期显著。强度距平场的第一特征值和方差贡献率各月变化说明,11 月双跃层的强度是年际变化非常强的信号,振荡型的总能量最大。

第5章　声速负跃层的时空变化

沿岸上升流使得下层冷水涌升,在水平流场作用下,近表层低盐的冷水向外海夹卷而次表层外海高盐的暖水向海岸夹卷,负跃层由此产生。负跃层的特征不仅可以反映海水的运动,另外,对声纳的探测具有重要影响。研究此类跃层同样具有非常重要的意义。

5.1　负跃层发生概率分布和季节变化特征

负跃层主要出现在浅水区域的沿岸海区(图5.1),受气象、水文环境影响,表现形态各异。从总体分布上看,负跃层主要出现于冬半年(10月至翌年3月),其概率分布值较全年其他月份大,但其季节变化特征依然明显。南海负跃层主要出现在泰国湾,加里曼丹岛沿岸,粤东、粤西近海和北部湾及越南岘港附近海域,但有的月份也出现于海南岛东部和南部及湄公河海域。受海洋表面冷却影响,负跃层主要发生在秋、冬、春季。1月和2月在珠江至汕头外海,北部湾、泰国湾北部海区,海南岛以东海区,出现概率在80%以上。3月和4月南海北部沿岸气候条件变化较大,分布在福建、广东沿海的负跃层概率发生较低,说明表层的负跃层并不稳定。3月和4月南海海域的负跃层范围整体有所收缩,春季随着气温的增高,负跃层逐渐消失,出现概率也开始小于10%,至5月为全年范围发生概率最小,珠江至汕头外海的负跃层完全消失。6月至7月负跃层的范围又逐渐扩大,主要表现在北部湾至越南岘港附近和湄公河海域的负跃层显著增强,发生概率在50%以上。至8和9月红河、湄公河、珠江口海域的发生概率在70%以上,在广东沿海水域的狭长水域分布着负跃层。10月以后,气温降低以及风力和沿岸上升流的作用,其出现概率增大,泰国湾-湄南河出海口附近的负跃层发展旺盛,出现概率均在90%以上,有明显南伸的趋势。冬季初期,在粤东沿岸海区和广东外海深水区域存在一支流向东北的海流,即南海暖流,在珠江水淡水和南海暖流共同作用的影响下,22°~23°N附近存在一高发生概率中心。12月跃层范围最广,概率最大,在巽他大陆架海域可覆盖整个泰国湾,同时,粤东局部范围的负跃层也在90%以上。但是在湄公河河口11月至翌年4月负跃层基本消失,这与湄公河淡水流量有关。

第5章 声速负跃层的时空变化

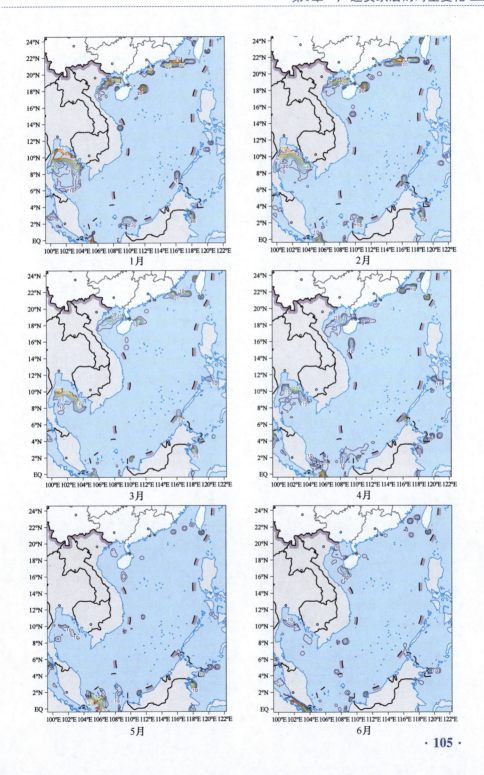

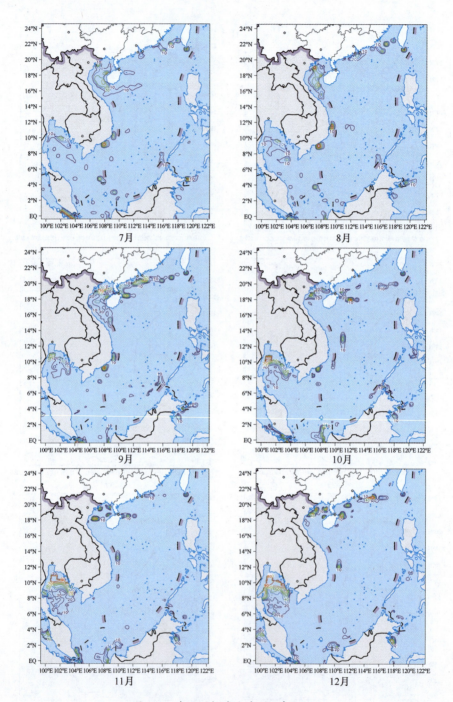

图 5.1 负跃层概率分布图(单位:%)

南海的两大海湾——泰国湾和北部湾的环流性质与其他流域不同,终年为气旋式循环,方向不随季风改变,这种气旋式环流造成的沿岸上升流,是终年产生负跃层的一个重要因素。中国大陆注入南海的主要河流是珠江和韩江,中南半岛上有湄公河、红河、湄南河等。这些河水径流量都非常充沛,而且流量有明显的季节变化。南海沿岸海区多为江河径流形成的低盐水系,外海则主要是来自太平洋的高盐水系,两水系的消长运动,构成南海盐度空间分布的特点:沿海海区以负盐跃层为主,表层盐度低,下层盐度高。近岸区域,尤其是河口附近海区,直接受陆地径流影响盐度变化剧烈,垂直梯度大,夏季成层分布明显,而在冬季,盐度自上而下几乎成均匀分布,冲淡水对此区域负跃层的稳定性起了主要作用。同时,沿岸上升流将下层冷水涌升,在水平流场的作用下,近表层低温、低盐的海水向外海的夹卷以及次表层外海高温、高盐的海水向岸的夹卷作用造成沿岸声速剖面的负跃层。风对南海近岸大陆架海域负跃层的季节变化也有很大影响:由于风力搅拌引起的海水混合作用破坏了稳定层结,不利于海表跃层的形成,所以它应该主要通过 Ekman 输运作用和沿岸流的驱动影响。综合以上分析可以简要说明形成以及影响负跃层的主要原因:近岸低温、低盐的冲淡水、冬季海表温度的降低以及风的共同作用。

5.2 负跃层年际变化特征

5.2.1 上界深度年际变化特征

负跃层上界深度是海水声速剖面结构的重要参数,也是体现海水运动的物理量。图 5.2 所示为 1958 年至 2007 年负跃层上界深度 12 个月的均方差图。从图中可以看出,全年始终存在两个高值中心:一个是 20°N 附近北部湾海域;另一个是 16°N 西沙群岛西北海域。11 月至翌年 2 月是高值区的全盛时期,呈现明显的东北-西南向的带状分布,均方差最大值集中在西沙群岛以西海域,各月均在 60m 以上。3 月至 5 月高值区范围明显减少,粤东沿岸,北部湾海域和西沙群岛以西海域的高值区均在 50m 以上。6 月至 8 月西沙群岛至越南沿岸海域的高值区相对稳定,最大值均在 60m 以上。9 月均方差分布逐渐呈现冬季的特点,均方差高值中心集中在常年出现负跃层的海域。

负跃层深度距平场 EOF 分解得到的前 5 个模态均能通过 North 显著性检验。前 5 个主要模态方差贡献分别是 7.18%、5.45%、4.13%、4.00%、3.64%。

南海海洋环境气候特征

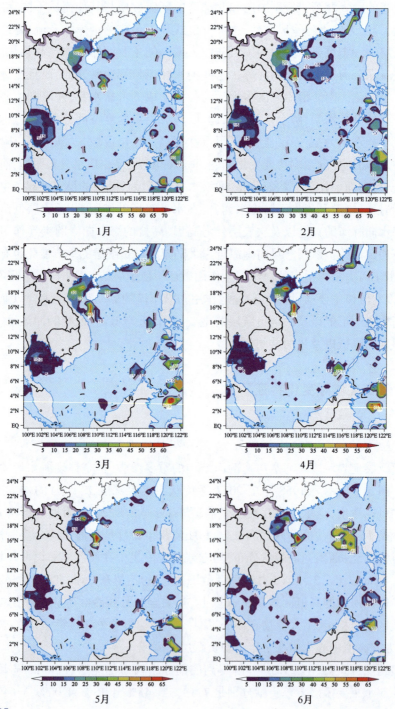

1月

2月

3月

4月

5月

6月

第5章 声速负跃层的时空变化

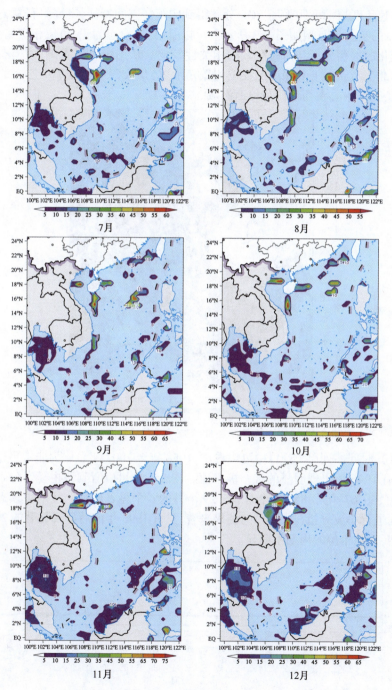

图 5.2 负跃层上界深度各月均方差图(单位:m)

南海声速负跃层深度距平场 EOF 分解得到的第一空间特征矢量(解释总方差的 7.18%)的空间分布型如图 5.3 所示。可以看出,该模态为正、负位相交错分布,年际变化的振荡分量与南海海域的相关性较弱。从图中可以看出,该模态呈现了南海北部负跃层上界深度的反位相振荡形式,最大深度正变率中心在北部湾海域,负变率中心在西沙群岛以西海域。

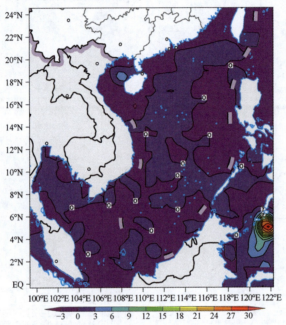

图 5.3　负跃层上界深度 50 年距平场第一模态(单位:m)

从其时间序列(图 5.4)中可以看出,1958 年至 2007 年总体为非常平稳的趋势,只有 1996 年出现明显的唯一极大值。图 5.5 中可以看到该主模态分别存在 75 个月、66.67 个月、85.71 个月、35.29 个月的 4 个显著周期。从对该模态的时间序列进行小波分析(图 5.6)的结果来看,只有 1996 年前后呈现显著的 2~8 年的周期,其他年份的周期不明显。

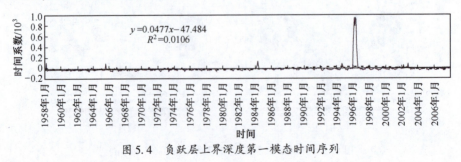

图 5.4　负跃层上界深度第一模态时间序列

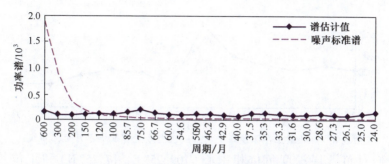

图 5.5　负跃层上界深度第一模态时间序列功率谱分析

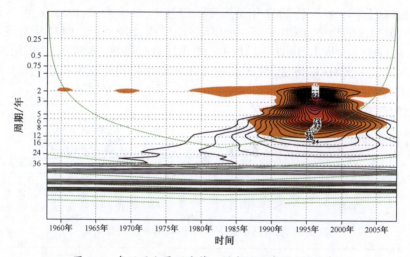

图 5.6　负跃层上界深度第一模态时间序列小波分析

对 50 年的跃层上界深度资料取距平场以后,按 12 个月分别组成各月距平资料,对其分别进行 EOF 分析,从图 5.7 和图 5.8 可以看出,第一特征值及其方差贡献率季节变化并不显著。6 月第一特征值的年际变化特征比其他月份尤为显著,特征值最高,方差贡献率在 45% 以上。

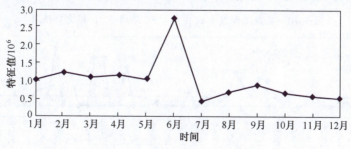

图 5.7　负跃层上界深度 EOF 第一特征值各月变化曲线

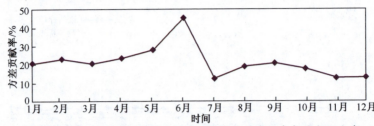

图 5.8　负跃层上界深度距平场第一模态方差贡献率各月变化曲线

我们对负跃层深度负位相中心(109.25°E，17.25°N)和正位相中心(107.75°E，20.25°N)的年平均值进行 M-K 突变检测,如图 5.9 所示,负位相中心从整体上看 1958 年至 2007 年呈现变浅的趋势,具体来说,1958 年至 1969 年呈现明显加深的趋势,1970 年至 1989 年逐渐变浅,1990 年至 1997 年有变深趋势。结合图 5.10 指出,1967 年以后 UF 曲线超过临界线,表明在 20 世纪 60 年代末期发生一次 M-K 突变,负跃层上界深度变深的趋势非常显著(图 5.11)。图 5.12 表明,1970 年至 1978 年正位相中心变深的趋势非常显著。

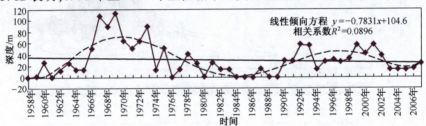

图 5.9　负跃层深度负位相中心 50 年平均值变化

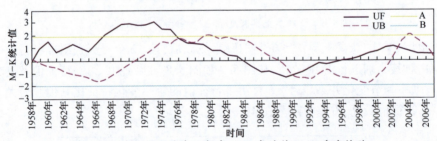

图 5.10　负跃层深度负位相中心 50 年均值 M-K 突变检验

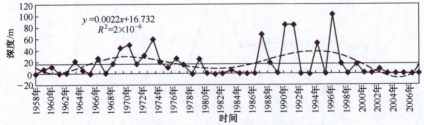

图 5.11　负跃层深度正位相中心 50 年平均值变化

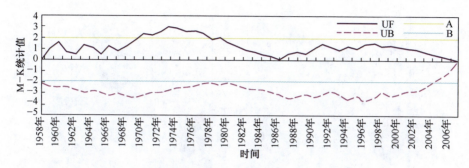

图 5.12　负跃层深度正位相中心 50 年均值 M-K 突变检验

5.2.2　厚度年际变化特征

负跃层厚度均方差分布特征:纵观 12 个月的均方差图(图 5.13),四季的空间分布和数值相差不大,从地域上看,全年高值区始终存在 3 个中心:第一个中心为北部湾海域;第二个中心为泰国湾浅水海域;第三个中心为西沙群岛西北海域。从时域上看,秋冬季的均方差微大于春夏季。北部湾高值中心的最大值在 7m 左右。5 月高值区全面萎缩,为全年范围最小。6 月至 8 月高值区表现为中沙群岛和北部湾高值区的范围增大,深水区的均方差最大值在 5m 以上。9 月和 10 月均方差高值区分裂成几块,散布在南海海域。11 月以后逐渐呈现冬季均方差值较小的特征。

负跃层厚度距平场 EOF 分解得到的前 6 个模态能通过 North 显著性检验。前 6 个主要模态方差贡献分别是 14.64%、5.25%、3.67%、3.45%、3.13%、2.79%。南海声速负跃层厚度距平场 EOF 分解得到的第一模态特征矢量的空间分布如图 5.14 所示。可以看出,该模态的空间分布为一单极型,最大位相中心位于泰国湾以北沿岸海域。

从其时间序列(图 5.15)中可以看出 1958 年至 2007 年总体为逐年下降的趋势,1965 年、1985 年、1999 年出现 3 个极大值,图 5.16 中可以看到该主模态存在 4 个显著周期,分别是 200 个月、100 个月、66.7 个月、42.9 个月的周期。对该模态的时间序列进行小波分析(图 5.17)的结果来看:1958 年至 1985 年主要是 2~8 年的周期,1985 年以后是 16~20 年的周期。

对 50 年的跃层厚度资料取距平场以后,按 12 个月分别组成各月距平资料,对其分别进行 EOF 分析,从图 5.18 和图 5.19 可以看出,第一特征值及其方差贡献率季节变化显著,冬、夏季方差贡献率在全年最高,1 月和 6 月的第一特征值明显要比其他月份大,可见,第一特征值的年际变化特征明显,相比较而言,冬、夏季节振荡型的总能量更大。

南海海洋环境气候特征

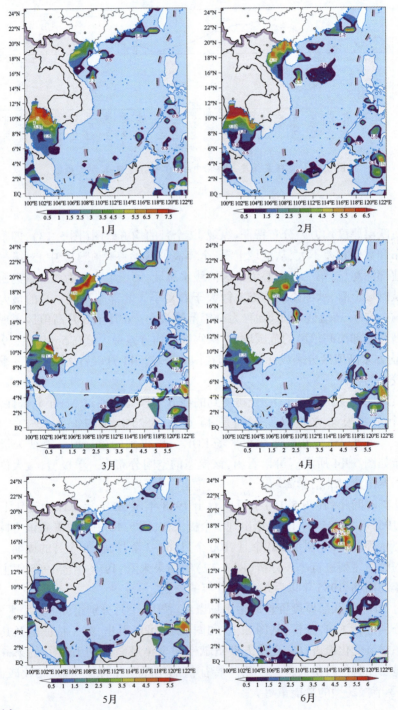

第5章 声速负跃层的时空变化

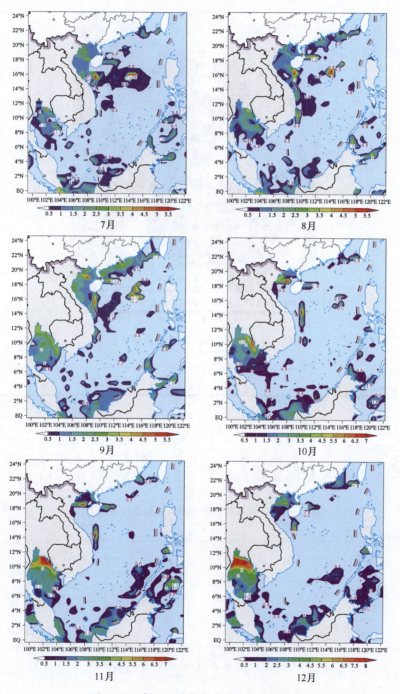

图5.13 负跃层厚度均方差分布(单位:m)

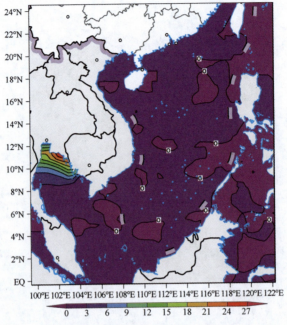

图 5.14 负跃层厚度距平场第一模态

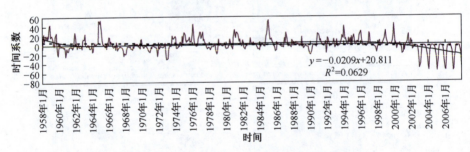

图 5.15 负跃层厚度距平场第一模态时间序列

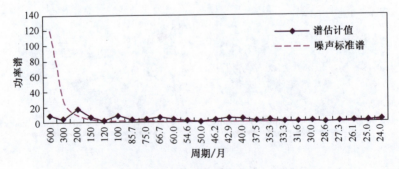

图 5.16 负跃层厚度距平场第一模态时间序列功率谱分析

第5章 声速负跃层的时空变化

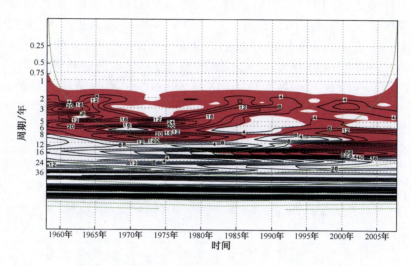

图 5.17 负跃层厚度距平场第一模态时间序列小波分析

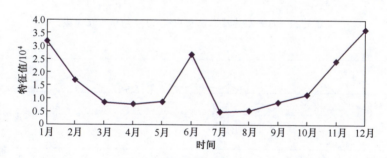

图 5.18 负跃层厚度距平场 EOF 第一特征值各月变化曲线

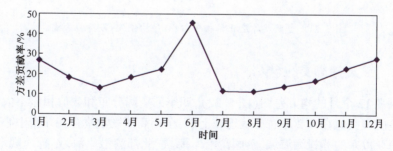

图 5.19 负跃层厚度距平场第一模态方差贡献率各月变化曲线

图 5.20 指出,正位相中心总体上 1958 年至 2007 年都呈现变薄的趋

势。具体来说,自1958年以后呈现交替增减的趋势。利用M-K方法对负跃层厚度正位相中心(102.25°E,12.25°N)的年平均值进行M-K突变检测,图5.21表明,1959年以后减小趋势显著,其UF和UB的交点出现在1959年,表明在1959年发生一次M-K突变,厚度变浅的趋势显著。1975年负跃层厚度出现一个极大值,1975年至2002年均值呈现变厚的趋势。2003年以后又明显减小。由此可见,负跃层厚度正位相中心的时空变化是非常复杂的。

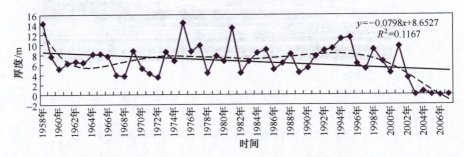

图5.20 负跃层厚度正位相中心50年均值变化曲线

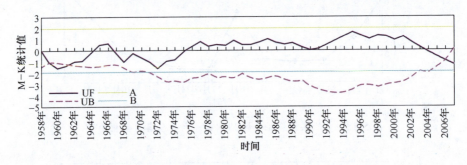

图5.21 负跃层厚度正位相中心50年均值M-K检验曲线

5.2.3 强度年际变化特征

纵观12个月的均方差图(图5.22),四季的空间分布和数值相差不大,而且均方差的最大值在0.2左右。从地域上看,全年高值区始终存在几个中心:巴拉巴克海峡以东的苏禄海海域、泰国湾沿岸海域、北部湾沿岸海域、越南岘港以东海域、台湾浅滩;尤其是巴拉巴克海峡和泰国湾以北沿岸海域出现年际变化最强的信号。

第5章 声速负跃层的时空变化

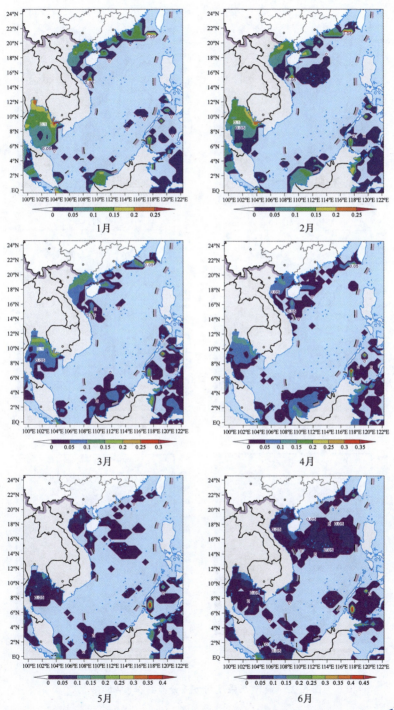

1月 2月

3月 4月

5月 6月

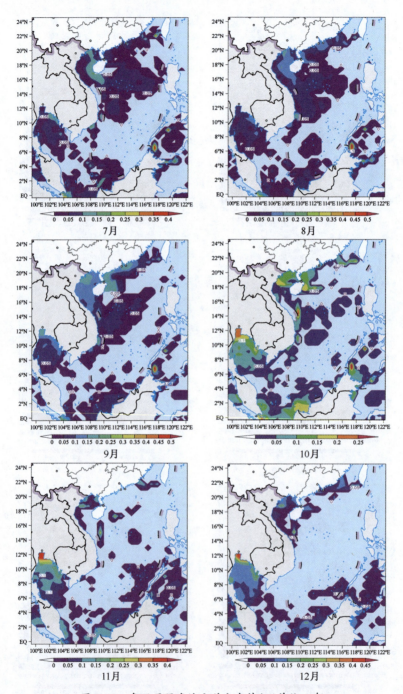

图 5.22 负跃层强度均方差分布特征(单位:s^{-1})

负跃层强度距平场 EOF 分解得到的前 3 个模态均能通过 North 显著性检验。前 3 个主要模态方差贡献分别是 12.45%、8.82%、4.68%，主要分析第一模态。南海声速负跃层强度距平场 EOF 分解得到的第一模态特征矢量(解释总方差的 12.45%)的空间分布型如图 5.23 所示。可以看出，该模态是南海声速负跃层度变率的主要的形式，其空间分布南海海域整体为单一极型，而巴拉巴克海峡呈现明显的负位相中心，总体而言，负跃层强度年际变化信号较弱。

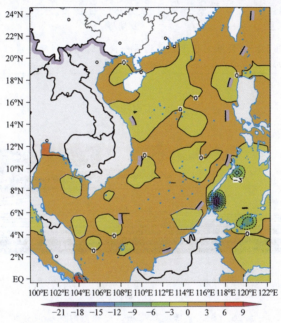

图 5.23　负跃层强度 50 年距平场第一模态分布特征(单位：s^{-1})

从其时间序列中(图 5.24)可以看出 1958 年至 2007 年总体为减小的趋势，其中 1987 年、1994 年、2002 年出现 3 个极小值，从图 5.25 中可以看到该主模态存在一个显著周期，主要是 100 个月的年(代)际变化周期。从对该模态的时间序列进行小波分析的结果来看，主要是 1987 年以后 8 年的周期最为显著(图 5.26)。

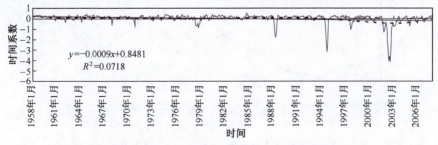

图 5.24　负跃层强度距平场第一模态时间序列

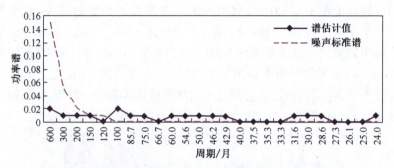

图 5.25　负跃层强度距平场第一模态时间序列功率谱检验

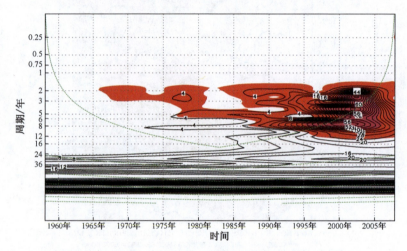

图 5.26　负跃层强度距平场第一模态时间小波分析

对 50 年的跃层强度资料取距平场以后,按 12 个月分别组成各月距平资料,对其分别进行 EOF 分析,从图 5.27 和图 5.28 可以看出,6 月和 8 月方差贡献率最高,大于 26%,8 月和 9 月第一特征值都大于 34,为全年最高,说明 8 月负跃层的强度是年际变化最强的信号,而且振荡型的总能量最大。

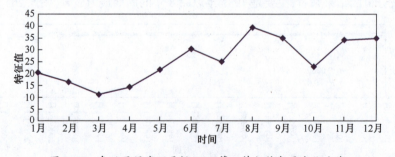

图 5.27　负跃层强度距平场 EOF 第一特征值各月变化曲线

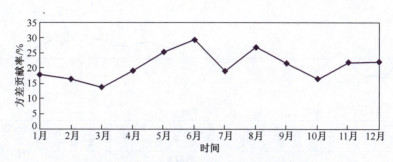

图 5.28　负跃层强度距平场第一模态方差贡献率各月变化曲线

图 5.29 和图 5.30 所示为正、负位相中心的年均值的变化,从总体上来看,正位相中心呈现历年减弱,而负位相中心历年增强。正位相中心 1981 年、1992 年、1998 年出现 3 个最大值,负位相中心 1978 年、1988 年、1994 年、2002 年出现 4 个最大值。对正位相中心(101.25°E,12.25°N)和负位相中心(117.75°E,7.25°N)的年平均值进行 M-K 突变检测发现(图 5.31),正位相中心其 UF 和 UB 的交点出现在 1960 年和 2003 年,负位相中心(图 5.32)其 UF 和 UB 的交点出现在 1982 年和 1993 年。从两者的年均值曲线可以看出,正、负位相中心只是反位相变化,两者并没有直接的联系,负跃层强度的年际变化也是非常复杂的。

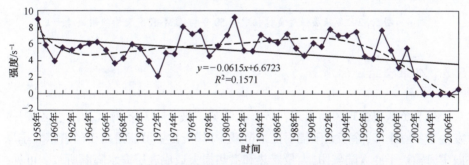

图 5.29　负跃层强度正位相中心 50 年均值变化

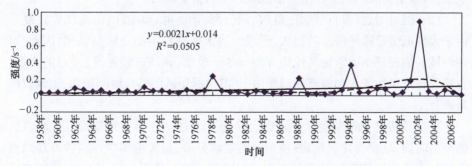

图 5.30　负跃层强度负位相中心 50 年均值变化曲线

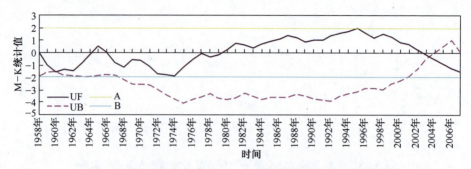

图 5.31 负跃层强度正位相中心 50 年均值 M-K 突变检验曲线

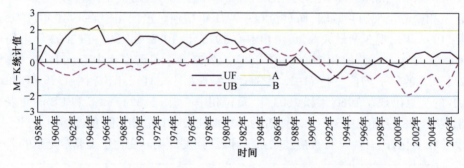

图 5.32 负跃层强度负位相中心 50 年均值 M-K 突变检验曲线

5.3 本章小结

(1) 负跃层的现象易出现在近岸大陆架斜坡上方和各海区的浅水区域,多发生于冬春季节,除了太阳辐射随季节减少以外,主要可能是由于随着东北季风向南海输送干冷大陆气团,大量感热和潜热损失造成表层海水降温所致。可见,低温、低盐水和风的相互作用是形成负跃层的重要原因。

(2) 河口附近(珠江、韩江、红河、湄公河、湄南河、南渡江、南流江等),夏季由于大量低温低盐冲淡水的输入,形成海表大范围稳定的负跃层结构,因此,这些海域的出现概率通常比其他地方高。冬季暖流(如南海暖流等)经过的海域,负跃层在近岸冲淡水和暖流同时作用下,其负跃层范围持续时间最长、出现概率最高。

(3) 负跃层上界深度的年际变化特征。11 月至翌年 2 月是均方差高值区的全盛时期,呈现明显的东北-西南向的带状分布,最大值集中在西沙群岛以西海域。深度变率的主要形式为正负位相交错分布。该模态仅在 1996 年出现唯

——个极大值,小波分析表明,同样在 1996 年呈现显著的 2~8 年的周期。6 月第一特征值的年际变化特征值和方差贡献率为全年最高。

(4) 负跃层厚度的年际变化特征。冬夏季节振荡型的总能量更大。第一模态空间分布为一单极型,最大位相中心位于泰国湾以北沿岸海域。对该模态 1958 年至 1985 年主要是 2~8 年的周期,1985 年以后是 16~20 年的周期。

(5) 负跃层强度的年际变化特征。整体上来看,强度年际变化信号较弱,只有 8 月负跃层的强度是年际变化最强的信号,振荡型的总能量最大。

第6章 温度锋的时空变化

本书使用50年的SODA资料试图一并描述整个南海所有锋面的分布和时空变化的特征。本章主要以温度锋出现频率图和强度图描述锋分布特征的季节及季节内变化特征,以温度锋强度的均方差图以及结合锋强度的经验正交函数(EOF)研究锋的年际变化特征。

6.1 温度锋发生概率和强度的季节性变化

本书根据以往学者的研究,10月是锋面开始生成的时间,12月到次年2月是锋面最成熟的阶段,3月至5月锋面开始消退,6月至8月锋面又形成。结合南海海区的气候特点,把温度锋的发展过程分为4个阶段:秋季(9月至11月),形成期;冬季(12月至2月),成熟期;春季(3月至5月),消亡期;夏季(6月至8月),成长期。

图6.1所示为温度锋各月的频率分布情况,通过比较分析可以发现,全年10°N以北,南海北部一直到越南一带,温度锋的出现频率基本呈现显著的季节变化特征;同时,温度锋的出现区域基本在南海的西边界和北边界并离开一定距离沿岸分布,而在南海的东边界即菲律宾沿岸并没有大面积的锋出现。

一般在研究中,取频率大于40%的区域视为锋区,即在所研究的50年内这些区域至少出现过20次以上的锋面。本书所做的南海北部的结果与王磊(2004)运用SST卫星遥感资料得出的南海北部温度锋的结果基本一致,另外,通过利用SODA资料,用相同方法计算我国东部近海温度锋出现频率大于40%的温度锋分布区域,与刘传玉(2009)利用SST卫星资料所得的结果基本吻合(验证实验略)。因此,证明选取温度锋出现频率大于40%的区域作为锋的分布范围是比较合理的。

首先,我们研究南海表层5m处温度锋的季节分布规律,在6.2节中我们再来研究温度锋随着深度变化的分布特征。

6.1.1 冬季

图6.1是南海海域12月、1月、2月表层温度锋的出现频率图,我们只看频率大于40%以上的区域,作为温度锋的分布区域。以下讨论也只是取频率大

第6章 温度锋的时空变化

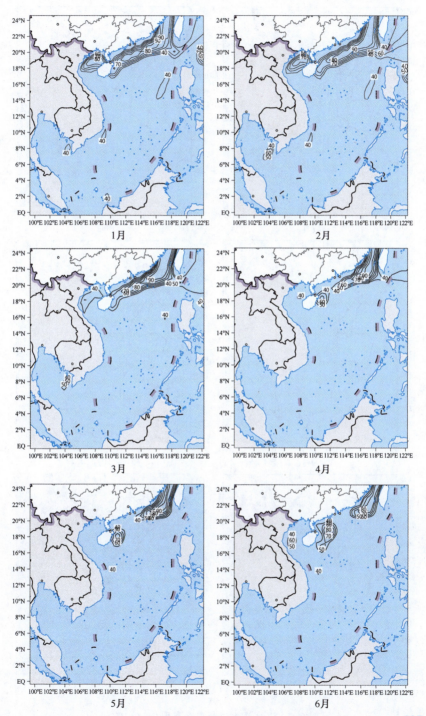

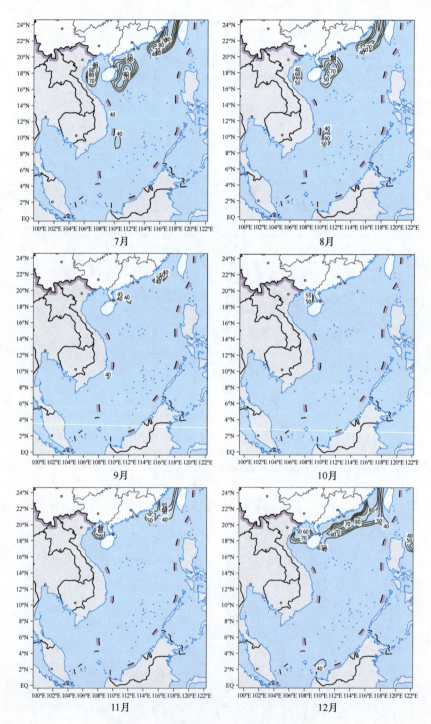

图 6.1 温度锋出现频率分布图(单位:%)

于 40%以上的区域视作海洋锋的存在区域。从图 6.1 中可以看出,冬季南海北部存在稳定的锋面。对比图 6.2 中温度锋强度的分布范围和图 6.1 中温度锋出现频率发现,只有中南半岛沿岸的温度锋分布范围比较小,南海北部基本一致。南海北部从海南岛以东一直到台湾岛的锋面基本沿着 200m 等深线分布,处在宽广的堆积型陆架上,也可称为陆架锋;尤其是在台湾海峡到粤西沿岸一带,锋出现频率大于 80%,温度锋的强度(图 6.2)甚至达到 0.025℃·km^{-1}以上。南海北部的温度锋在 4 个季节中是分布范围和成熟程度最高的,基本每年冬季都会稳定出现。

冬季,北部湾有温度锋存在,处在北部湾 20°N 以北的区域,3 个月分布形态一致。中南半岛沿岸(9°N~13°N)均存在着锋面,3 个月份的锋面形态大小基本一致。在菲律宾以北的巴布延群岛周围稳定存在锋面,而且 1 月和 2 月菲律宾以西洋面存在温度锋,范围很宽广。泰国湾冬季没有温度锋存在。但 1 月和 2 月,在越南最南端沿着泰国湾入海口处存在温度锋。

达土湾(东马来西亚西部的北边)在冬季 12 月和 1 月存在一个稳定的锋面,位置没有变化,范围很大,东西跨越 4 个经度距,南北有 2 个纬度距。

锋面的位置很好地体现了南海冬季流系的结构特征。冬季,由于季风影响,在中国华南沿岸存在着东北-西南(NE-SW)走向的强盛沿岸流,在海南岛至台湾海峡这个区域有南海暖流,穿过台湾海峡北上则为台湾暖流。冬季温度锋基本就是在沿岸流和南海暖流之间的位置附近。两种冷暖水团相遇导致温度梯度加大,锋面进一步增强,形成南海北部温度锋。

冬季温度锋的分布具有下列特征。一是锋面主要出现在沿岸边缘,但泰国湾海域则没有温度锋存在。温度锋一般在有流系存在或者河口附近以及海峡出口等地方出现。二是沿岸温度锋离开海岸一定距离,这个距离很小,从图上可以看出。三是冬季温度锋季节内变化不大,只是范围稍微变大或者缩小。

6.1.2 春季

图 6.1 还给出了南海海域 3 月至 5 月表层温度锋的出现频率图。与冬季相比,春季的温度锋是冬季温度锋向春季过度和转换的过程。图 6.2 中温度锋强度的分布范围和春季温度锋出现频率的分布范围基本对应。

图 6.1 中 3 月锋面结构跟冬季的锋面很相似,仍然覆盖整个南海北部,但出现频率明显比冬季时的小很多,说明春季 3 月的温度锋没有冬季的温度锋稳定。发展到 4 月和 5 月,南海北部的温度锋分布范围进一步减小,向东退缩到台湾海峡至粤西沿岸一带。海南岛以东的温度锋和冬季时的分布一样,没有变化,稳定的存在。

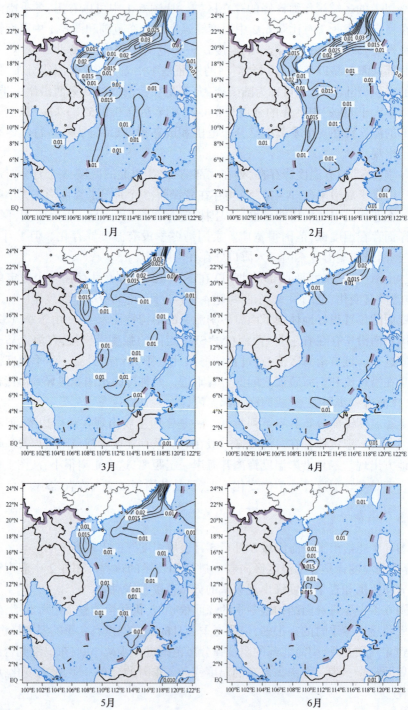

1月　2月　3月　4月　5月　6月

第6章 温度锋的时空变化

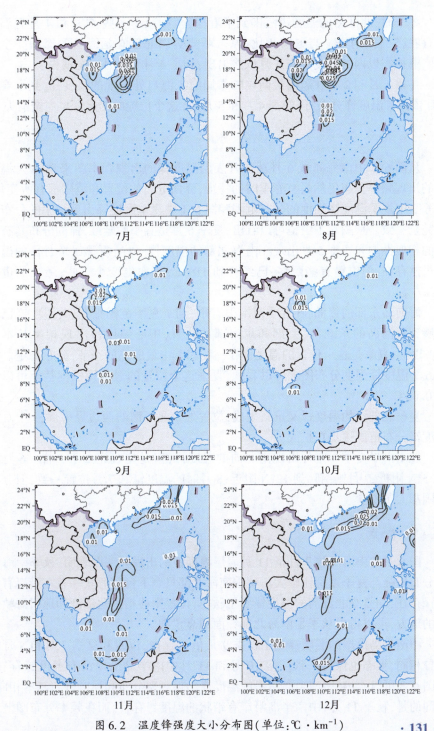

图 6.2 温度锋强度大小分布图(单位:℃·km^{-1})

冬季时,北部湾的温度锋范围到了春季,范围减小一些,3月和4月有温度锋存在,5月则消失。与冬季相比,原来菲律宾以北巴布延海峡的锋面完全消失。菲律宾以西的温度锋在3月依然出现,到了4月和5月完全消失。

冬季1月和2月在越南最南端的泰国湾入海口处出现的温度锋,到了春季3月依然有温度锋分布,但春季4月和5月时,这个位置的温度锋也完全消失。

6.1.3 夏季

从图6.1中南海海域6月至8月表层温度锋的出现频率图来看,6月温度锋的出现频率分布仍然具有春季时的特征,锋面分布的位置和范围都有所变化。图6.2中夏季温度锋强度的分布范围和图6.1中夏季温度锋出现频率的分布范围完全一致。从图6.1中也可以看出,夏季6月是春季的延续,锋的分布具有很高的相似性。和春季5月出现在南海北部的温度锋一样,夏季3个月份的温度锋虽然存在,但位置有些西移,已经移到116°E,频率也变小一些,最大的也就80%左右。

海南岛东部的锋面,在春季范围很有限,到了夏季范围很宽广,温度锋已经发展到海南岛的东北部、南部和东南部的位置,中心温度锋出现频率基本在80%以上,夏季是这个位置的温度锋在一年四季中最成熟的季节,分布稳定。从图6.2温度锋强度分布图上可以看到,夏季这个位置的温度锋强度甚至可以达到 $0.03℃·km^{-1}$。

夏季北部湾的温度锋又重新生成,位置处在北部湾的西边界中部,3个月的温度锋分布范围逐步在扩大。

越南沿岸夏季3个月出现南北向的温度锋,但是位置完全不一样。6月在14.5°N附近,7月则南移到12°N附近,8月时的温度锋和7月位置一致,但分布范围却大了不少。

6.1.4 秋季

图6.1中南海海域9月至11月表层温度锋的出现频率图表明,秋季南海锋面分布特征与夏季差别比较大。秋季南海北部只剩下台湾海峡—粤东沿岸有温度锋存在,而夏季北部湾的温度锋到了秋季,位置则移动到北部湾和琼州海峡相接的地方,可以得出秋季是南海北部锋面的衰亡期。

中南半岛沿岸的温度锋到了秋季9月依然存在,位置和夏季7月和8月的位置相同,形态也保持一致。但10月和11月中南半岛沿岸没有温度锋存在。从图6.2可以看出,中南半岛沿岸的温度锋出现频率分布和强度分布基本相同,不同的是,秋季11月,中南半岛沿岸有带状的温度锋存在,而在频率分布图上未表现出来。

6.2 温度锋出现频率在南海不同深度的季节性变化

6.1 节只研究了南海表层 5m 处温度锋的季节性变化规律,而对于表层以下各层的温度锋分布究竟是不是有相同的特征呢? 为了解决这个问题,本节给出了 4 个季节代表月份 1 月、4 月、7 月、10 月各层温度锋出现频率的分布图,试图分析温度锋在深度方向上的分布规律。

6.2.1 冬季

图 6.3 是温度锋冬季代表月(1 月)的各层深度温度锋的出现频率分布图,表层南海北部以及 20°N 以北的北部湾的温度锋一直可以持续到 46m 深度。在这个过程中,25m 以上层,北部湾处的温度锋分布形态一致,到了 35m 深度,温度锋逐渐向东北退缩,35m 以下各层,北部湾 20°N 以北再也没有温度锋出现。南海北部的温度锋基本靠着南海北部沿岸,而边界基本沿着 200m 等深线分布。到了 25m 和 35m 深度,温度锋不是靠着南海北部沿岸,而是分别处在 50m 等深线、100m 等深线和 200m 等深线之间呈东西条状分布。到了 57m 深度,南海北部的温度锋东退到台湾海峡,一直到 82m 深度台湾海峡都有温度锋存在,在 82m 深度以下,南海北部再也没有温度锋的分布。

吕宋海峡以及菲律宾以西洋面表层 5m 深度都有温度锋存在,温度锋出现频率只有 40%~50%,这个分布特点在 25m 深度以上基本都一样。25m 以下深度,菲律宾以西的温度锋面积逐渐增大延续到 46m,而且温度锋出现频率很高,可以达到 90%以上。46m 深度以上的东马来西亚西北部的温度锋随深度变化的规律和菲律宾以西的温度锋演变特点完全一致。到了 57m 深度,菲律宾以西的温度锋和东马来西亚西北部的温度锋之间的整个南海海盆都是温度锋,这种特点一直可以持续到 96m 的地方。在这个过程中,东马来西亚西北部的温度锋逐渐和处在 16°N 以南的中南半岛沿岸的温度锋相接在一起,呈南北向条状分布,温度锋出现频率基本都在 80%以上,说明这个温度锋在冬季 1 月很稳定地存在着,从 82m 深度一直可以延伸到 129m 深的那一层。148m 以下深度,这个位置的温度锋其南端位于 4°N 的部分逐渐向北退缩,到了 229m 深度,其南端已经到了 10°N,向北跨越了 6 个纬距。112m 以下,南海海盆的温度锋中间的部分已经没有温度锋,只剩下外围的温度锋,可以持续到 229m。229m 以下深度到 579m 深度,只剩下吕宋海峡处的温度锋。729m 以下深度没有温度锋的出现。

南海海洋环境气候特征

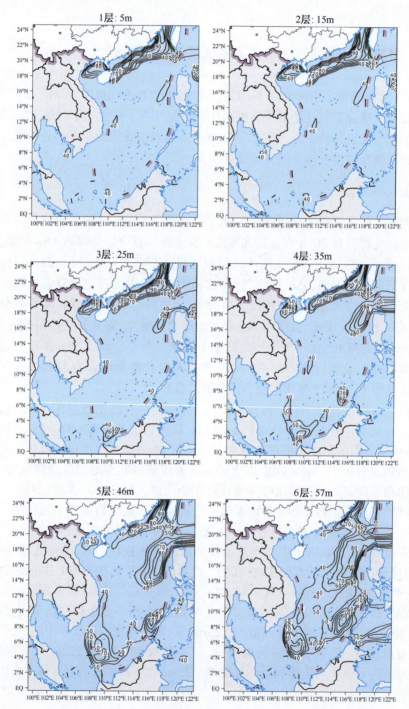

第6章 温度锋的时空变化

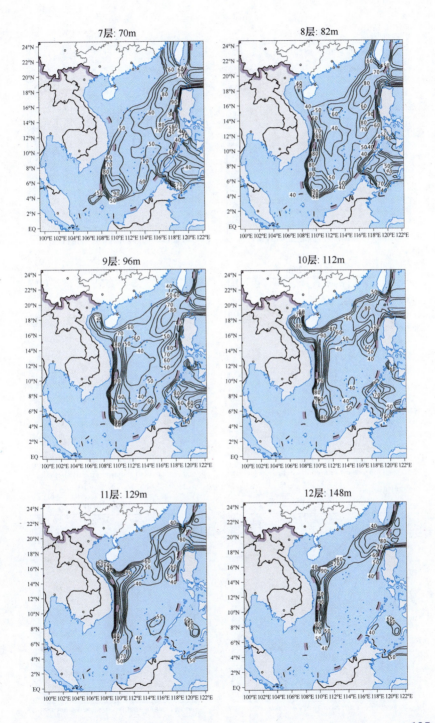

· 135 ·

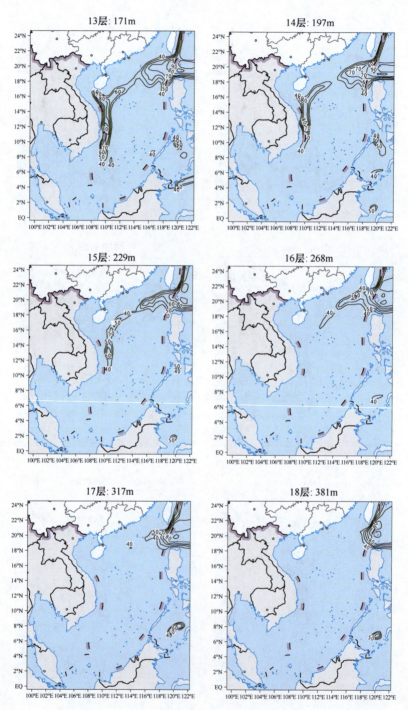

第6章 温度锋的时空变化

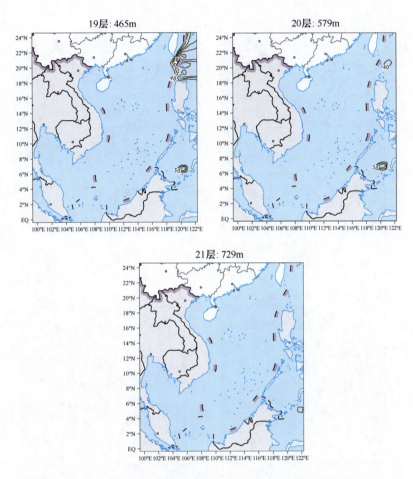

图6.3 冬季1月的温度锋在南海各层深度出现频率分布图(单位:%)

6.2.2 春季

图6.4是温度锋春季代表月(4月)的各层深度温度锋的出现频率分布图。表层5m的温度锋只分布在海南岛以东和从台湾海峡出来向西延伸到广东西海岸103°E。5m以下的各层情况和表层差异很大。15m深度的温度锋分布情况和25m、35m的基本一致。北部湾、琼州海峡、中南半岛沿岸12°N以北延伸到北部湾以及和海南岛以东的温度锋形成一个温度锋环,环绕海南岛四周而分布;从台湾海峡延伸出来的温度锋经过南海北部和海南岛以东的温度锋相接在一起。3个深度层唯一的区别就是处在巴拉巴克海峡的温度锋范围逐渐增大,到了35m层,中心的频率数值甚至超过70%,相比较前两个层不足60%的频率分布来说,这个位置

· 137 ·

南海海洋环境气候特征

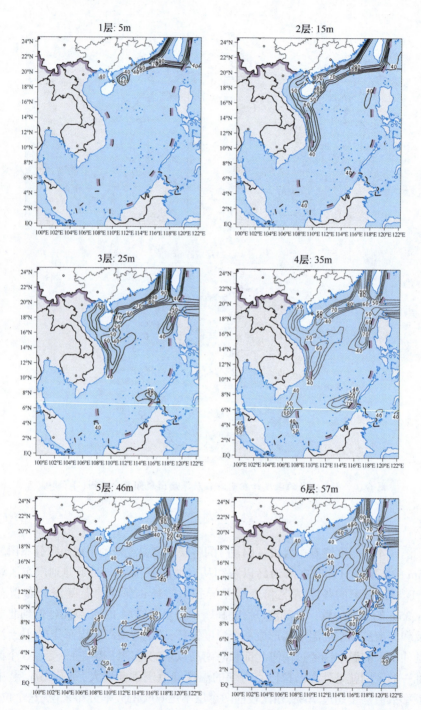

第6章 温度锋的时空变化

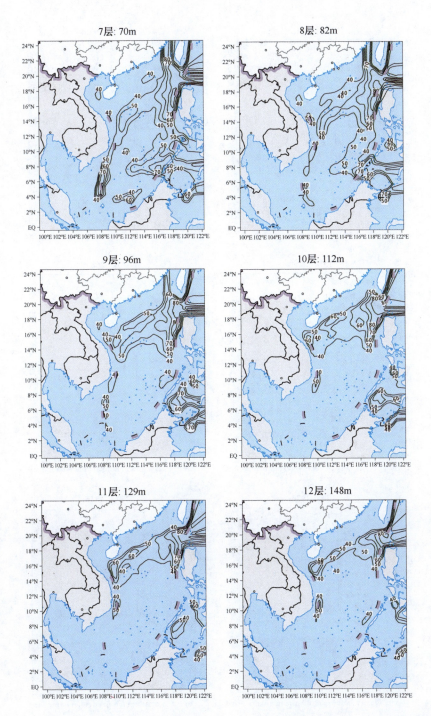

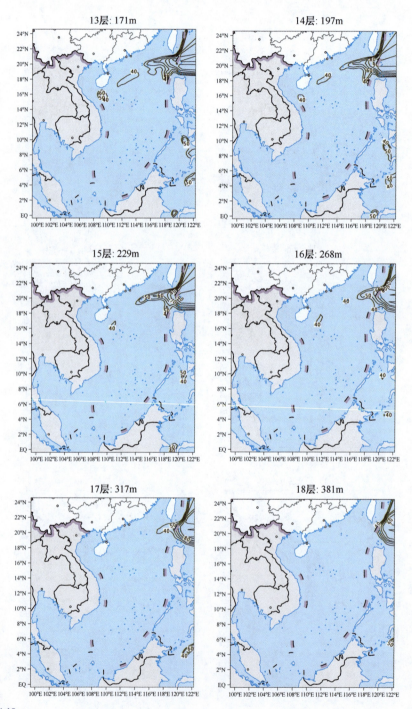

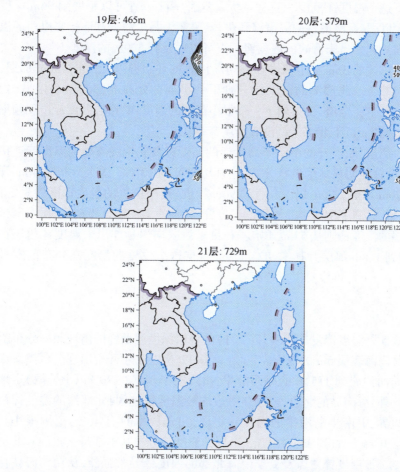

图 6.4 春季 4 月的温度锋在南海各层深度出现频率分布图(单位:%)

的温度锋已相当成熟。同时,35m 以下的各层一直到 112m 的深度,这个位置的温度锋范围逐渐扩展到巴拉望岛四周,到 82m 深度那层,温度锋范围达到最大,向西则延伸到 112°E;之后从 96m 开始到 129m 那层,温度锋范围则退到 116°E 以东,伸入苏禄海。148m 以下深度,巴拉望岛附近没有温度锋再出现。

表层温度锋在菲律宾以西洋面没有锋出现,但是从第二层 15m 开始有温度锋生成,并且随着深度增加,范围不断在扩大,一直到 96m 那层;之后,各层处在这个位置的温度锋开始向北退,到了 268m 深度,菲律宾以西海面完全没有温度锋出现。

吕宋海峡的温度锋是从 35m 深度那层开始有锋出现,和台湾海峡向南伸展出来的温度锋交织在一起,同时,还有菲律宾以西的温度锋也混合在一起,随着深度向下这个温度锋范围一直在增大。这种情况一直可以延展到96m深度那层。96m以下,台湾海峡的温度锋消失掉,只剩下吕宋海峡和菲律宾以西的温度锋合并在一起。吕宋海峡的温度锋一直可以触及到579m的深度。

开始描述的35m以上深度在海南岛位置的环状温度锋,到了46m那层,就开始断裂开了。北部湾的温度锋只剩下一小部分处在北部湾中心区域,到了57~96m,几乎完全消失,只剩下一个很小范围的温度锋,中心温度锋出现频率只有40%。112m以下北部湾就没有温度锋存在。

46m那层,断裂开的中南半岛沿岸的温度锋和巽他浅滩处的温度锋连接在一起,温度锋很明显地呈带状分布,一直从4°N到17°N。这个分布从46m开始延续到70m那层。70m以下一直到96m深度,这个位置的温度锋断裂呈3段。112m开始,只剩下中南半岛沿岸的温度锋,巽他浅滩的温度锋消失,而中南半岛沿岸北端的温度锋则从57m开始就和吕宋海峡向西延伸出来温度锋相连在一起,一直到148m那层。其中,82~129m各层这个位置的温度锋分布范围最广阔。729m以下深度没有温度锋存在。

6.2.3 夏季

图6.5是温度锋夏季代表月(7月)的各层深度温度锋的出现频率分布图。夏季7月南海表层5m的锋很少,至在南海12°N以北才开始出现。台湾海峡有温度锋向西伸展到115°E的粤西沿岸,出现频率基本在70%以上,并稳定地存在着。此外,海南岛的北边、东边和南边均被温度锋包围,北部湾的温度锋位于其西端边界,中南半岛沿岸的温度锋很弱,出现频率只有40%,范围很小。从15m那层开始,一直到35m深度,3个层的温度锋分布基本都是一致的。北部湾整个海域都被温度锋覆盖。夏季南海北部的温度锋异常强烈,从台湾海峡伸出的温度锋沿着南海北部,经过海南岛以东,继续向南贯穿到中南半岛沿岸最南端。随着深度的增加,延伸到南端的部分一直在向南扩展,到35m那层时,温度锋南端已经到了6°N。此温度锋受夏季南海环流影响,锋面很完整,夏季稳定地存在着。3个层不同的地方是,25m和35m这两层,在西马来西亚东北边界沿岸出现温度锋,另外,东马来西亚最西端边界北边有温度锋存在。这两个层不同的是,35m深度层围绕着巴拉望岛的周围分别在民都洛海峡和巴拉巴克海峡有温度锋生成。此外,还有一点不同的是,35m层在菲律宾以西洋面有温度锋生成。35m以下深度,南海北部的温度锋经过海南岛以东,延伸到中南半岛沿岸的状态可以维持到70m深度。70m以下,南海北部的温度锋断裂开,南海北部的温度锋剩下从台湾海峡伸出来的温度锋和吕宋海峡处的温度锋结合在一起。112m以下,台湾海峡处的温度锋也消失了,只剩下吕宋海峡处的温度锋。

第6章 温度锋的时空变化

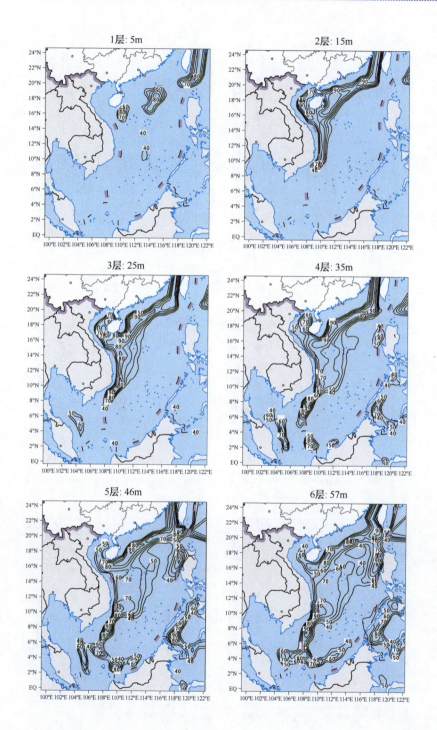

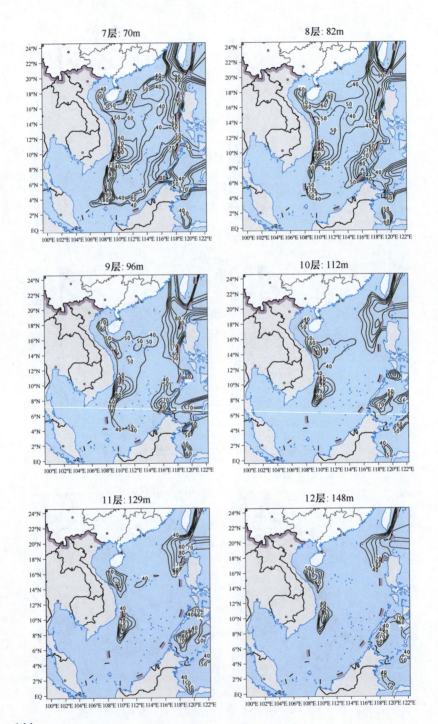

第6章 温度锋的时空变化

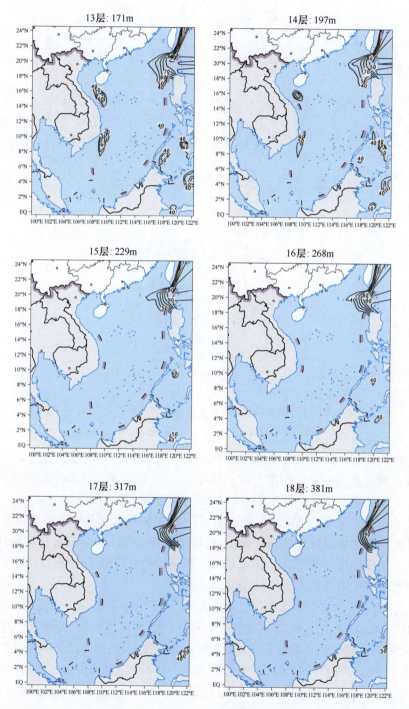

南海海洋环境气候特征

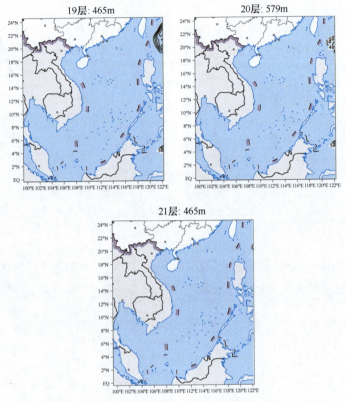

图 6.5 夏季 7 月的温度锋在南海各层深度出现频率分布图(单位:%)

巴拉望岛处的温度锋随着深度的进一步加深,民都洛海峡的温度锋和巴拉巴克海峡的锋连接在一起,温度锋范围也在扩大,到了 82m 深度,巴拉望岛的温度锋向西延伸到 114°E,范围最广。再往下,这个位置的温度锋面积开始减小,到了 171m,温度锋几乎消失,171m 以下深度没有温度锋存在。

中南半岛沿岸的温度锋从 46m 那层开始,其南端就和巽他浅滩以及东马来西亚西北部的温度锋连接在一起,一直稳定维持到 70m 深。70m 以下深度,中南半岛沿岸温度锋的南端逐渐向北退缩,巽他浅滩处的温度锋消失,只留下中南半岛分裂开的两支温度锋,向下伸展到 197m。

在 35m 菲律宾以西洋面存在的温度锋,到了 46m 及其以下深度时,温度锋范围比 35m 的扩大不少,基本保持这个范围不变,可以维持到 112m 深度层。从 46m 深度层开始,巴士海峡和巴布延海峡有温度锋出现,和菲律宾以西的温度锋连接在一起。到了 129m 深度,整个吕宋海峡处都被温度锋覆盖,吕宋海峡的温度锋可以一直延续到 579m 深度那层。729m 以下深度,夏季没有温度锋存在。

6.2.4 秋季

图 6.6 是温度锋秋季代表月(10 月)的各层深度温度锋的出现频率分布图。表层 5m 和次表层 15m 这两层在秋季基本没有温度锋存在,只在琼州海峡狭窄的地方出现温度锋。从 25m 深度开始,台湾海峡开始出现温度锋,而且面积逐渐增大,到了 46m 那层,已经和海南岛以东的温度锋相连在一起。同时,北部湾从 25m 深开始,整个北部湾被温度锋覆盖,并且南支的部分向南延伸出来,到了中南半岛沿岸。中南半岛沿岸的温度锋范围非常大,东边界已经到了南海海盆的中央线 116°E,南边界到了 9°N,而且形式比较稳定。这种分布特征一直可以向下伸展到 96m 的深度层。96m 以下层,这个位置的温度锋范围开始减小。96m 以下各层,台湾海峡处的温度锋已经消失,从吕宋海峡出来的温度锋经过 20°N 的线到达海南岛以东,继续向南延伸到中南半岛沿岸。随着深度增加,中南半岛沿岸的温度锋南支向北缩,到了 171m,已经到了 10°N,到了 229m 那层,南支已经到了 12°N。这时候,南海北部相连吕宋海峡和海南岛以东的温度锋也已经断裂开,只剩下吕宋海峡处的温度锋比较强,一直可以向下延伸到 579m 深度。中南半岛沿岸的温度锋到了 268m 以下就不存在了。729m 以下深度,秋季没有温度锋存在。

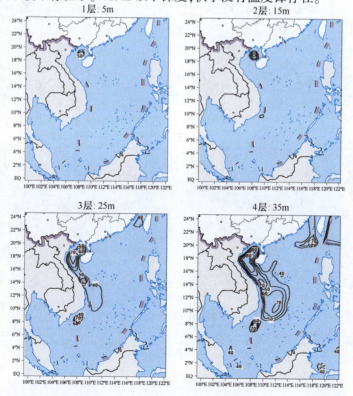

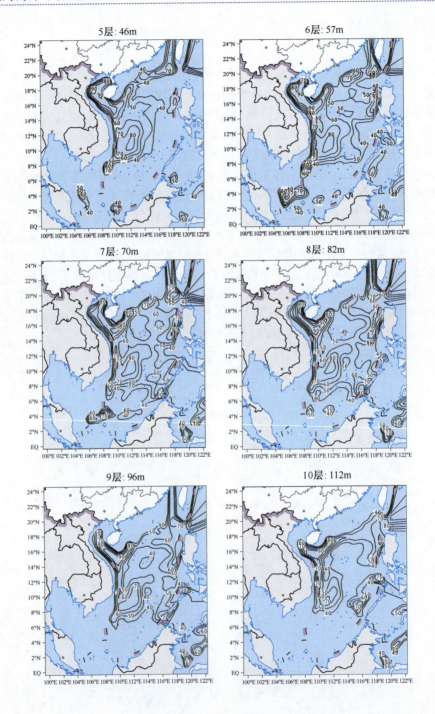

第6章 温度锋的时空变化

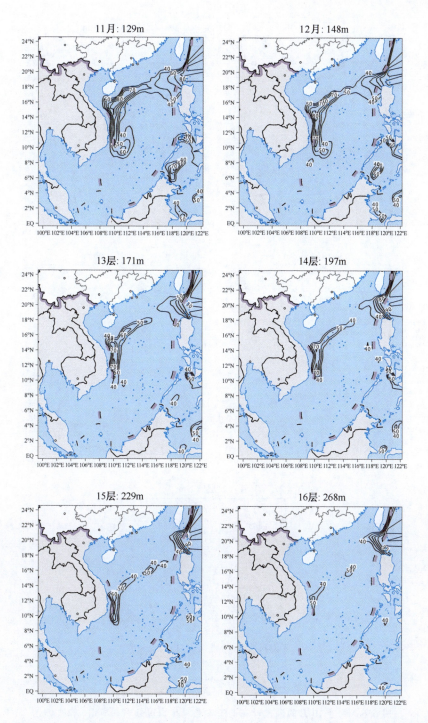

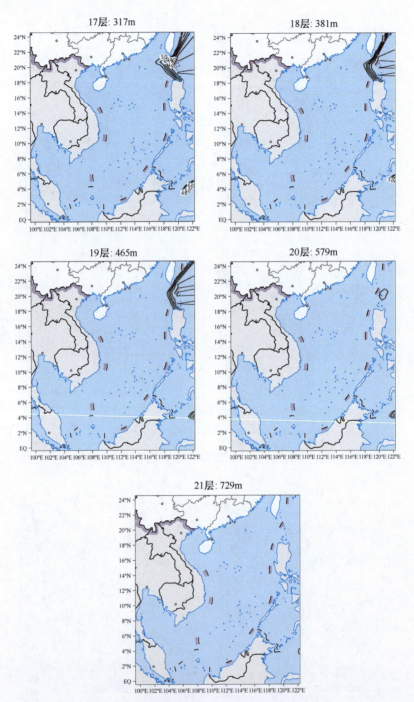

图 6.6 秋季 10 月的温度锋在南海各层深度出现频率分布图(单位:%)

综上所述,可以用一张表格简要说明在不同深度温度锋出现和消失的深度以及温度锋厚度等情况,如表6.1所列。

表6.1 温度锋强度在不同深度厚度分布(单位:m)

出现位置	冬季			春季			夏季			秋季		
	温度锋上边界出现深度	温度锋下边界消失深度	温度锋厚度	温度锋上边界出现深度	温度锋下边界消失深度	温度锋厚度	温度锋上边界出现深度	温度锋下边界消失深度	温度锋厚度	温度锋上边界出现深度	温度锋下边界消失深度	温度锋厚度
南海北部	5	46	41	5	57	52	15	70	55	46	96	50
北部湾	5	46	41	15	82	67	5	112	107	25	96	71
菲律宾以西	25	148	123	25	148	123	35	148	113	46	112	66
中南半岛沿岸	70	229	159	15	148	133	15	171	156	25	229	204
越南东南部海域	35	148	113	35	96	61	35	96	61	25	148	123
东马来西亚西北部	25	96	71	46	70	24	35	70	35	46	70	24
吕宋海峡	46	465	419	35	465	430	57	465	408	57	465	408
巴拉望岛	35	129	94	25	129	104	35	171	136	46	148	102

6.3 温度锋的年际变化特征

6.2节主要讨论了温度锋季节性变化的基本特征。从气候角度来说,最重要的不光要看系统的平均状态,更要关注系统的趋势和变率。从客观上来说,温度锋随时间序列的年际变化还是比较大的。同时,温度锋的空间位置分布也是随年际而变化的。因此,分析南海温度锋的年际变化特点具有重要意义。

6.3.1 温度锋强度的均方差分布

均方差是描述样本中数据与均值为中心的平均振动幅度的特征量,通过计算均方差我们可以发现所研究问题中变化比较突出的那些关键区,作为研究的重点矛盾来抓。图6.7是计算的1958年至2007年50年温度锋强度12个月的

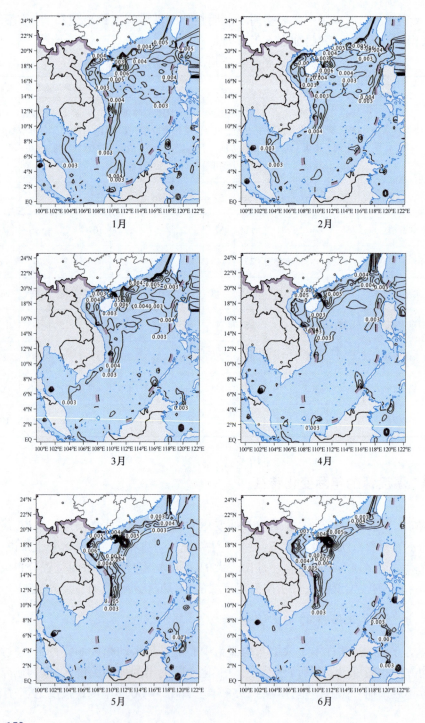

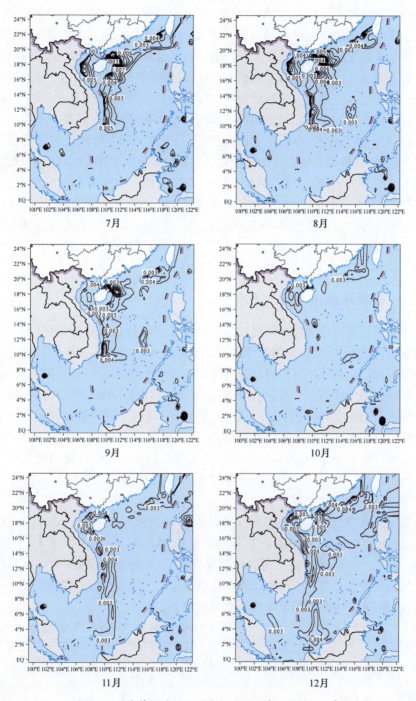

图 6.7 温度锋强度均方差各月变化(单位:℃·km^{-1})

均方差图。从图中可以看出,整个南海,突出的位置基本就在南海北部一带(分别位于海南岛东部一直到台湾海峡西北部、北部湾)、中南半岛沿岸、吕宋海峡以及东马来西亚西北部。这些位置与温度锋的分布区域一致,其余海域没有温度锋的分布或者说温度锋的出现频率很低,其梯度值很小,根本达不到温度锋的标准。这些均方差变化大的海域表明,南海北部的温度锋季节变化比较大,均方差值一年四季都很大。北部湾的特点和南海北部形式一致,都是一年四季变化显著;吕宋海峡只在冬、春两季变化显著;东马来西亚西北部的均方差只在冬季出现大值区,其余季节没有特别的变化;另外,中南半岛沿岸在一年四季都是均方差大值的分布区,唯一的区别在于秋、冬季节大值区在 $9°N\sim13°N$,而春、夏两季则位于 $11°N\sim16°N$,一年四季温度锋在中南半岛沿岸南北移动。冬、夏两季的高值区分布规律和冬、夏两季的环流有很好的对应关系,表现在环流的位置和均方差的高值区分布基本吻合。这也说明南海环流对温度锋的分布有重要的影响。

6.3.2 温度锋强度年际变化特征

本节对温度锋强度特征值资料进行经验正交函数(EOF)分解,分析南海温度锋的异常模态,用来讨论温度锋的年际变化规律和特点。实施的具体思路和步骤如下:首先由 50 年逐月温度锋强度数据得到气候态的月平均值,再分别用逐月数据减去气候态平均值,得到逐月温度锋强度的距平场,然后对距平场进行 EOF 展开,得到它所对应的几个主要模态特征矢量的空间分布和时间序列。最后对所得到的模态进行 North 显著性检验,并对累计方差贡献最大的第一模态和第二模态做功率谱和小波分析,探讨气候扰动的年际变化特征及长期趋势的特征。第 7 章、第 8 章中对盐度锋和密度锋的研究也采取这种方法进行 EOF 展开。

温度锋强度距平场 EOF 分解得到的前 6 个模态的 North 显著性检验如表 6.2 所列。前 6 个主要模态的方差贡献分别是 6.5%、3.6%、2.6%、2.4%、2.2%、1.9%,可见,第一模态占的比例最大,第二模态次之,第三模态以后的方差贡献都比较小。前 2 个模态所占的比例基本代表了原始温度锋强度场的基本特征,因此,本节主要分析第一模态和第二模态。

表 6.2 EOF 展开前 6 个模态的方差贡献和 North 显著性检验

模态数	1	2	3	4	5	6
方差贡献	6.5%	3.6%	2.6%	2.4%	2.2%	1.9%
是否通过 North 检验	是	是	是	是	是	是

6.3.2.1 EOF 第一模态的时空演变特征分析

南海温度锋强度距平场 EOF 分解得到的第一模态特征矢量(解释总方差的 6.5%)的空间分布型如图 6.8(a)所示,空间分布呈现单极子型分布特征,都表现正位相变化。第一模态表现了温度锋强度异常场的变化特征,其在整个研究海域只有正相关,表明研究海域温度锋强度变化趋势在空间分布上具有一致性。温度锋强度变率空间上呈现出 3 个正位相中心。第一个正位相中心位于海南岛以东海域,一直可以延伸到广东沿岸,第二个正位相中心分布在整个北部湾海区,第三个正位相中心位于中南半岛沿岸(11°N~16°N)。这正好与分析的温度锋强度均方差大值区相吻合。

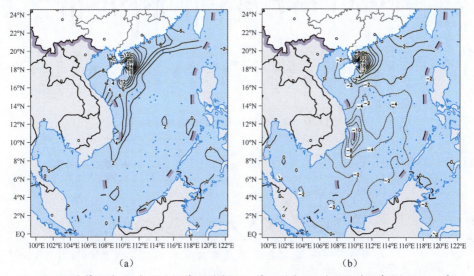

图 6.8 温度锋强度 50 年距平场第一模态(a)、第二模态(b)空间分布(单位:℃·km^{-1})

图 6.9 为温度锋强度第一特征矢量对应的时间系数变化趋势图。特征矢量所对应的时间系数代表了特征矢量(强度)所表征的空间分布随时间变化的特征。结合第一模态的空间分布场,时间系数为正时表示整个研究南海的温度锋强度上升,时间系数为负则说明整个南海的温度锋强度下降。从图 6.9 可以看出,线性倾向基本为零,说明整个南海的温度锋强度保持稳定,只是时间系数呈现出了周期性变化,说明温度锋强度呈现周期性增大和周期性减小的过程,这种特征很明显。

对温度锋强度第一模态时间序列进一步做功率谱分析,可以得到温度锋强度随时间变化的周期规律,图 6.10 所示的是温度锋强度第一模态时间系数的功率谱结果。结果显示出该模态主要代表温度锋强度异常的年际变化特征,其最大谱峰对应的周期分别为 120 个月、75 个月、60 个月和 50 个月的年际变化周期。

图 6.11 给出了温度锋强度第一模态时间序列的小波功率谱结果,虚线是 0.1 信度检验的曲线。从图上可以看出,1967 年至 2004 年主要存在一个 2~3 年的周期,1970 年至 1992 年存在一个 5~9 年的周期性。显著性检验的周期也反映在功率谱显示的周期上。

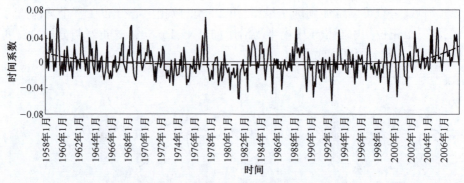

图 6.9　温度锋强度第一模态时间系数

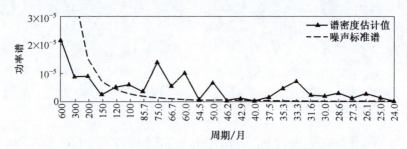

图 6.10　温度锋强度第一模态时间系数功率谱

主分量的方差贡献反映出某一振荡型在总振荡中的贡献,而特征值就是主分量的方差。因此,对 50 年的温度锋强度数据取距平场后,按 12 个月分别组成各月距平资料,对其分别进行 EOF 分析,分析各月第一、第二特征值,以及第一、第二特征值矢量场的变化情况,从中找出最能代表整体年际变化的月份。从图 6.12 和图 6.13 可以看出,第一、第二特征值及其方差贡献率季节变化明显,第一、第二特征值的季节变化趋势基本是一致的。6 月和 11 月是两个极大值,说明夏季初和秋季末温度锋强度的变化最剧烈,4 月和 8 月是两个极小值,说明春季末和夏季末的温度锋强度的变化最弱,不明显。这与之前分析的年际均方差的各月分布是一致的,间接反映了温度锋强度的季节变化特点,夏季和冬季比较剧烈,具有明显的季节变化规律。从图 6.9 中可以看出,第一模态的方差贡献

第6章 温度锋的时空变化

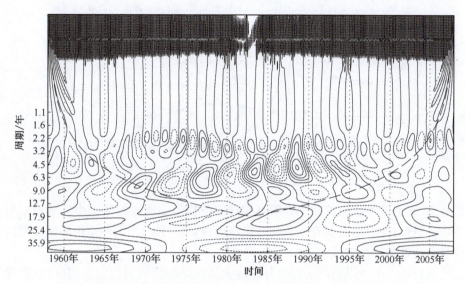

图6.11 温度锋强度第一模态时间序列小波分析

率在6月和10月具有两个极大值,10月方差贡献率达到32%,其余月份都在17%~25%;第二模态的方差贡献率在6月和11月具有两个极大值,但方差贡献率都基本在5%~10%,变化不大。说明温度锋强度的第一模态空间分布在6月和10月变化最显著,然而,冬季的振荡要比夏季的明显。

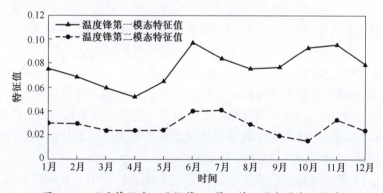

图6.12 温度锋强度距平场第一、第二特征值各月变化曲线

气候突变是普遍存在于气候系统的重要现象,由于南海环流极其复杂多变,对整个南海温度锋强度特征值取面积平均后,观察整个南海的年均值的变化,由于数据平滑效应,可能效果不明显,不能反映发生突变的关键点和关键区域。因此,本章主要针对年际变化扰动显著的正负位相中心进行分析,采用线性倾向估计,Cubic曲线拟合和M-K检验等方法对其年均值进行突变检测。为了更具有

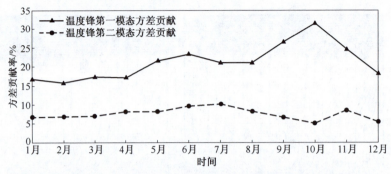

图 6.13　温度锋强度第一、第二模态方差贡献各月变化曲线

说服力,对选取的正负位相中心的点和对应位相中心所在的整个小区域做面积平均,通过对比看是否具有一致的变化趋势和突变特征,是用单点值还是面积均值作分析更具有代表性。

通过 6.3.1 节中出现均方差分布的大值区结合第一模态的大值区,我们确定了 3 个正位相中心(111.25°E,19.75°N)、(107.25°E,19.75°N)以及(109.75°E,13.25°N),分别位于海南岛以东(109.75°E~112.25°E,17.75°N~20.75°N)、北部湾(105.75°E~107.75°E,16.75°N~20.75°N)和中南半岛沿岸(109.25°E~110.25°E,10.75°N~15.75°N)。

图 6.14 是温度锋强度在海南岛以东选取的正位相中心点和选取的正位相中心点所在一定区域的 50 年平均值变化的对比图。从线性倾向可以看出,不管是选取的面积均值还是位相中心点,两者的总趋势是一致的,只是温度锋强度的均值不同。这很好理解,因为位相中心点是温度锋强度变化最大的地方,肯定要比选取位相中心点所在周围一定范围的面积均值大一些。同时,选取一定范围的区域,更加能准确地代表位相中心附近一片区域的温度锋强度变化情况。因此,选取正位相中心面积均值比单个点均值更具有普遍性和代表性。总体来说,海南岛以东温度锋强度 50 年的平均值变化基本呈现出周期性的增大和减小的情况,总趋势是缓慢减小,幅度不是很大。

图 6.15 是温度锋强度在海南岛以东选取的正位相中心点和选取的正位相中心所在区域的 50 年均值变化 M-K 检测的对比。从图 6.15 可以看出,选取的面积均值和选取的单点均值所做的 M-K 突变检测基本完全一致,前者在 1959 年 UF 和 UB 曲线相交,发生一次突变;后者在 1960 年发生了一次突变,时间略有差别。另外,两者曲线超过置信区间临界线的时间也有所差别,但这不影响两者关系的紧密性,面积均值完全可以取代单点均值作分析。单点均值没有面积均值选取的一个区域内好几个点的代表性强。

鉴于选取的正、负位相中心点的均值变化以及 M-K 突变检验,与以该点为中心选取的一定区域的面积均值变化及 M-K 突变检验相比,没有后者更具有普遍性和有效性,后面我们对于均值的趋势分析统一选取以位相中心为参考点,以其所在一定区域作为均值分析的目标区域。下面分析位于北部湾的正位相中心的均值变化及 M-K 突变检验。

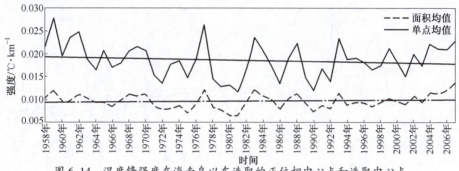

图 6.14　温度锋强度在海南岛以东选取的正位相中心点和选取中心点所在一定区域的 50 年平均值变化的对比

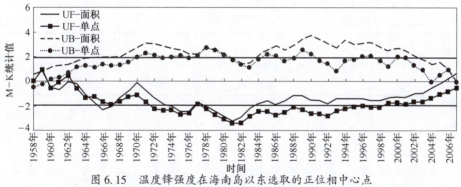

图 6.15　温度锋强度在海南岛以东选取的正位相中心点和选取区域的 50 年均值 M-K 突变检验的对比

从图 6.16 可知,选取的面积均值总趋势是北部湾温度锋强度在逐渐减小,减小幅度很大。1958 年至 1968 年,前后温度锋强度在逐渐增大,之后直至 1999 年强度持续在减小,1999 年以后,温度锋强度又在逐渐增大。总体来说,北部湾温度锋强度 50 年的平均值变化总趋势是强度减小明显。结合图 6.17 描述的位于北部湾的温度锋强度在选取正位相中心所在区域的 50 年均值变化 M-K 检验,可以看出,1989 年正序列曲线 UF 和逆序列曲线 UB 相交,且位于置信区间之内,所以,可以确定,1989 年前后是温度锋强度显著的气候突变点,其变化趋势与图 6.16 中用 Cubic 函数拟合的温度锋变化趋势在 1991 年前后加速减小的情况基本一致。

第三个正位相中心位于中南半岛沿岸,图6.18是温度锋强度在这个区域的50年平均值变化图,可以发现,中南半岛沿岸的温度锋强度在逐渐减小,减小幅度很小。但温度锋强度的周期性很强,变化很剧烈。通过图6.19所示的温度锋强度在中南半岛沿岸50年均值变化的M-K检测,可以看出,UF曲线和UB曲线只在2003年相交,即认为发生了一次突变,但在图6.18上表现得并不是很明显。

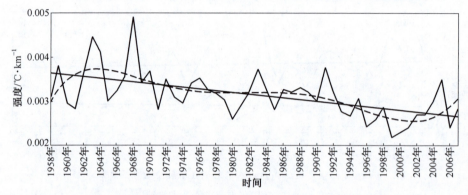

图6.16 温度锋强度在北部湾选取的区域的50年平均值变化

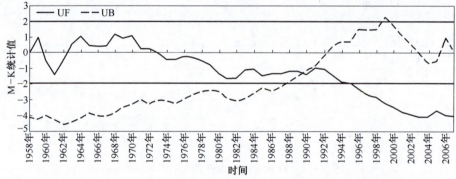

图6.17 温度锋强度在北部湾选取区域的50年均值M-K突变检验

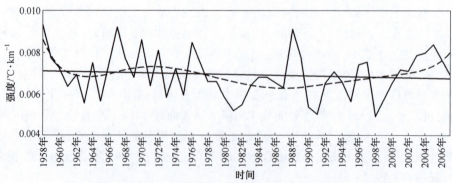

图6.18 温度锋强度在中南半岛沿岸选取的区域的50年平均值变化

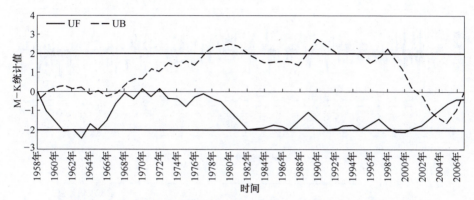

图 6.19　温度锋强度在中南半岛沿选取区域的 50 年均值 M-K 突变检验

由此可见,位于海南岛以东、中南半岛沿岸和北部湾的温度锋强度的年际变化都呈现逐渐减小的趋势,前两者减小的幅度很小,后者减小的幅度稍快。同时,三者发生气候突变时间点也不一样。选取温度锋强度高值区的位相中心点和所在的一定区域的结果相比,选取高值区所在的区域的结果,更具有普遍意义,消除了单个点的特殊性,使得统计结果更有说服力和一般性。

6.3.2.2　EOF 第二模态的时空演变特征分析

南海温度锋强度距平场 EOF 分解得到的第二模态特征矢量(解释总方差的 3.6%)的空间分布型如图 6.8(b)所示。第二模态空间分布型态呈现一个偶极子型,存在一正一负两个位相中心,18°N 以北海南岛以东呈现正位相分布,18°N 以南均呈现负位相分布特征。正位相中心位于海南岛以东,负位相中心位于中南半岛沿岸(9°N~13°N)。这两个位相中心在第一模态的空间分布上均有显现,说明温度锋强度的异常变化在第二模态依然显著,但空间分布型却不相同。

图 6.20 为第二模态特征矢量对应的时间序列的变化趋势。Cubic 拟合曲线几乎与线性倾向估计的线重合在一起,说明整个南海温度锋强度随时间变化的总趋势也是稳定的,温度锋强度只是呈现周期性的增大和减小。为了找到其中蕴藏的周期性,我们对时间序列分别做了功率谱和 Morlet 小波分析。

图 6.21 是第二模态时间序列做的功率谱分析图。可以看出,通过 95% 显著性检验的最大谱峰对应的周期分别为 150 个月、100 个月、85.7 个月、66.7 个月、40 个月、33.3 个月和 28.6 个月。图 6.22 为第二模态时间序列做的 Morlet 小波分析结果。因为只考虑年际变化,所以时间序列滤去了 2 年以下的波动。从图上可知,1969 年至 1978 年和 1985 年至 1995 年存在一个 2~3 年的周期,1965 年至 1980 年存在一个 3~5 年的周期,1970 年至 1995 年存在一个 6~9 年的周期。这与功率谱分析周期变化基本一致。

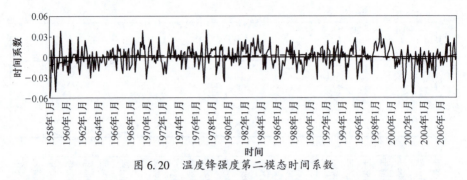

图 6.20　温度锋强度第二模态时间系数

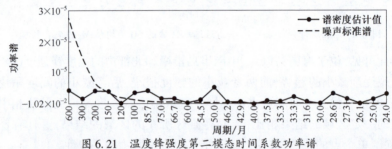

图 6.21　温度锋强度第二模态时间系数功率谱

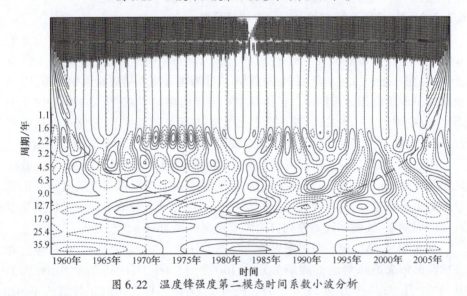

图 6.22　温度锋强度第二模态时间系数小波分析

6.4　本章小结

本章通过计算得到南海温度锋的频率分布规律和强度分布规律,研究了温度锋的季节变化特征。另外计算温度锋强度的均方差,分析了温度锋强度分布的年际变化特征和规律,并且试图采用各种气候统计分析方法研究了南海温度锋气候平均态和异常态的时间演变规律与空间特征。

结合对温度锋强度距平场所作 EOF 展开的空间分布图,可确定出南海温度锋正负位相中心,这些代表了其显著变化的区域。通过对第一模态和第二模态时间序列的分析,可以诊断出温度锋强度 50 年的变化趋势,然后对时间序列作功率谱和 Morlet 小波分析,可以确定整个南海温度锋强度变化的周期规律和发生周期的时间段。接着对确定的正、负位相中心作面积均值变化分析和 M-K 突变检测,以便找出温度锋强度在 50 年的时间段发生变率的情况。根据上述分析,得到以下结论。

(1) 从整体上来看,整个南海表层温度锋的季节变化还是年际变化特点,都是南海北部和南海西部比南海南部变化明显,南海东部基本没有温度锋的存在。温度锋的分布和变化特点与南海环流的影响紧密相连。受南海冬季和夏季季风驱动影响,形成的冬夏相反的边界流,处在南海北部和中南半岛沿岸,以至于水团的混合作用比较明显,对温度锋的形成非常关键。

(2) 温度锋强度的季节变化特征。南海温度锋表现出明显的季节性变化规律,有些区域具有变化的一致性,有些区域则不然。南海北部的温度锋在冬春季节覆盖整个南海北部,秋季温度锋基本消失,夏季只有海南岛以东和台湾海峡附近有温度锋存在。北部湾在冬季和夏季存在温度锋,分布范围和位置不一致。南海温度锋分布最明显的特征就是沿着大陆沿岸分布,处在南海大陆架上,属于陆架锋。温度锋分布在离开大陆一定距离的位置,不会靠着沿岸分布。不同的温度锋分布规律是不同步的,即使同样的温度锋在相同季节在不同位置的分布也是不同步的。

(3) 温度锋强度在不同深度的季节变化特征。南海表层温度锋的分布特征和表层以下各层的分布特征有显著的差别。温度锋分布规律总的概括如下:南海北部的温度锋一年四季除了秋季以外,覆盖整个南海北部,可以向下伸展到 46m 深度左右,说明南海北部的温度锋的厚度为 46m 左右。菲律宾以西的温度锋和巴拉望岛附近的温度锋从 46m 深度一直可以到 112m 深度,厚度为 66m 左右,一年四季基本相同。中南半岛沿岸的温度锋冬、春两季分布范围为 82~171m;夏季为 15~82m;到了秋季则为 35~112m。吕宋海峡的温度锋最为稳定和持久,夏季为 112~465m,其他 3 个季节在 60m 左右开始伸展至 465m 深度。整个南海的温度锋在 729m 以下深度不再有温度锋存在。当然,同一个位置的温度锋随着深度分布范围和出现频率也是有差别的,随着季节的变化也不尽相同。

(4) 温度锋强度的年际变化总特征。通过温度锋强度的均方差分析,我们发现强度显著变化的海域位于南海北部、北部湾、中南半岛沿岸、吕宋海峡以及东马来西亚西北部。下面分两个模态具体分析。

温度锋强度 EOF 展开第一模态特征分析:第一模态的空间分布呈现单极子型分布特征,都表现正位相变化。结合均方差图可以确定 3 个正位相中心。从时间序列的变化看,温度锋强度总趋势保持稳定。该空间型存在着多时间尺度的变化特征,功率谱结果显示该模态存在多尺度时间周期性。Morlet 小波分析表明 1970 年至 1992 年存在 5~9 年的周期性。

通过对代表南海温度锋强度变化的关键区的面积均值变化和突变检测分析发现,位于海南岛以东、中南半岛沿岸和北部湾的温度锋强度的年际变化都呈现逐渐减小的趋势,前两者减小的幅度很小,后者减小的幅度很大。

温度锋强度 EOF 展开第二模态特征分析:第二模态的空间分布型是偶极子型,存在一正一负两个位相中心,18°N 以北海南岛以东呈现正位相变化,18°N 以南均呈现负位相分布特征。正位相中心位于海南岛以东,负位相中心位于中南半岛沿岸。从该模态对应的时间序列分析,温度锋强度在该模态下总趋势也是稳定的。

(5) 选取温度锋强度高值区的位相中心点和所在的一定区域的结果相比,选取高值区所在的区域的结果,更具有普遍意义,消除了单个点的特殊性,使得统计结果更有说服力和一般性。

(6) 虽然分析了温度锋强度 EOF 展开的前两个模态,但是其方差贡献率都不是很大,不具有预报的能力,只能作为以后科学实验工作的参考依据。

第 7 章　盐度锋的时空变化

第 6 章分析了温度锋的季节和年际变化特征和分布规律,当然,海洋锋也包括盐度锋。至于盐度锋是不是具有与温度锋一样的特点,我们带着这个疑问探究盐度锋。

7.1　盐度锋出现频率和强度的季节性变化

我们根据传统的季节划分一年四季——冬季(12月至2月)、春季(3月至5月)、夏季(6月至8月)、秋季(9月至11月),用来研究盐度锋的季节变化特征。

7.1.1　冬季

图 7.1 中给出了南海海域 12 月、1 月、2 月的盐度锋出现的频率分布图。我们标出了频率大于 40% 以上的区域,也就是说,在我们所研究的 50 年内这些区域至少出现过 20 次锋面。通过图 7.2 中冬季盐度锋强度的分布范围和图 7.1 中冬季盐度锋出现频率的分布范围比较可以发现,只有东马来西亚西北部沿岸的盐度锋的分布不一致,前者不存在,后者存在,其余海域的盐度锋分布基本一致。

冬季南海北部的盐度锋主要集中在海南岛以东、琼州海峡及其东部和北部湾东北部。冬季 3 个月的盐度锋分布形态基本一致,没有太大变化。北部湾的盐度锋范围很小,和琼州海峡的盐度锋结合在一起。海南岛以东的盐度锋范围比较大。中南半岛北端 18°N 附近出现一小范围的盐度锋,3 个月的位置和分布形态一致,中心出现频率不超过 60%。

泰国湾最北端 11°N 以北和泰国湾最西端 10°N 都出现盐度锋,范围不是很大。泰国湾入海口处的盐度锋,从越南最南端开始,经过西马来西亚东沿岸,一直延伸到邦加海峡,跨越 10 个纬度,呈条状分布,覆盖范围非常广阔。这个盐度锋在越南最南端的两侧沿岸都有盐度锋分布,范围广阔。左侧的部分覆盖泰国湾面积的 1/3 左右。这个盐度锋在一年四季当中分布范围最广。

加里曼丹岛西北边界沿岸分布着盐度锋,12 月的盐度锋的北端已经到了 6°N;到了 1 月和 2 月,盐度锋范围减小,北端的分支已经退缩到 4°N 附近。巴拉

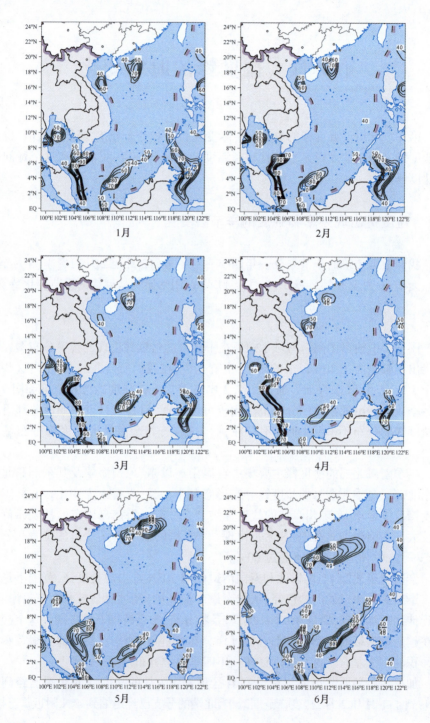

1月　　　　　　　　　2月

3月　　　　　　　　　4月

5月　　　　　　　　　6月

第7章 盐度锋的时空变化

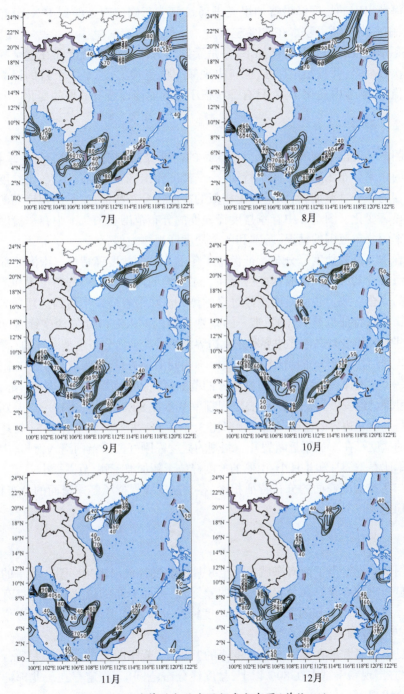

图7.1 盐度锋的各月出现频率分布图(单位:%)

巴克海峡出现的盐度锋沿着加里曼丹岛最北端东侧向南延伸到1°N,分布范围很大,中心出现频率基本在70%左右。

冬季盐度锋面分布特征如下:一是泰国湾入海口处的盐度锋在整个一年中出现次数最多,并且稳定存在,而且出现频率值也很大;二是3个月的锋面基本上很稳定,季节内变化不强,只有一些很小范围的锋面会有些许的变化。

7.1.2 春季

图7.1给出了南海海域3月至5月的盐度锋面出现频率图。与冬季相比,春季的频率分布图有以下几个特征:一是盐度锋出现频率变化不大,是盐度锋逐渐转变的一个过渡期,所以呈现出相似的盐度锋分布特征;二是出现锋面的范围有了显著变化。图7.2中春季盐度锋强度的分布范围和图7.1中春季盐度锋出现频率的分布范围的情况,基本和冬季盐度锋规律类似。

春季3月的盐度锋分布特征保持了冬季2月的盐度锋特征。南海北部只有琼州海峡及其以东洋面有盐度锋存在。泰国湾的两个盐度锋分布位置和范围与冬季的完全一致。越南最南端经过泰国湾入海口沿着马来半岛到达邦加海峡的盐度锋分布特征也是一样的,唯一的差别是泰国湾入海口处的盐度锋宽度减小了一些。加里曼丹岛西北边界和东北边界沿岸的盐度锋分布也是一致的。春季3月和4月的盐度锋分布特征基本一致。不相同的地方是,南海北部112°E附近新出现一个盐度锋,并且到了5月盐度锋的范围西侧和海南岛的锋结合在一起,东侧的盐度锋已经发展到116°E,中心出现频率基本在80%以上。还有一点差别是加里曼丹岛西北边界的盐度锋出现频率比3月小20%左右。到了春季5月,越南最南端的盐度锋在5°N附近断裂开。北侧的盐度锋刚好位于泰国湾入海口,中心出现频率比春季3月和4月小;南侧的盐度锋位于新加坡东侧,范围很小。

与冬季盐度锋面的分布特征相比,春季盐度锋保持了冬季锋面的分布特征,比较稳定。

7.1.3 夏季

图7.1也给出了南海海域6月至8月的盐度锋面出现频率图。夏季的频率分布显现出与春季锋面分布图明显的差异性,锋面分布的位置和范围都有大的变化。对比图7.2和图7.1中夏季盐度锋的分布范围可以发现,盐度锋位置基本对应,略有偏差。

夏季南海北部在春季5月盐度锋的基础上,范围向东进一步扩大到台湾海峡,中心出现频率基本在80%以上,盐度锋分布范围广,稳定存在。北部湾没有盐度锋出现。

第7章 盐度锋的时空变化

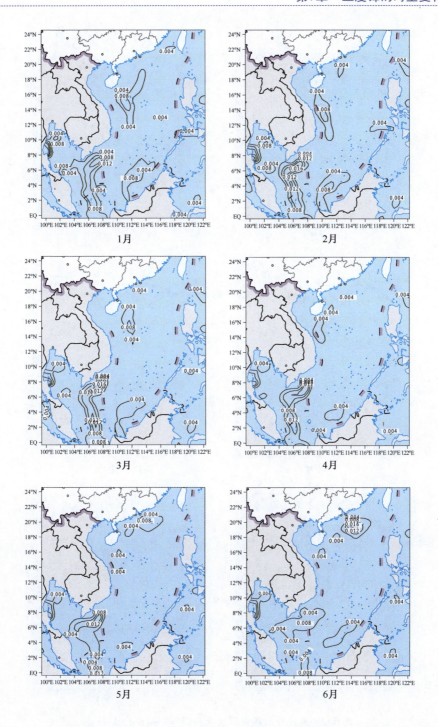

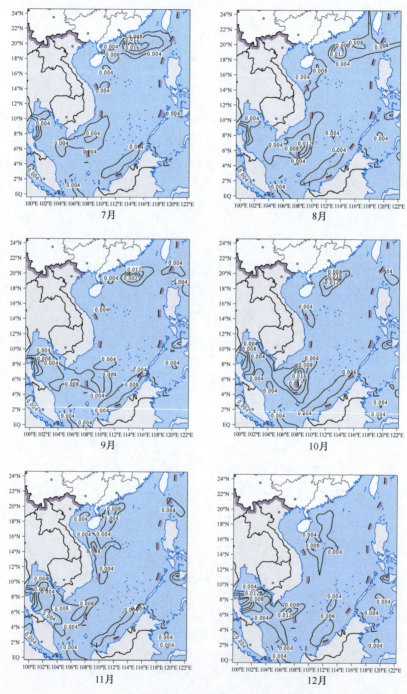

图7.2 盐度锋的各月强度分布图(单位:psu·km^{-1})

夏季6月,越南最南端到马来半岛之间的泰国湾入海口处有盐度锋存在,中心出现频率最大80%。到了7月和8月,泰国湾入海口的盐度锋范围急剧增大,向东延伸到越南东南部海域。

夏季3个月位于加里曼丹岛西北边界的盐度锋范围和位置很稳定,基本没有变化,中心出现频率在70%~80%。

7.1.4 秋季

图7.1给出了南海海域9月至11月的盐度锋出现频率图。可以看出,秋季南海盐度锋分布比较少,之前在冬季、春季、夏季出现锋面的地方,好多地方要么就没有,要么范围就小很多。对比图7.2和图7.1中秋季盐度锋的分布范围可以发现,两者盐度锋位置对应得很好。

秋季9月北部湾还没有盐度锋出现,到了10月和11月,琼州海峡向西延伸出来的盐度锋进入到北部湾,在20°N以北。海南岛以东的盐度锋范围从夏季时位于台湾海峡的位置退缩到114°E,不过盐度锋中心出现频率还是很高,基本在80%以上。

中南半岛12°N以南的东西边界附近都被盐度锋覆盖,其中,越南最南端以及东南部海域的盐度锋分布范围广阔,中心频率基本在80%以上,分布很稳定。

加里曼丹岛西北边界的盐度锋保持夏季时的特征,只是宽度稍微减小了一些。

7.2 盐度锋出现频率在南海不同深度的季节性变化

7.1节中,只研究了南海表层5m处盐度锋的季节性变化规律,采用和6.2节相同的做法,只给出了4个季节代表月份1月、4月、7月和10月各层盐度锋出现频率的分布图,试图分析盐度锋在深度方向上的分布规律。

7.2.1 冬季

图7.3是盐度锋冬季1月的各层深度盐度锋的出现频率分布图。冬季表层5m位于海南岛以东及其琼州海峡以东的盐度锋结合在一起,向下可以到达25m深度;25m深度以下只剩下海南岛以东的盐度锋存在,可以保持到46m深度。除此之外,冬季南海北部各层深度均不存在盐度锋。

中南半岛沿岸16°N有盐度锋出现,从表层5m一直到96m深度范围内,这

南海海洋环境气候特征

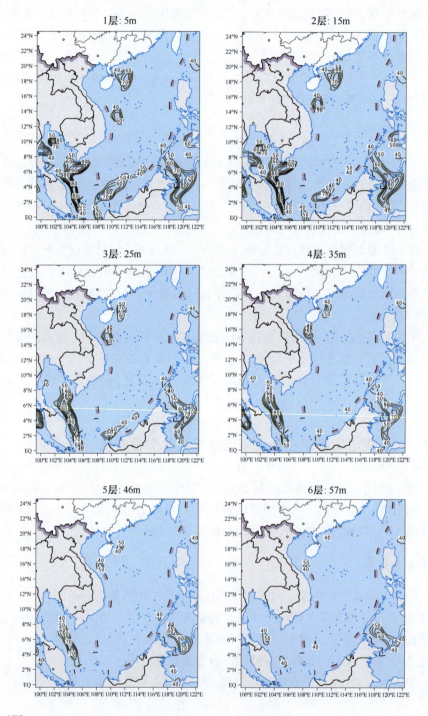

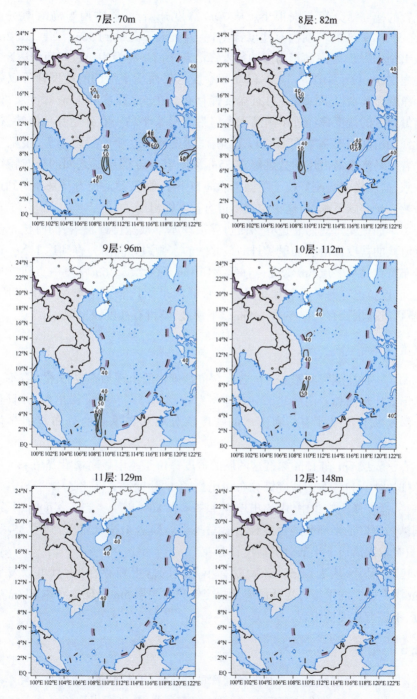

图7.3 冬季1月的盐度锋各层出现频率分布图(单位:%)

个位置的盐度锋分布范围很小。从 70m 深度开始,沿着中南半岛沿岸一直向南,在 5°N~9°N 的范围内有盐度锋出现,并且向下延续到 96m 深度。112m 开始至 129m 深度,海南岛东南部的盐度锋沿着中南半岛沿岸一直向南到达 8°N。

表层 5m 位于泰国湾 12°N 以北和泰国湾最西端小范围的盐度锋可以到达 15m 深度。其余以下深度不再有盐度锋存在。在 5m 深度和 15m 深度层,处在越南最南端的盐度锋经过泰国湾入海口沿着马来半岛一直到达邦加海峡,这条盐度锋的出现频率基本在 80% 以上,说明盐度锋在这个位置很显著、很稳定地存在着。马来半岛沿岸的盐度锋在 25m 深度至 46m 深度层之间的分布特征基本一致,盐度锋北端刚好位于泰国湾入海口下半部分,然后沿着马来半岛到达邦加海峡。46m 以下深度,这个位置不再有盐度锋出现。

冬季加里曼丹岛西北边界和西边界沿岸基本被盐度锋覆盖,同时位于巴拉巴克海峡的盐度锋沿着加里曼丹岛最北端的东侧边界向南一直到达 1°N。这样的分布特点是从表层 5m 深度一直延续到 35m 深度层。46m 深度一直到 70m 深度之间,巴拉巴克海峡沿着加里曼丹岛最北段东侧只能到达 4°N。70m 以下深度,不再有盐度锋存在。冬季 148m 以下深度,不再有盐度锋出现。

7.2.2 春季

图 7.4 是盐度锋春季 4 月的各层深度盐度锋的出现频率分布图。春季总的分布形式比较简单。南海北部只有琼州海峡及其以东有盐度锋出现,并且只在 25m 深度以上各层才有。泰国湾的盐度锋分布和冬季时的分布范围与位置一致。

春季表层 5m 和 15m 深度这两层的盐度锋位于越南最南端沿着马来半岛到达邦加海峡。和冬季的盐度锋分布相比,春季的盐度锋宽度比冬季的窄一些,相对来说,盐度锋比较集中,中心出现频率基本在 80% 以上。25m 深度时,只剩下泰国湾入海口下半部分的盐度锋沿着马来半岛到达 4°N 分布着,到了 35~57m 时,只有泰国湾口下半部分的盐度锋存在。

巴布延海峡从表层 5m 开始就有小范围的盐度锋存在,一直可以发展到 129m 深度层。加里曼丹岛西海岸的盐度锋只有表层 5m 出现。春季 148m 以下深度,不再有盐度锋出现。

7.2.3 夏季

图 7.5 是盐度锋夏季 7 月的各层深度盐度锋的出现频率分布图。夏季南海北部表层 5m 的盐度锋分布广泛,覆盖整个南海北部,中心出现频率基本在 80%

第7章 盐度锋的时空变化

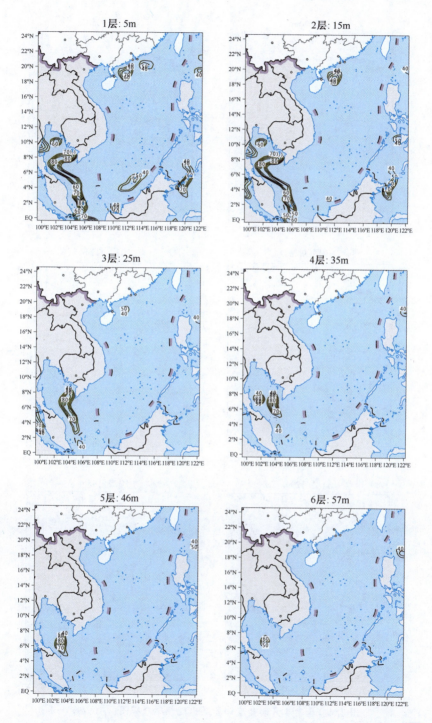

· 175 ·

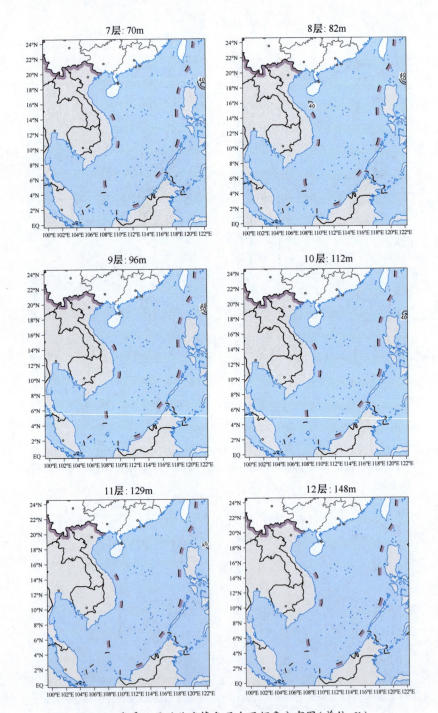

图 7.4 春季 4 月的盐度锋各层出现频率分布图(单位:%)

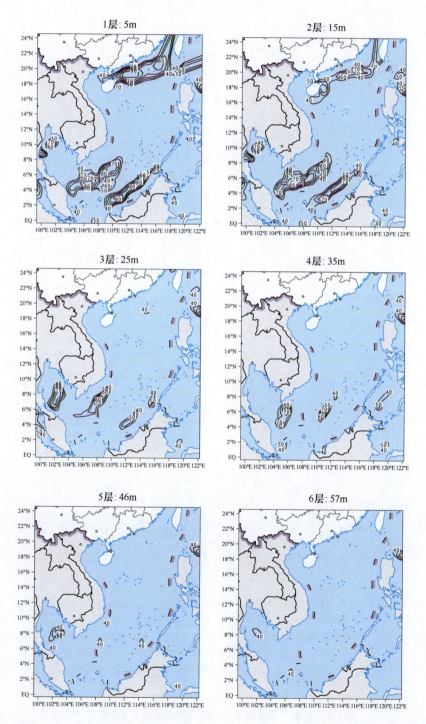

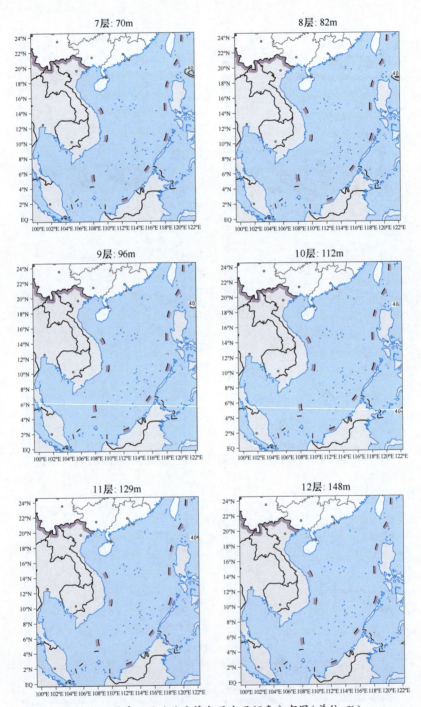

图7.5 夏季7月的盐度锋各层出现频率分布图(单位:%)

以上。到了次表层15m深度时,南海北部的盐度锋范围缩小1倍,而且出现频率最多只有70%,盐度锋宽度也减小了1/2。再往下各层深度,南海北部不再有盐度锋出现。

表层5m和15m深度这两层,从中南半岛沿岸12°N开始沿着越南东南部一直到泰国湾入海口的盐度锋,中心出现频率在80%以上,覆盖范围很广。到了25m深度,这条盐度锋在越南最南端断裂分成两部分:一部分处在越南东南部沿岸;另一部分位于泰国湾入海口下半部分。这个位置的盐度锋分布到了35m深度层保持一致。到了46m和57m深度这两层,泰国湾入海口的盐度锋移动到泰国湾中央海域。

加里曼丹岛西北边界沿岸分布着盐度锋,一直可以延续到15m深度,到了25m深度,这个盐度锋范围缩小到4°N的边界。巴布延海峡的盐度锋从表层5m一直可以向下扩展到112m深度。夏季129m以下深度,不再有盐度锋出现。

7.2.4 秋季

图7.6是盐度锋秋季10月的各层深度盐度锋的出现频率分布图。秋季海南岛东北部的南海北部有盐度锋分布,一直可以向下延伸到35m深度。35m以下深度,海南岛以东的盐度锋范围只有一小块,可以维持到82m深度。

北部湾表层5m和次表层15m的盐度锋分布一致,范围在20°N以北,是从琼州海峡以西向西延伸出来的。北部湾25~46m深度范围内,盐度锋位于北部湾的中心区域,但没有紧贴着沿岸分布。巴士海峡的盐度锋从表层5m就存在,一直向下延伸到96m深度。

12°N以南的中南半岛边界被盐度锋包围,尤其是越南东南海域的盐度锋分布范围很广,中心出现频率基本在80%以上。到了次表层15m深度层,越南东南海域的盐度锋只是范围减小了一些。到了25m和35m深度,这条盐度锋在越南最南端断裂开,一部分盐度锋位于泰国湾中央,另一部分盐度锋位于越南东南沿岸海域。

加里曼丹岛西北边界沿岸分布着盐度锋,一直可以延续到15m深度。巴拉望岛从35m开始有盐度锋出现,一直维持到70m深度。秋季112m以下深度,不再有盐度锋出现。

综上所述,可以用一张表格来简要说明在不同深度盐度锋出现和消失的深度以及盐度锋的厚度等情况,如表7.1所列。

南海海洋环境气候特征

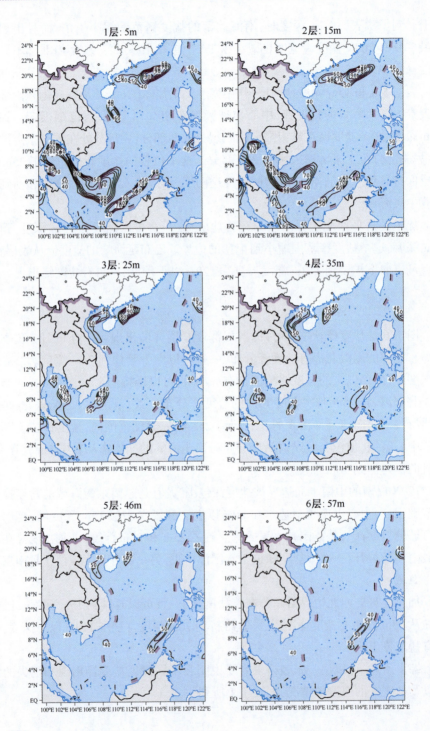

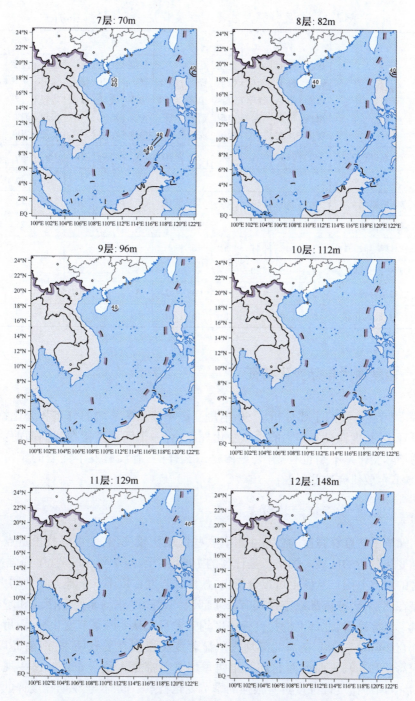

图7.6 秋季10月的盐度锋各层出现频率分布图(单位:%)

表7.1 盐度锋强度在不同深度厚度分布(单位:m)

出现位置	冬季			春季			夏季			秋季		
	盐度锋上边界出现深度	盐度锋下边界消失深度	盐度锋厚度	盐度锋上边界出现深度	盐度锋下边界消失深度	盐度锋厚度	盐度锋上边界出现深度	盐度锋下边界消失深度	盐度锋厚度	盐度锋上边界出现深度	盐度锋下边界消失深度	盐度锋厚度
海南岛以东	5	46	41	5	25	20	5	15	10	5	46	41
北部湾	—	—	—	—	—	—	—	—	—	5	46	41
泰国湾西侧	5	15	10	5	15	10	5	15	10	5	15	10
越南最南端	—	—	—	—	—	—	5	35	30	5	25	20
越南最南端至邦加海峡	5	46	41	5	46	41	—	—	—	—	—	—
东马来西亚西北部沿岸	5	25	20	—	—	—	5	25	20	—	—	—
巴布延海峡	5	96	91	5	129	124	5	112	107	5	96	91
加里曼丹岛东北部	5	70	65	5	15	10	—	—	—	—	—	—

7.3 盐度锋的年际变化特征

7.2节中,我们主要分析了50年盐度锋季节和季节内的分布和变化特征,可以看出,盐度锋具有很强的季节变化规律,有一个问题就摆在我们面前:盐度锋的年际变化是不是也有规律,规律是怎么样的,有没有发生突变的年份。因此,本节主要研究这些问题。

7.3.1 盐度锋强度的均方差分布

知道了盐度锋强度的分布在南海哪些区域比较突出,便可以找出重点要作年际变化分析的区域。图7.7是计算的1958年至2007年50年盐度锋强度12个月的均方差图。从图上可以分析出,盐度锋强度在以下6个地方异常增大,分别是在北部湾、海南岛以东及其南海北部、吕宋海峡、东马来西亚西北和越南最南端。具体来看,北部湾的盐度锋强度均方差只在秋冬两季节变化显著,可以达到 $0.002\text{psu}\cdot\text{km}^{-1}$。南海北部均方差显著变化出现在夏秋两季,海南岛以东、吕宋海峡和东马来西亚西北部一年四季均方差都是大值分布区。这些规律说明,整个南海盐度锋强度具有很强的季节变化特点。同时,也说明盐度锋的季节

第7章 盐度锋的时空变化

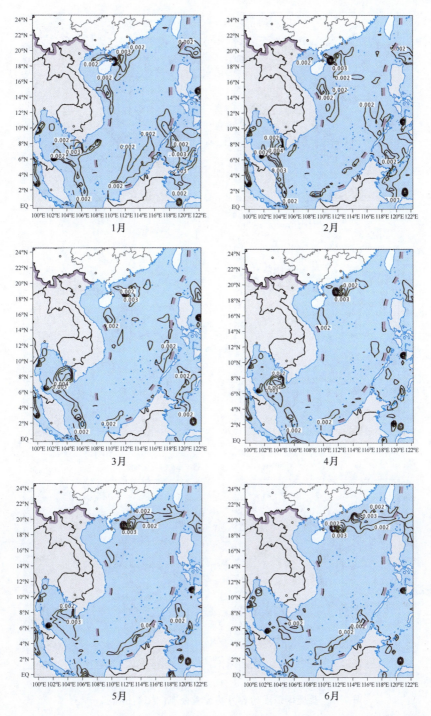

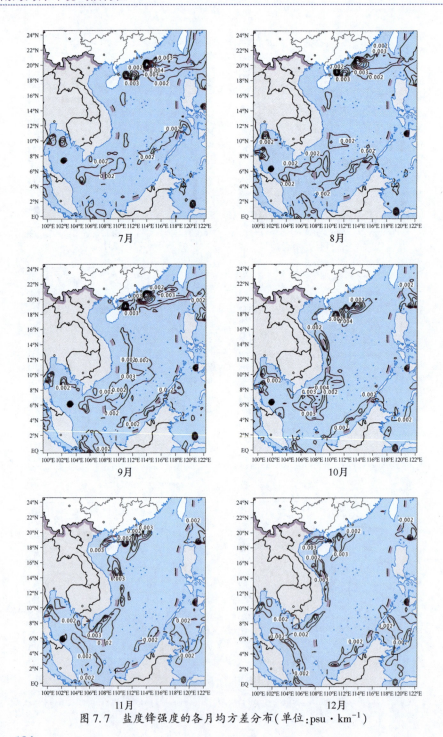

图 7.7 盐度锋强度的各月均方差分布(单位:psu·km^{-1})

第7章 盐度锋的时空变化

变化也只是在某些区域变化比较显著,研究的重点可以落到这些相关海域。因此,揭示这种季节变化的规律和特点,对进一步认识南海的环流和水团混合,具有重要的意义和科学价值。

7.3.2 盐度锋强度年际变化特征

盐度锋强度距平场 EOF 分解得到的前 6 个模态的 North 显著性检验如表7.2所列。前 6 个主要模态的方差贡献分别是 4.55%、4.15%、3.15%、2.77%、2.55%、2.20%。第一、第二模态的异常位相中心基本覆盖了均方差的异常区域。因此,前两个模态基本代表了南海盐度锋强度的基本特征,这里主要分析盐度锋强度第一模态和第二模态的情况。

表 7.2　EOF 展开前 6 个模态的方差贡献和 North 检验

模态数	1	2	3	4	5	6
方差贡献	4.55%	4.15%	3.15%	2.77%	2.55%	2.20%
是否通过 North 检验	是	是	是	是	是	是

7.3.2.1　EOF 第一模态的时空演变特征分析

南海盐度锋强度距平场 EOF 分解得到的第一模态特征矢量(解释总方差的4.55%)的空间分布型如图 7.8(a)所示。从图上可以看出,该模态是南海盐度锋强度变率的主要形式:整个南海海域呈单极子变化特征。海南岛以东、吕宋海

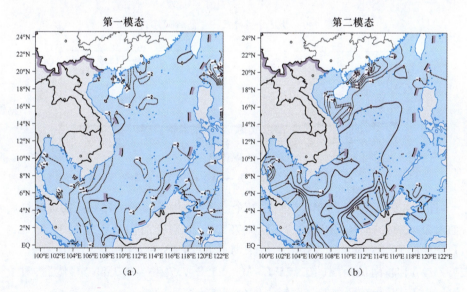

图 7.8　盐度锋强度50年距平场第一模态(a)和第二模态(b)的空间分布(单位:psu·km^{-1})

峡、越南最南端和东马来西亚西北部海域同位相变化,存在明显的负位相中心,其余海域包括整个南海海盆基本都呈现负位相。负位相中心与图7.7中均方差所呈现的极大值中心一致。

图7.9为盐度锋强度距平场EOF分解的第一模态特征矢量对应的时间序列图。时间序列代表了盐度锋强度空间分布的时间变化特征。从图上可以看出,盐度锋强度变化总趋势是减小的。盐度锋强度呈现周期性减小和周期性增大的规律。

为了分析盐度锋强度的周期性变化规律,对第一模态时间序列做功率谱分析。从图7.10功率谱结果来看,该模态分别主要存在200个月、85.7个月、66.7个月和42.9个月的年际变化周期。为了进一步分析发生周期的时间段,对时间序列做Morlet小波分析,如图7.11所示。从结果来看,1965年至2000年主要存在4年、9年和12年左右的周期。

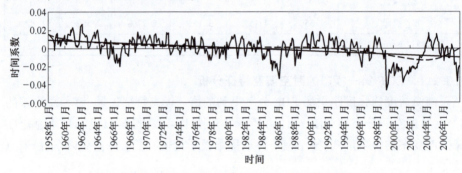

图7.9 盐度锋强度第一模态时间序列

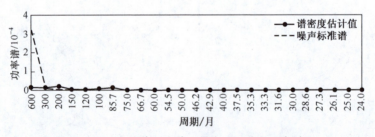

图7.10 盐度锋强度第一模态时间系数功率谱

图7.8(a)确定的第一模态3个负位相中心(110.75°E,20.25°N)、(121.25°E,19.75°N)和(103.75°E,7.75°N),分别在海南岛以东(109.75°E～111.75°E,19.25°N～21.75°N)、吕宋海峡(118.25°E～121.75°E,18.75°N～20.75°N)和越南最南端(102.25°E～104.25°E,7.75°N～9.75°N)。然后,对上述负位相中心所在区域的盐度锋强度分别进行突变检测。

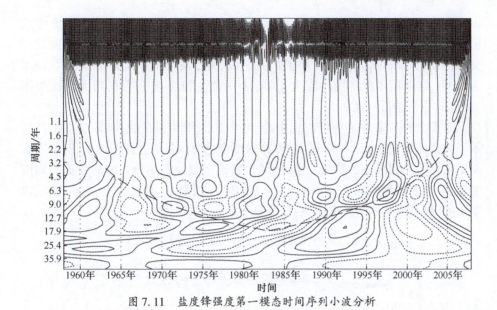

图 7.11　盐度锋强度第一模态时间序列小波分析

图 7.12(a)是盐度锋强度在海南岛以东选取的负位相中心区域的 50 年平均值变化图。从图中看出,1958 年至 1981 年,海南岛以东的盐度锋强度基本维持在一个稳定的数值 $0.005\mathrm{psu}\cdot\mathrm{km}^{-1}$ 上下,之后强度开始急剧增大,1981 年之后,盐度锋强度基本维持在 $0.007\mathrm{psu}\cdot\mathrm{km}^{-1}$ 左右。

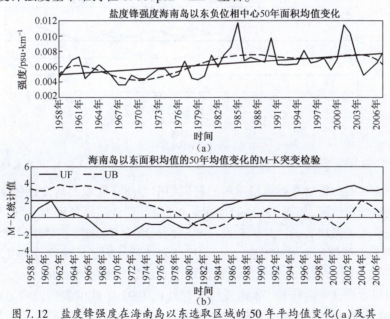

图 7.12　盐度锋强度在海南岛以东选取区域的 50 年平均值变化(a)及其 M-K 突变检测(b)((b)中的直线为 $\alpha = 0.05$ 显著性水平临界线)

图 7.12(b)是盐度锋强度在海南岛以东选取的负位相中心区域的 50 年均值变化 M-K 检验。从 UF 正序列曲线来看,1981 年前后 UF 曲线和 UB 曲线相交且位于临界线内,因此,1981 年前后可以认为是发生了一次突变,强度急剧增大;1981 年以后 UF 曲线一直大于零,表明盐度锋强度一直在增大。这与图 7.12(a)分析结果一致。

下面分析吕宋海峡的负位相中心 50 年的面积均值变化,如图 7.13(a)所示。从线性倾向看,吕宋海峡的盐度锋强度变化总趋势也是逐渐增大的,强度呈现周期性增大和减小的螺旋式上升,增大的幅度很小。结合吕宋海峡面积均值的 M-K 突变检测的图 7.13(b)可以看出,UF 曲线和 UB 曲线在 1969 年相交,说明 1969 年发生了一次突变,之后强度显著增大。

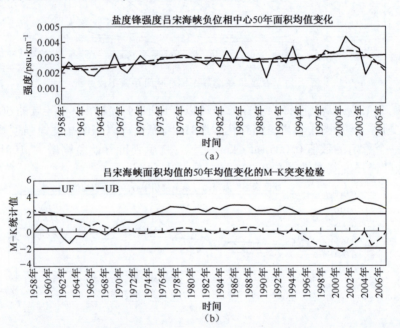

图 7.13　盐度锋强度在吕宋海峡选取区域的 50 年平均值变化(a)及其 M-K 突变检测(b)

下面接着分析处在越南最南端的负位相中心所在区域的盐度锋强度 50 年面积均值变化情况,如图 7.14(a)所示。可以看出,盐度锋强度 50 年的变化总趋势是强度缓慢增大的。具体来说,1965 年至 1980 年,强度在减小,1980 年至 1996 年左右强度基本保持不变,之后强度急剧增强。为了反映这种突变发生的情况,图 7.14(b)是对越南最南端负位相中心所做的面积均值的 M-K 突变检测。可以看到,UF 曲线和 UB 曲线相交点处在 1997 年且位于临界线之内。因此,1997 年是一个突变点,UF 曲线在 2000 年之后一直大于零,所以越南最南端盐度锋强度增大显著。

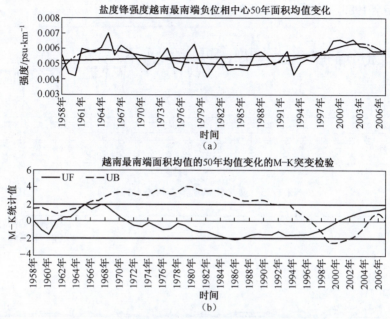

图 7.14　盐度锋强度在越南最南端选取区域的 50 年
平均值变化(a)及其 M-K 突变检测(b)

7.3.2.2　EOF 第二模态的时空演变特征分析

南海盐度锋强度距平场 EOF 分解得到的第二模态矢量的空间分布型如图 7.8(b)所示,矢量的解释总方差为 4.15%。空间分布呈现偶极子型,基本沿着南海东北-西南方向把正负位相分开,左上部分为负位相,右下部为正位相分布,整个南海的强度变率存在一正一负相反的中心,两个中心的位置分别在东马来西亚西北部和南海北部。这两个海域的盐度锋强度在均方差图上很显著。说明南海除了这两个正负中心所在海域有变化外,南海其余地方的盐度锋强度发生变化不大。

图 7.15 为盐度锋强度第二特征矢量对应的时间序列的 50 年变化趋势。从图上可以看出,线性倾向估计线表明盐度锋强度是逐渐减小的,Cubic 拟合曲线说明盐度锋强度有周期性变化特征。因此,我们后面主要分别研究正负中心的年际变化情况。

进一步分析第二模态时间序列的功率谱,结果如图 7.16 所示。可以看出,该模态主要存在 150 个月、100 个月、60 个月和 35.3 个月的年际变化周期。对该模态的时间序列进行 Morlet 小波分析,结果如图 7.17 所示。可以得出,1962

年至2001年期间存在3年左右的周期,1973年至1999年存在5年左右的周期,1977年至1988年存在9~12年的周期。

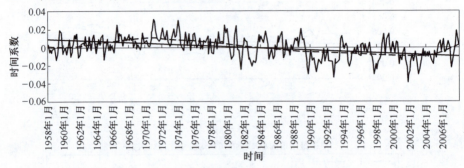

图7.15 盐度锋强度第二模态时间序列

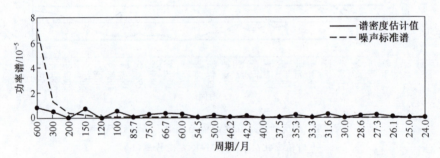

图7.16 盐度锋强度第二模态时间系数功率谱

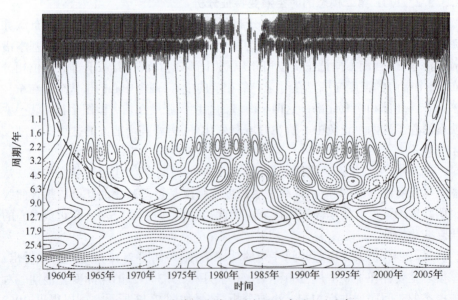

图7.17 盐度锋强度第二模态时间序列小波分析

由以上讨论可以发现,盐度锋强度第二模态对应的时间序列所反映的强度在整个南海来说,整体上强度也是逐渐减小的。但从 7.2 节均方差图上可以知道,整个南海的盐度锋强度的差异性是很明显的。

7.4　本章小结

本章通过计算得到南海盐度锋的出现频率分布规律和强度分布规律,研究了盐度锋的季节变化特征。另外计算盐度锋强度的均方差,分析了盐度锋强度分布的年际变化情况,并且采用各种气候统计分析方法研究了南海盐度锋气候平均态和异常态的时间演变规律与空间分布特征。根据上述分析,得到以下结论。

(1) 总体来说,不管是南海盐度锋的季节变化还是年际变化特征和规律,南海北部及北部湾、南海西部即中南半岛以及泰国湾,它们的变化都要比南海西部以及南部的盐度锋变化显著。

(2) 盐度锋强度的季节变化特征。泰国湾入海口至马来半岛沿岸的盐度锋在冬春季节分布范围最广,而南海北部的盐度锋在夏季范围最大,覆盖整个南海北部。北部湾的盐度锋除了秋季存在外,其余季节基本不出现,季节内的变化过程明显。东马来西亚西北边界沿岸的盐度锋在一年四季中很稳定的存在。盐度锋大部分都是靠着海岸分布。不同海域盐度锋的分布规律是不同步的,即使同样的盐度锋在相同的季节、不同位置的分布也是不同步的。

(3) 盐度锋强度在不同深度的季节变化特征。南海盐度锋随着深度的增加,各层盐度锋的分布特征和规律差异很大,但同时呈现出一些变化规律。总体来说,南海盐度锋的存在深度除了巴布延海峡以外,基本厚度在 46m 以下,比较浅。海南岛以东的盐度锋在冬秋季节分布深度可以到达 46m,而春夏季节深度只有 25m 左右。越南最南端至邦加海峡一带的盐度锋在冬春季节的厚度也在 46m 左右,夏秋季节盐度锋主要集中在越南最南端附近,深度只有 25m 以下。另外巴布延海峡的盐度锋分布范围可以从表层到 112m 深度左右。整个南海在 148m 以下深度不再有盐度锋存在。

(4) 盐度锋强度的年际变化总特征。通过盐度锋强度的均方差分析,发现了 6 个强度显著变化的海域,分别在北部湾、海南岛以东及其南海北部、吕宋海峡、东马来西亚西北和越南最南端。结合对盐度锋强度距平场所作 EOF 展开的空间分布图,可确定出南海盐度锋正负位相中心,这些代表了其显著变化的区域。下面分两个模态具体来分析。

盐度锋强度 EOF 展开第一模态特征分析：第一模态的空间分布主要呈现单极子型分布，存在的 3 个负位相中心分别在海南岛以东、吕宋海峡和越南最南端，其余海域呈负位相变化。作为主模态，反映了盐度锋强度主要的变率信息。从时间序列看，盐度锋强度变化总趋势在逐渐减小，周期分析显示出该模态存在多尺度时间周期性，Morlet 小波分析表明，1965 年至 2000 年主要存在 4 年、9 年和 12 年左右的周期。

3 个负位相中心区域的均值变化趋势一致，强度都在逐渐增大。强度有发生急剧增大的突变点，但发生时间不同。总体来看，整个南海盐度锋强度在减小，而只有小范围区域的强度在增大。至于如何解释这一现象，有待于进一步研究。

盐度锋强度 EOF 展开第二模态特征分析：第二模态的空间分布呈现偶极子型，基本沿着南海东北－西南方向把正负位相分开，左上部分为负位相，右下部分为正位相分布。盐度锋强度在该模态下总趋势也是逐渐减小的，但减小幅度不大。从功率谱分析表明，该模态存在的周期和第一模态基本一致。Morlet 小波分析表明，1977 年至 1988 年存在 9~12 年的周期。

（5）虽然分析了盐度锋强度 EOF 展开的前两个模态，但是其方差贡献率都不是很大，不能达到预报的能力，只能作为以后科学实验工作的参考依据。

第8章 密度锋的时空变化

前两章分别分析了温度锋和盐度锋的季节和年际变化特征和分布规律,现在再来研究一下由温度资料和盐度资料共同决定的密度锋的时空分布和变化特征。

8.1 密度锋发生概率和强度的季节性变化

8.1.1 冬季

图 8.1 给出了南海海域 12 个月的密度锋出现频率分布图,我们看冬季对应的 12 月、1 月和 2 月的图。从冬季代表的 3 个月的频率图上可以看到,密度锋的分布范围和形态基本一致,略有差别,有些地方密度锋出现频率大小有差别。同时,从图 8.2 中冬季密度锋在中南半岛沿岸的分布范围比图 8.1 中冬季密度锋在这个位置的分布范围大好多。其余海域的密度锋分布范围大体类似。

冬季南海北部的密度锋季节内分布显著不同。12 月时,北部湾没有密度锋存在;海南岛东北方向出现范围不大的密度锋;台湾海峡靠近广东沿岸有很小范围的密度锋存在,116°E 的广东沿岸同样有范围很小的密度锋出现。到了 1 月,北部湾的西北部却有密度锋出现,范围不大;海南岛东北部的密度锋,到了 1 月和 2 月就消失;1 月 112°E 广东沿岸的密度锋范围进一步扩大,密度锋出现频率能达到 60%以上,到了 2 月,这个位置的密度锋相当稳定和成熟,中心密度锋出现频率可以达到 80%以上,范围覆盖很广阔,西至 114°E,东至 119°E。

在冬季 3 个月,中南半岛沿岸存在南北两个密度锋的分布基本类似,北支的密度锋处在 16°N 沿岸,范围很小;南支的密度锋位于 11°N~13°N,呈南北向带状分布,12 月南支的密度锋消失。

泰国湾最北端到 12°N 这一范围内存在出现频率位于 40%~60%的密度锋。冬季 3 个月的密度锋分布形态稳定,位置也没有变化。

冬季 12 月,越南最南端和泰国湾入海口之间存在大范围的密度锋,中心出现频率甚至达到 90%以上,说明这个位置的密度锋分布稳定。西马来西亚沿岸出现零碎的密度锋,出现频率只有 40%左右。到了冬季 1 月和 2 月,越南最南端

南海海洋环境气候特征

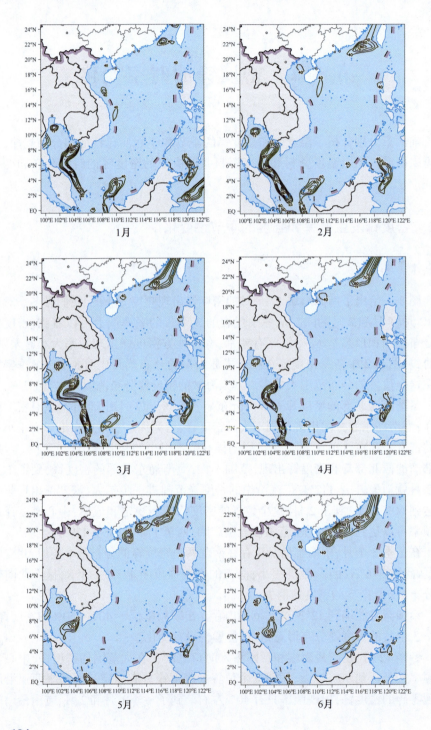

1月　　　　　　　　　　2月

3月　　　　　　　　　　4月

5月　　　　　　　　　　6月

第8章 密度锋的时空变化

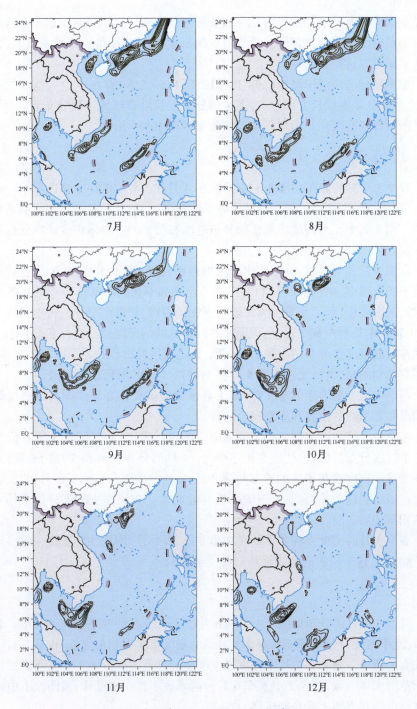

图 8.1 密度锋的各月频率分布图(单位:%)

经过泰国湾入海口继续沿着西马来西亚沿岸一直到马六甲海峡口这一狭长的范围内都是密度锋的分布范围。这个带状的密度锋在1月和2月频率最大,整个带状频率可以达到60%～90%。

加里曼丹岛西沿岸海域(108°E～112°E,1°S～5°N)存在一个大范围的密度锋,上半部分基本成长方形分布,下半部分呈带状沿着陆地边界分布着。冬季3个月的形态稍有变化。出现频率的数值基本在40%～70%。

8.1.2　春季

春季3个月的分布如图8.1中的3月、4月和5月的频率分布图所示。通过比较可以发现,密度锋的形态保持了冬季时的分布特点,但是却出现了明显的差异性。图8.2中春季密度锋强度的分布范围和图8.1中春季密度锋的分布范围基本对应。

春季3月和4月时,整个琼州海峡覆盖密度锋,到了5月,这个位置的密度锋范围扩大很多,向东扩展至112°E,中心出现频率达到70%。冬季处在粤东沿岸附近的密度锋,到了春季台湾海峡有密度锋出现,和粤东沿岸的密度锋连在一起,出现频率基本在80%以上,说明3月台湾海峡的密度锋一直存在。4月、5月台湾海峡的密度锋分布情况和3月一致,只是密度锋出现频率下降到70%以下。唯一有区别的是,南海北部春季5月在112°E～115°E有密度锋生成。

冬季中南半岛沿岸的密度锋,到了春季彻底消失。春季泰国湾的密度锋分布情况和冬季时的位置和形态完全一致。

冬季位于巽他浅滩至西马来西亚沿岸的带状密度锋,到了春季3月仍然维持冬季时的分布特征,出现频率比冬季大。4月的分布特征和3月的一致,只是这条带状的密度锋在4°N的地方断裂开,分成南北两部分。到了5月,北支的部分已经退缩到越南最南端,出现频率基本在40%～70%;南支的部分位于马六甲海峡到爪哇海之间。

春季3月的密度锋和冬季处在加里曼丹岛西沿岸海域的密度锋一致。到了4月和5月,这个位置的密度锋就已经完全消失。

8.1.3　夏季

夏季3个月的分布如图8.1中的6月、7月和8月的频率分布图所示。总体来看,夏季密度锋分布特征和春季5月份的密度锋具有相似之处,也具有自己一些独有的特征。图8.2中夏季密度锋强度的分布范围和图8.1中夏季密度锋的分布范围大体一致,图8.2中夏季6月台湾海峡不存在密度锋,而图8.1中夏季密度锋出现频率图上存在密度锋。

第8章 密度锋的时空变化

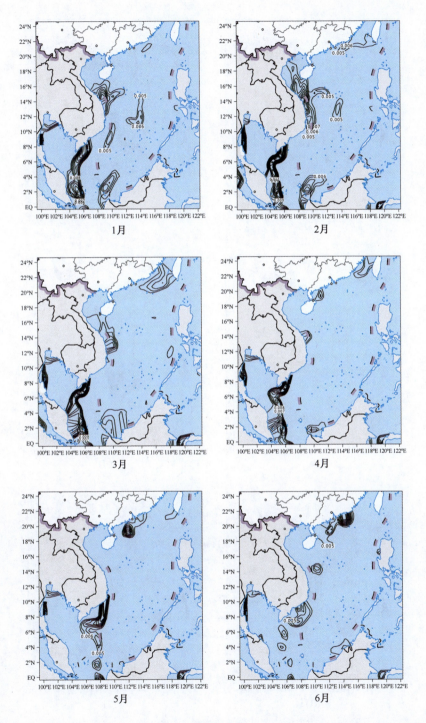

南海海洋环境气候特征

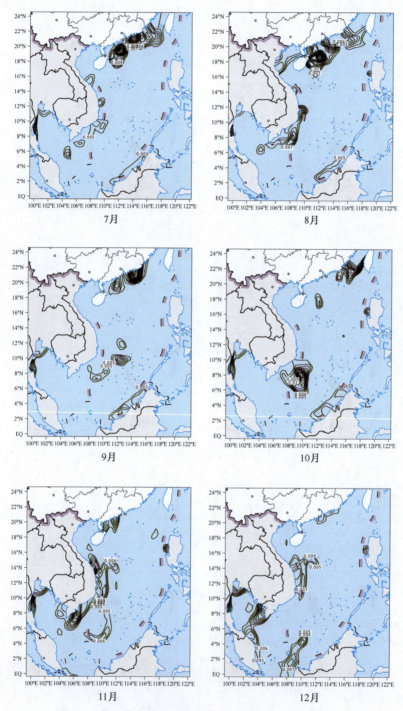

图 8.2 密度锋的各月强度分布图(单位:kg·m^{-3}·km^{-1})

夏季北部湾重新又有密度锋出现,6月在北部湾最西端出现范围很小的密度锋。到了7月,北部湾最西端的密度锋南北拉伸很长,北端到了21°N,南端到了18°N,出现频率也能达到70%。到了8月,北部湾的密度锋在7月的基础上北端向右倾斜到北部湾中央区域,南端的位置依然没有变化,出现频率也降到50%左右。

南海北部的密度锋在5月的分布基础上,夏季整个南海北部西起海南岛以东东至台湾海峡都被密度锋覆盖,中心出现频率很高,可以达到90%以上,而且这条密度锋的宽度跨越了3个纬度距,是一年四季当中密度锋出现最稳定的季节。

夏季泰国湾的密度锋分布情况和春季时的位置和形态完全一致,只是密度锋中心出现频率的数值有所增大。

春季5月处在越南最南端的密度锋,到了夏季6月则逐渐向东进,到了越南最南端的正下方,范围也缩小一些。到了7月和8月,中南半岛沿岸的12°N出现密度锋,沿着越南沿岸西南方向穿越越南最南端到达泰国湾入海口处,这条密度锋呈东北-西南方向分布,中心出现频率基本在50%~70%。

夏季加里曼丹岛西沿岸海域的密度锋紧贴在110°E~114°E的东马来西亚西北边界沿岸,宽一个纬距;到了7月和8月,范围扩大到110°E~117°E的东马来西亚沿岸。

8.1.4 秋季

图8.1中的9月、10月和11月的频率分布图代表了秋季密度锋的分布位置与形态。从图上可以看出,秋季的密度锋的分布特征与夏季8月的密度锋分布具有密切的关系。从图8.2中秋季密度锋强度的分布范围和图8.1中秋季密度锋的分布范围基本对应。

秋季北部湾3个月均不存在密度锋。9月南海北部的密度锋和夏季的分布类似,只不过密度锋的范围缩小了,南北向的距离没有夏季时的那么宽,而且台湾海峡延伸出来的密度锋中心频率也降到了60%以下,没有夏季时的密度锋稳定。到了10月和11月,南海北部的密度锋只有海南岛东北部至114°E之间有密度锋存在,出现频率可以达到80%以上,分布稳定。秋季3个月,琼州海峡西侧有一范围不大的密度锋生成。

中南半岛北沿岸16°N附近在秋季10月和11月出现一很小范围的密度锋,范围和分布特征与冬季一致。

秋季3个月的泰国湾密度锋,是一年四季中范围最大的季节,中心出现频率也是一年中最大的,可以达到80%以上,向南扩展到11°N。

秋季9月越南最南端的密度锋和夏季8月的分布一致,只是在越南最南端左侧北部湾沿岸(左至103°E)出现一新的密度锋。10月和11月,越南最南端沿岸的密度锋范围向南有所扩大,中心出现频率可以达到80%以上,很稳定存在。

到了9月,秋季加里曼丹岛西沿岸海域的密度锋依然保持夏季8月的分布特征。到了10月和11月,范围只剩下位于110°E~113°E范围很小的密度锋存在。

8.2 密度锋发生概率在南海不同深度的季节性变化

8.1节中,我们只研究了海洋表层5m处密度锋的季节性变化规律,而对于表层以下各层的密度锋分布究竟是不是有相同的特征,居于这样的目的我们只给出了4个季节代表月1月、4月、7月和10月各层出现频率的分布图。

8.2.1 冬季

图8.3是密度锋冬季1月的各层深度的频率分布图。表层5m的密度锋分布特点一直可以延续到25m的深度,3个层的密度锋形态基本完全一致,其中略有差别。南海北部的粤东沿岸有一小范围的密度锋存在;北部湾的西北部也有一个范围很小的密度锋出现;中南半岛沿岸出现南北两支孤立的密度锋,范围很小;泰国湾最北端12°N以北出现一小范围的密度锋;菲律宾以西洋面出现南北向的条状密度锋;以上密度锋的出现频率都很小,基本在40%~50%。同时,越南最南端经过泰国湾入海口沿着东马来西亚沿岸到达马六甲海峡口的这一段存在密度锋,还有加里曼丹岛西沿岸海域存在一个大范围的密度锋,下半部分呈带状沿着陆地边界分布着。加里曼丹岛最北端右侧沿着其边界有密度锋分布,一直可以到达2°N。

25m以下各层,从35m深度层开始,南海北部、北部湾和泰国湾的密度锋都已消失。菲律宾以西洋面的密度锋范围很大,南北占据4个纬距,东西的宽度一直在增大,70m深度时范围达到最大,密度锋西至114°E左右;从82m开始范围又开始减少,到112m深度时,菲律宾以西只剩下很小一部分密度锋存在,129m以下深度菲律宾以西洋面不再有密度锋出现。其中,从35m开始,菲律宾以西的密度锋和巴布延海峡生成的密度锋相连接一起一直到96m深度;到96m深度,整个吕宋海峡都有密度锋生成,可以向下伸展到197m深。229m开始,吕宋海峡只剩下巴士海峡有密度锋存在,而且只能向下到达318m深。

第8章 密度锋的时空变化

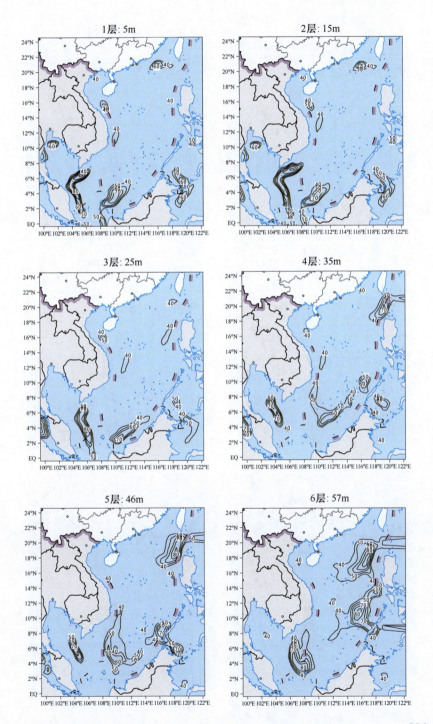

· 201 ·

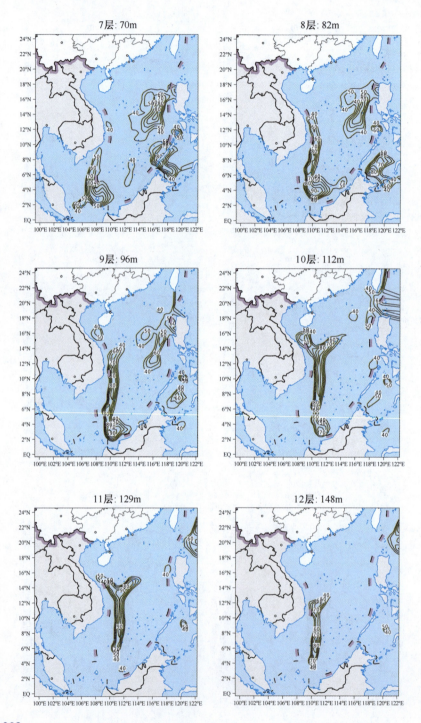

第8章 密度锋的时空变化

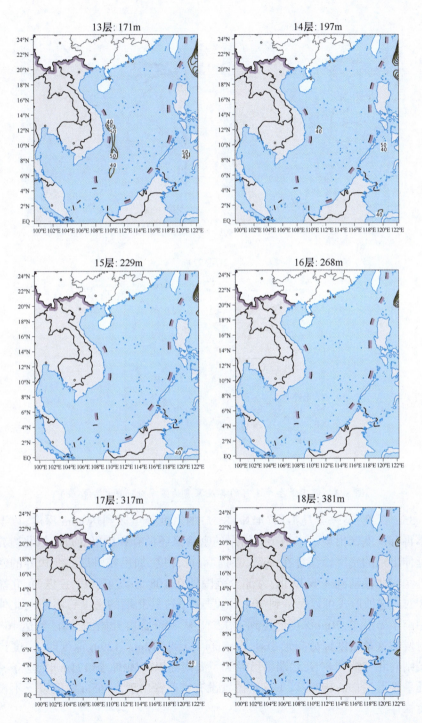

· 203 ·

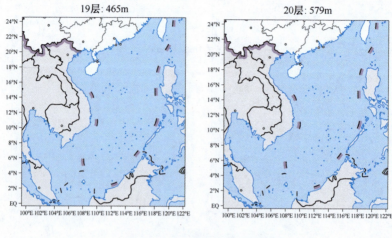

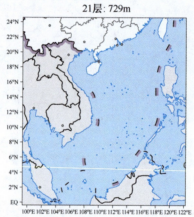

图 8.3 密度锋冬季 1 月的各层深度的频率分布图(单位:%)

35m 深度,马来半岛沿岸(4°N~8°N)的密度锋可以到达 46m 深度,以下深度不再有密度锋出现。中南半岛沿岸的密度锋还没有和加里曼丹岛西北边界向北延伸出来的密度锋结合在一起。到了 46m 深度,加里曼丹岛西北边界的密度锋已经向北移动到 4°N 以北,大部分范围处在 108°E 以东、112°E 以西,北端到达 8°N。这种形式可以保持到 70m 深度层,不过其北端的密度锋不断向北伸展到中南半岛沿岸,70m 深度已经到达 12°N,从 82m 深度开始,北端已到达 16°N,这时候的这条密度锋分布形态往下一直可以到 112m。129m 深度时,密度锋的南端则向北伸缩到 8°N,北端则已经到了海南岛以南周围,到 171m 时,这条密度锋几乎接近消亡。197m 以下这个位置没有密度锋出现。465m 深度以下不再有密度锋存在。

8.2.2 春季

图8.4是密度锋春季4月的各层深度的频率分布图。春季表层5m处在台湾海峡和粤东沿岸之间的密度锋分布形态可以延续到25m深度保持不变,35m深度层的密度锋范围缩小了一些,到了46m深度及其以下,只剩下台湾海峡处有密度锋分布着,可以维持到70m深度。70m以下深度,台湾海峡和整个南海北部不再有密度锋出现。整个春季,北部湾各层深度都没有密度锋出现。

菲律宾以西洋面从25m深度层开始出现密度锋,随着深度加深,密度锋的分布范围也在逐渐扩大,但幅度不是很大。基本上96m深度及其以上深度各层的密度锋形态保持一致,96m以下深度密度锋范围急剧减小,到129m就只剩下很小的范围位于菲律宾最北端的左侧洋面上。148m以下不再有密度锋出现。

吕宋海峡从96m开始有密度锋出现,占据整个吕宋海峡,这样的分布特征一直可以保持到229m深度层。229m以下深度,吕宋海峡的密度锋范围缩小到巴士海峡,巴士海峡的密度锋可以保持381m深度。

中南半岛沿岸的密度锋从15m深度层开始出现,位于12°N~16°N。到了25m深度时,位置没有变化,而密度锋范围增大了1倍。到了35m深度时,密度锋的北端向东倾斜,向北扩展到17°N,不再是南北向分布特点,变成"东北-西南"型分布;密度锋南端依然位于中南半岛沿岸,范围向南伸展到11°N。这种密度锋的分布特征一直可以保持到57m深度层。57m深度以下的70m深度层,密度锋范围缩小到只剩下密度锋北支的部分,南支的密度锋消失。到了82m,几乎消亡。再往下深度,不再有密度锋存在。

春季泰国湾最北端12°E以北的密度锋只有5m和15m深度层出现。15m深度以下,不再有密度锋出现。

春季从越南最南端开始经过泰国湾入海口沿着马来半岛沿岸到达爪哇海的密度锋只有表层5m和次表层15m两层出现。到了25m深度层,这条密度锋越南最南端的部分消失,只剩下泰国湾入海口下半部分的密度锋沿着马来半岛到达新加坡东沿岸。马来半岛沿岸35m和46m深度的密度锋,只剩下泰国湾入海口下半部分的位置有密度锋存在。再往下深度,马来半岛沿岸不再有密度锋存在。

从46m深度层开始,在(106°E,5°N~9°N)范围内出现密度锋,只维持到70m深度。70m以下深度不再有密度锋出现。465m以下深度不再有密度锋出现。

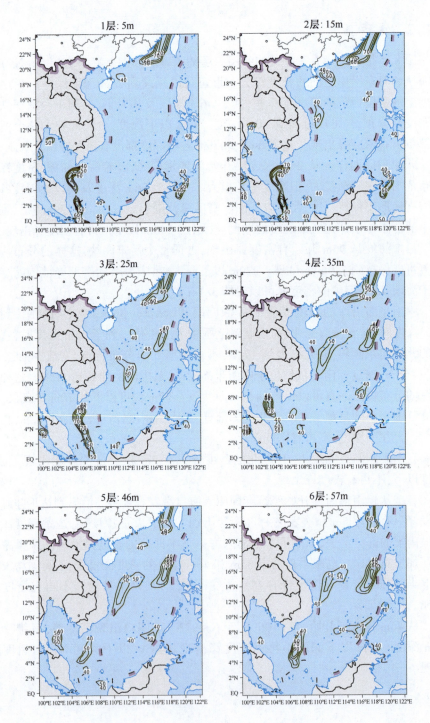

第8章 密度锋的时空变化

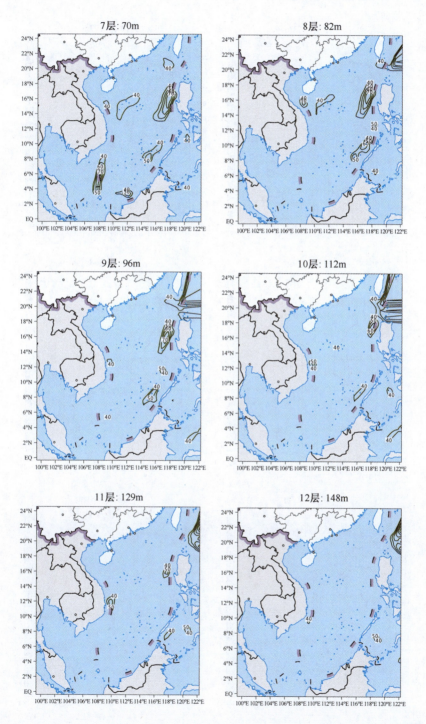

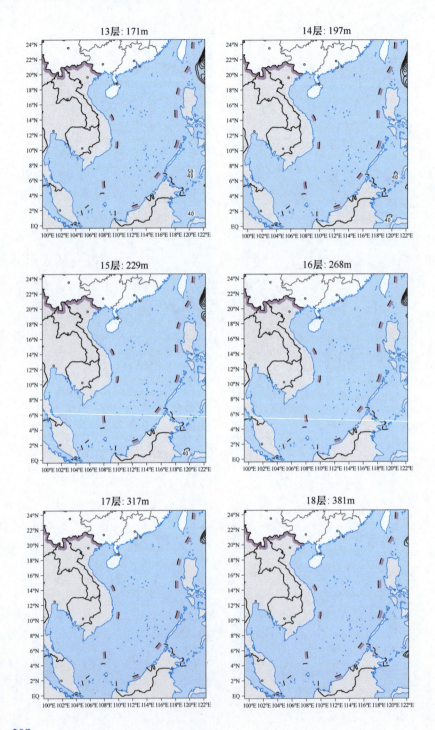

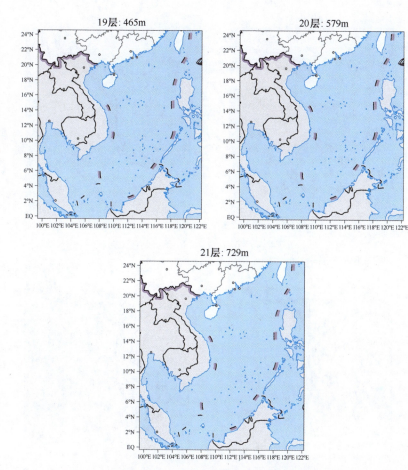

图 8.4　密度锋春季 4 月的各层深度的频率分布图(单位:%)

8.2.3　夏季

图 8.5 是密度锋夏季 7 月的各层深度的频率分布图。夏季南海北部的密度锋中心出现频率很高,说明密度锋在夏季很稳定的出现。57m 深度及其以上各层的密度锋,位于南海北部以及中南半岛沿岸的分布具有相似性。表层 5m 位于北部湾最西端沿岸的密度锋,范围不大。南海北部的密度锋分布在台湾海峡伸出来沿着广东沿岸到达海南岛这一区域。中南半岛沿岸呈"东北-西南"向的密度锋位于 12°N 沿着越南东南沿岸一直到达马来半岛沿岸 6°N。泰国湾最北端 12°N 以北有密度锋存在。15m 和 25m 深度两层的密度锋基本分布一致,北部湾和整个南海北部完全被密度锋覆盖,而且和中南半岛沿岸的密度锋连接在一

南海海洋环境气候特征

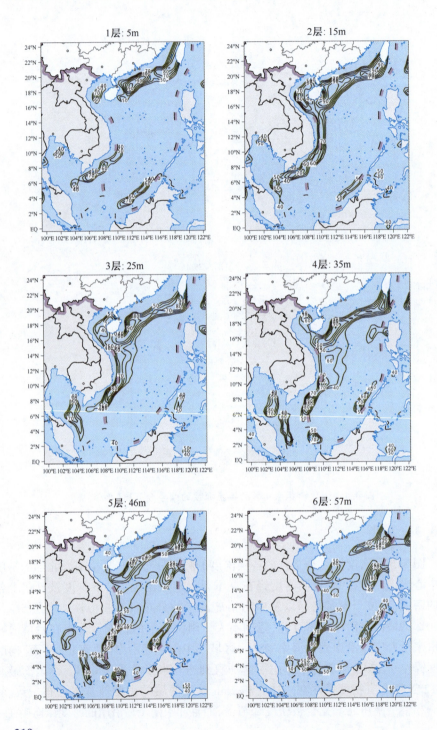

· 210 ·

第8章 密度锋的时空变化

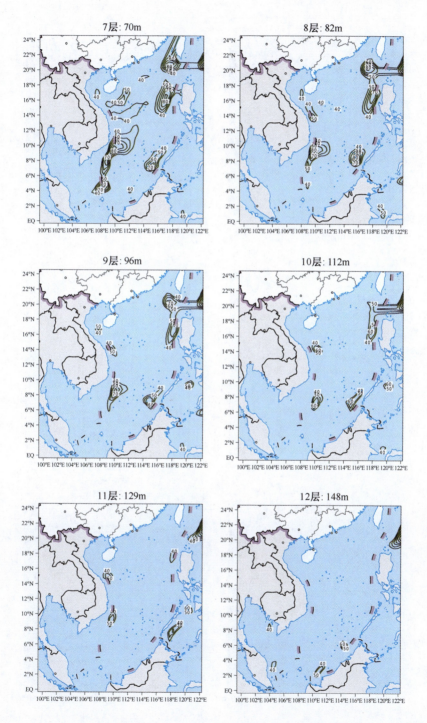

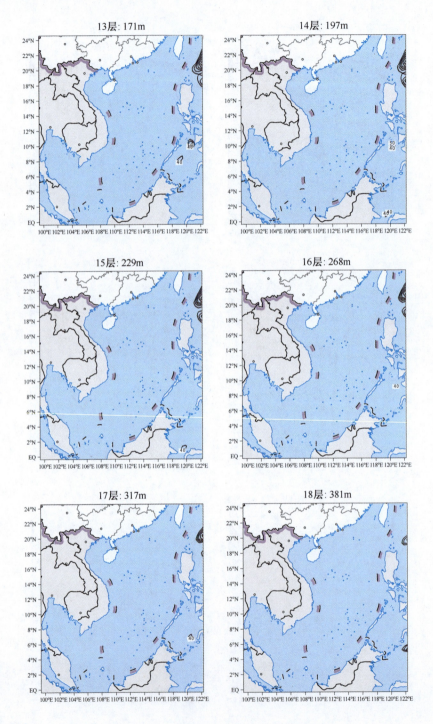

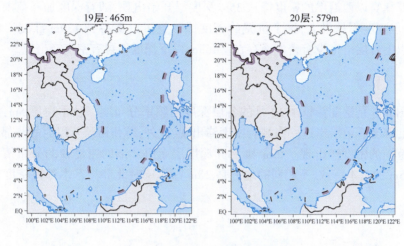

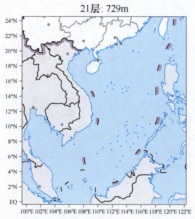

图 8.5 密度锋夏季 7 月的各层深度的频率分布图(单位:%)

起,一直到达越南最南端。35~57m 深度的这 3 层,共同的特征是南海北部的密度锋分布不再紧贴着沿岸分布,而是离开大陆一定距离。也是从台湾海峡伸出来一直到了海南岛以东,继续沿着中南半岛沿岸,然后向南继续扩展到 4°N。其中,中南半岛沿岸的密度锋范围很广阔,位于(10°N~18°N,108°E~114°E)这个范围内。57m 以下深度,70m 这一层,中南半岛沿岸连续的密度锋断裂开来,12°N 以南存在密度锋向南伸展到 4°N。海南岛以南分布着出现频率只有 40%的密度锋,范围不是很大。南海北部只剩下台湾海峡处有密度锋存在,其余南海北部的密度锋完全消失。82m 和 96m 这两层南海北部密度锋的分布情况和 70m 深度层的情况一致。112m 以下深度各层一直到 148m 深度的密度锋分布情况类似,中南半岛沿岸南北各分布着密度锋,范围很小。巴士海峡有密度锋存在。

菲律宾以西沿岸的密度锋从 35m 深度层开始出现,随着深度加深范围不断扩大,但幅度不是很大,这个位置的密度锋一直可以保持到 129m 深度。129m 深度以下各层再也没有密度锋存在。465m 以下深度不再有密度锋出现。

8.2.4 秋季

图 8.6 是密度锋秋季 10 月的各层深度的频率分布图。秋季表层 5m,海南岛东北部至香港沿岸这一海域有密度锋出现,此外,琼州海峡及以西的北部湾还有小范围的密度锋出现。15m 和 25m 深度层南海北部的密度锋的分布情况和表层 5m 的基本一致,不相同的地方是 25m 深度层时北部湾基本都被密度锋覆

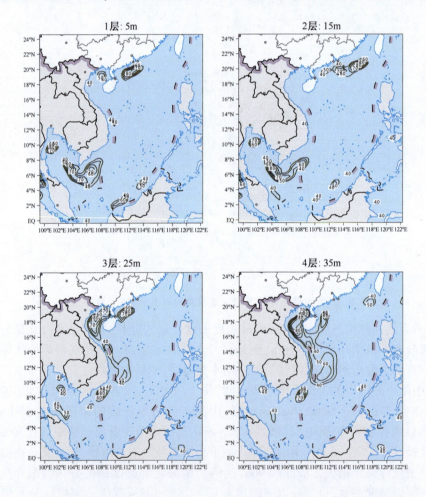

第8章 密度锋的时空变化

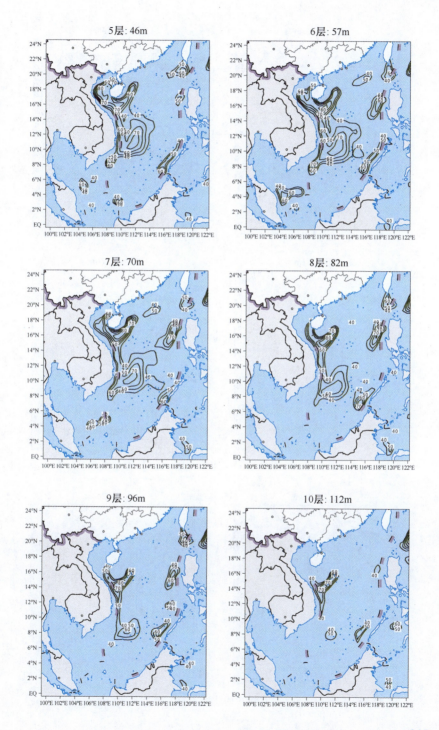

南海海洋环境气候特征

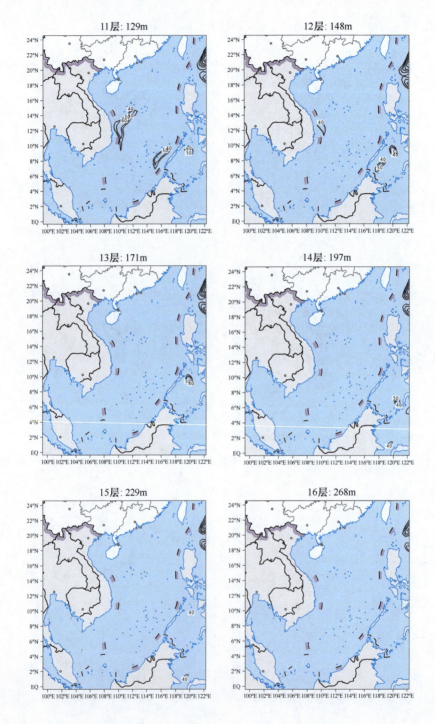

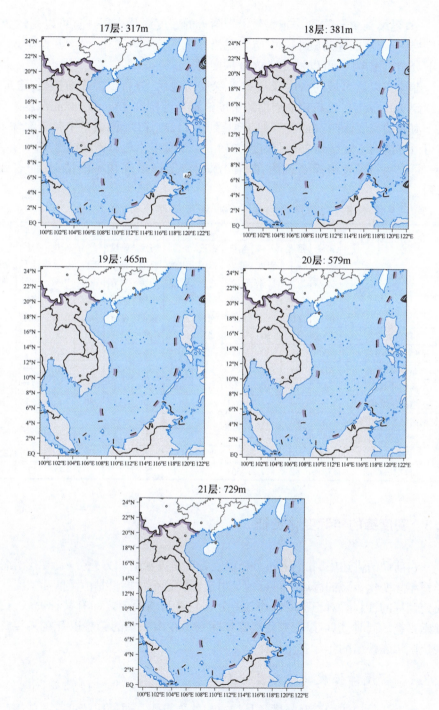

图 8.6 密度锋秋季 10 月的各层深度的频率分布图(单位:%)

盖,一直延续到96m深度。越南最南端附近的密度锋从表层一直可以到达25m深度层,分布范围逐渐减小。中南半岛沿岸的密度锋从25m深度开始出现,越往下分布范围越广,可以发展到96m深度层。

菲律宾以西海域的密度锋从46m深度出现后,分布范围逐渐扩大,稳定的持续到96m深度。巴拉望岛周围的密度锋覆盖范围在46m和148m深度之间。巴士海峡的密度锋在46m就开始出现,到了112m深度,覆盖整个吕宋海峡,一直可以维持向下发展到268m深度。729m以下深度不再有密度锋出现。

可以用一张表格简要说明在不同深度密度锋出现频率的情况,如表8.1所列。

表8.1 密度锋强度在不同深度厚度分布(单位:m)

出现位置	冬季 密度锋上边界出现深度	冬季 密度锋下边界消失深度	冬季 密度锋厚度	春季 密度锋上边界出现深度	春季 密度锋下边界消失深度	春季 密度锋厚度	夏季 密度锋上边界出现深度	夏季 密度锋下边界消失深度	夏季 密度锋厚度	秋季 密度锋上边界出现深度	秋季 密度锋下边界消失深度	秋季 密度锋厚度
粤东沿岸	5	15	10	5	57	52	5	57	52	5	129	124
中南半岛沿岸	5	35	30	15	82	67	15	70	55	25	129	104
菲律宾以西	35	96	61	25	112	87	35	112	77	46	96	50
泰国湾西侧	5	15	10	5	15	10	5	15	10	5	15	10
越南最南端	—			—			5	35	30	5	25	20
越南南端至邦加海峡	5	46	41	5	46	41	—			—		
东马来西亚西北部	5	46	41				5	15	10	5	15	10
吕宋海峡	96	197	101		229	133	25	361	336	96	317	221
巴拉望岛周围	5	82	77	35	96	61	5	15	10	46	129	83

8.3 密度锋的年际变化特征

在前面的讲述中,我们通过分析温度锋和盐度锋的均方差分布,寻找南海海洋锋年际变化显著的海域是可行的。由于密度这个物理量是由温度和盐度共同决定计算的,因此,对于密度锋均方差分布是否与前两者之间有某种关联,我们很感兴趣。同时,也可以探究密度锋年际变化在南海总的趋势以及在某些海域一定区域表现出的年际变化规律。

8.3.1 密度锋强度的均方差分布

图8.7是描述密度锋强度各月均方差的分布图。通过比较可以发现,南海

第8章 密度锋的时空变化

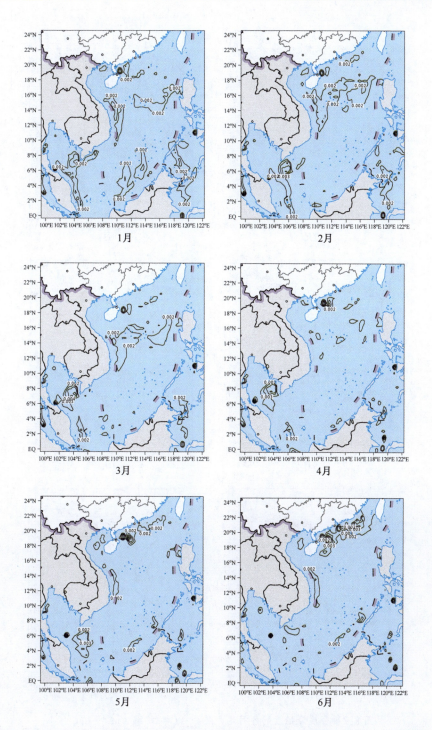

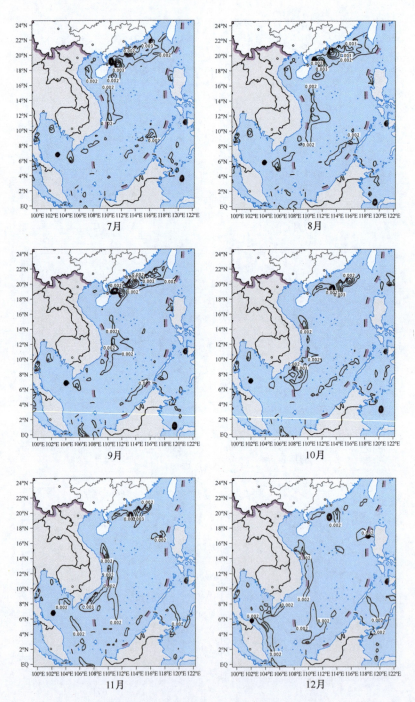

图 8.7 密度锋强度的各月均方差分布(单位:kg·m^{-3}·km^{-1})

密度锋均方差显著变化的海域只是在以下几个位置:海南岛以东、南海北部、泰国湾入海口、巽他浅滩、中南半岛沿岸和东马来西亚西北部。海南岛以东的密度锋均方差大值区只在夏、秋两季存在,在冬、春季均方差数值比夏、秋季的小很多,说明夏、秋季密度锋强度的年际变化很显著。南海北部的均方差的分布情况与海南岛以东的情况基本一致,只在夏、秋季变化显著。泰国湾入海口的均方差大值区只在一年四季中的冬、春季存在,其余季节均方差数值基本为零,说明泰国湾密度锋强度在冬、春季变化明显,其他季节比较稳定。巽他浅滩密度锋的均方差数值普遍很小,密度锋强度变化不是很大。中南半岛沿岸的密度锋均方差除了春季基本没有变化外,其余3个季节存在数值的大值区,说明中南半岛沿岸的密度锋强度季节变化显著。东马来西亚西北部密度锋的均方差数值只在冬季出现,其余季节基本没有体现出来。

8.3.2 密度锋强度年际变化特征

密度锋强度距平场 EOF 分解得到的前 6 个模态的 North 显著性检验如表 8.2 所列。前 6 个主要模态的方差贡献分别是 3.7%、2.9%、2.8%、2.6%、2.2%、2.1%,从第一模态和第二模态空间分布图上看出,前两个模态基本覆盖了密度锋强度的基本信息,与前面均方差分析的显著变化区域基本一致。因此,下面主要分析第一模态和第二模态。

表 8.2　EOF 展开前 6 个模态的方差贡献和 North 显著性检验

模态数	1	2	3	4	5	6
方差贡献	3.7%	2.9%	2.8%	2.6%	2.2%	2.1%
是否通过 North 检验	是	是	是	是	是	是

8.3.2.1　EOF 第一模态的时空演变特征分析

南海密度锋强度距平场 EOF 分解得到的第一模态特征矢量(解释总方差的 3.7%)的空间分布型如图 8.8(a)所示。从图上可以看出,该模态是南海密度锋强度变率的主要形式:中南半岛沿岸、泰国湾入海口和巽他浅滩沿岸的密度锋同位相变化,存在明显的正位相中心;南海北部海域存在明显的负位相中心。

图 8.9 为密度锋强度距平场 EOF 分解的第一模态特征矢量对应的时间序列图。时间序列代表了密度锋强度空间分布的时间变化特征。从图上可以看出,密度锋强度变化总趋势是逐渐增大的,呈现周期性减小和周期性增大的形式。

为了分析密度锋强度的周期性变化规律,我们对第一模态时间序列做功率谱分析。从图 8.10 功率谱结果来看,该模态分别存在 200 个月、120 个月、

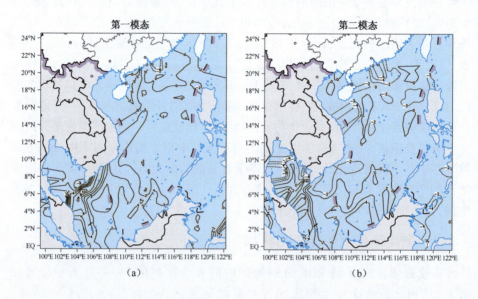

图 8.8 密度锋强度50年距平场第一模态(a)和第二模态(b)的空间分布(单位:kg·m^{-3}·km^{-1})

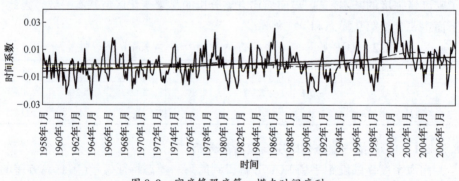

图 8.9 密度锋强度第一模态时间序列

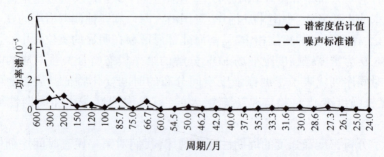

图 8.10 密度锋强度第一模态时间系数功率谱

85.7个月、66.7个月、50个月和31.6个月的年际变化周期。为了进一步分析发生周期的时间段,我们对时间序列做 Morlet 小波分析,如图 8.11 所示。从结果来看,1970 年至 1998 年主要存在一个 2~3 年的周期,1968 年至 1990 年该模态存在一个 4~6 年的周期,1975 年至 1995 年该模态存在一个 9~12 年的周期。

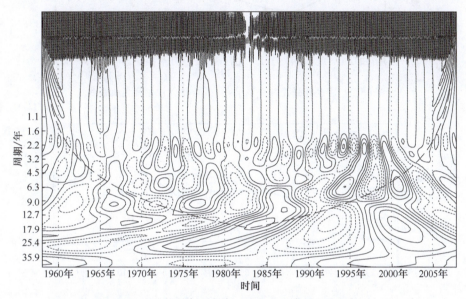

图 8.11　密度锋强度第一模态时间序列小波分析

对 50 年的密度锋强度资料取距平场后,按 12 个月分别组成各月距平资料,对其分别进行 EOF 展开分析,分析各月第一、第二特征值和第一、第二特征矢量场的变化情况,结果如图 8.12 和图 8.13 所示。第一特征值及其方差贡献率季节变化明显。第一特征值在冬季时是一个极大值,对应的方差贡献率达到 20%~23%,说明冬季最为显著。春季和夏季的第一特征值差不多大小,方差贡献率为 20%。秋季 3 个月特征值逐渐增大,但还是小于冬季 3 个月的值,但方差贡献率却在秋季最大,达到 25%~29%。第二特征值及其方差贡献率在 12 个月基本都保持稳定,波动幅度很小,近似可认为没有变化。

本节确定的第一模态的两个正位相中心,分别位于巽他浅滩沿岸(102.25°E~104.25°E, 0.75°N~8.75°N)、东马来西亚西北部(110.25°E~118.25°E, 2.75°N~5.75°N),负位相中心位于南海北部(111.25°E~117.75°E, 18.25°N~22.25°N)。然后,对上述正负位相中心分别进行突变检测。

图 8.14 是密度锋强度在巽他浅滩沿岸选取的正位相中心区域的 50 年面积均值变化。从总的趋势来看,巽他浅滩的密度锋强度基本维持在一个稳定的数

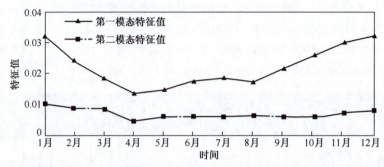

图 8.12 密度锋强度距平场第一、第二特征值各月变化曲线

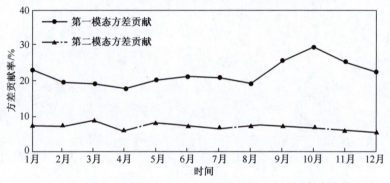

图 8.13 密度锋强度第一、第二模态方差贡献各月变化曲线

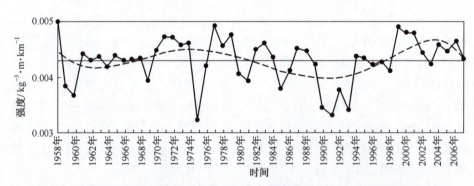

图 8.14 巽他浅滩沿岸正位相中心区域密度锋强度的 50 年面积均值变化

值 $0.0043 kg \cdot m^{-3} \cdot km^{-1}$ 上。事实上,此区域的密度锋强度变化还是很剧烈的。1978 年之前,密度锋强度逐渐增大,之后强度急剧减小,而 1991 年开始,强度又逐渐开始增大。图 8.15 是密度锋强度在巽他浅滩选取的正位相中心区域的 50 年均值变化的 M-K 检验。从 UF 正序列曲线来看,1966 年,UF 曲线和 UB 曲线相交且位于临界线内,因此,1966 年前后可以认为是发生了一次突变,而 UF 曲

线在第二次突变时间点之前一直大于零,所以表明密度锋强度 1966 年突变发生后,其强度一直在增大,UF 曲线和 UB 曲线第二次相交的时间在 1979 年,突变发生后强度开始逐渐减小。第三次 UF 曲线和 UB 曲线相交的时间在 1998 年,又有一次突变发生,之后强度急剧增大。

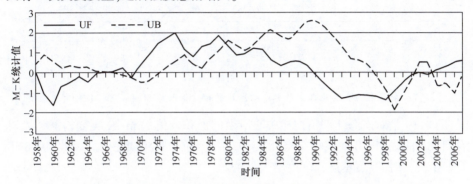

图 8.15　巽他浅滩沿岸正位相中心区域密度锋强度的 50 年均值 M-K 突变检测

下面接着分析东马来西亚西北部的正位相中心密度锋强度 50 年面积均值的变化情况,如图 8.16 所示。从线性倾向看,东马来西亚西北部的密度锋强度变化总趋势也是减小的。具体来看,1973 年之前,密度锋强度基本维持在 0.004kg·m^{-3}·km^{-1} 水平上,变化不是很剧烈;1973 年之后,密度锋强度急剧变化。结合东马来西亚西北部面积均值的 M-K 突变检测的图 5.17 可以看出,UF 曲线和 UB 曲线在 1971 年相交,说明 1971 年发生了一次突变,之后,UF 曲线一致小于零,说明这个区域的密度锋强度整体上逐渐在减小。

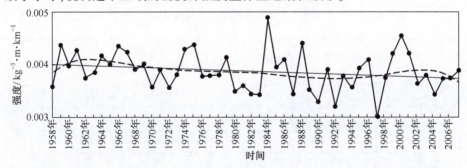

图 8.16　东马来西亚西北部正位相中心区域密度锋强度的 50 年面积均值变化

分析完南海密度锋强度正位相中心的强度均值变化和突变特征,下面分析位于南海北部的负位相中心密度锋强度的变化情况,如图 8.18 所示。可以看出,密度锋强度 50 年的变化总趋势是强度逐渐增大的。1990 年前,密度锋强度在缓慢上升增大,在 1990 年之后,强度开始减小。为了反映这种突变发生的情

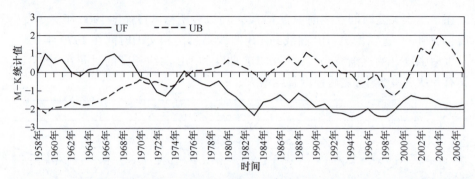

图 8.17 东马来西亚西北部正位相中心区域的密度锋强度 50 年均值 M-K 突变检测

况,图 8.19 是对南海北部负位相中心所做的面积均值的 M-K 突变检测。可以看到,UF 曲线和 UB 曲线相交点处在 1978 年且位于临界线之内。因此,1978 年是一个突变时间点,密度锋强度增大显著。

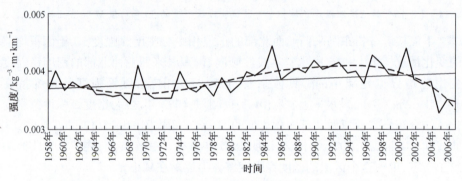

图 8.18 南海北部负位相中心区域密度锋强度的 50 年面积均值变化

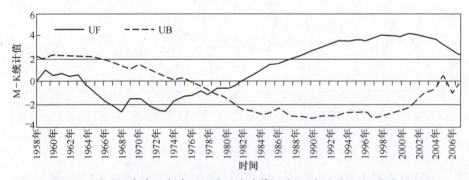

图 8.19 南海北部负位相中心区域的密度锋强度 50 年均值 M-K 突变检测

8.3.2.2 EOF 第二模态的时空演变特征分析

南海密度锋强度距平场 EOF 分解得到的第二模态矢量的空间分布型如

图 8.8(b)所示,矢量的解释总方差为 2.9%。空间分布特点是 8°N 以南,呈正位相分布;以北则主要是负位相。整个南海的强度变率存在正负相反的位相中心,负位相中心位于越南东南沿岸、南海北部两广沿岸,正位相中心分别位于北部湾、中南半岛沿岸、巽他浅滩和东马来西亚西北部海域。这几个海域的密度锋强度在均方差图也有体现。整个南海海盆呈现负位相空间分布,说明海盆区域的密度锋强度是逐渐下降的。

图 8.20 为密度锋强度第二特征矢量对应的时间序列的 50 年变化趋势。从图上可以看出,线性倾向估计线和 Cubic 拟合曲线都是向下倾斜,说明整个南海的密度锋强度逐渐减小。整个 50 年时间序列变化呈现出周期性的变化,增大和减小的幅度很大。因此,后面主要研究正负中心的年际变化情况。

我们进一步分析第二模态时间序列的功率谱,结果如图 8.21 所示。可以看出,该模态主要存在 150 个月、100 个月、60 个月和 37.5 个月的年际变化周期。对该模态的时间序列进行 Morlet 小波分析,结果如图 8.22 所示。可以得出,1967 年至 1996 年存在 3 年左右的周期,1975 年至 1988 年存在 9~12 年的周期,1988 年至 2000 年存在 6~9 年的周期。

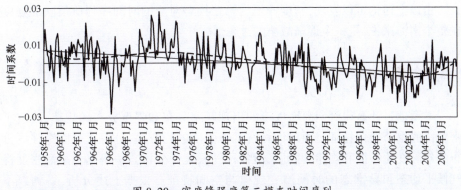

图 8.20 密度锋强度第二模态时间序列

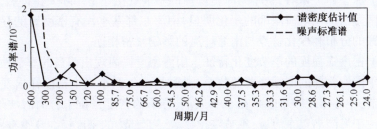

图 8.21 密度锋强度第二模态时间系数功率谱

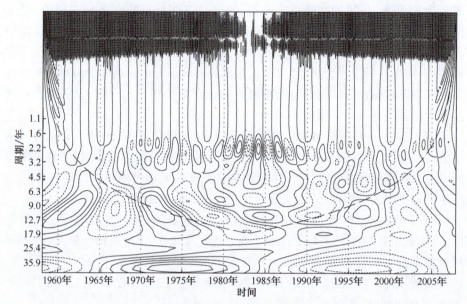

图 8.22　密度锋强度第二模态时间序列小波分析

由以上讨论可以发现,密度锋强度第二模态对应的时间序列所反映的强度在整个南海来说,是一个逐渐减小的过程。

8.4　本章小结

本章通过计算得到南海密度锋的出现频率分布和强度分布的规律,研究了密度锋的季节变化特征。通过计算密度锋强度的均方差,分析了密度锋强度分布的年际变化特征和规律,并且采用各种气候统计分析方法研究了南海密度锋气候平均态和异常态的时间演变规律与空间特征。根据上述分析,得到以下结论。

(1) 从整体上来看,整个南海密度锋的季节变化还是年际变化特点,都是北部湾和南海西部比南海南部的变化明显,南海东部基本没有密度锋的存在。这种密度锋的分布和变化特点与南海环流的影响紧密相连。

(2) 密度锋强度的季节变化特征。南海密度锋表现出明显的季节性变化规律。夏季南海北部的密度锋覆盖整个海域,是一年四季当中密度锋出现最为稳定的季节,中心出现频率基本在 80% 以上,春季的密度锋位于台湾海峡附近,而秋季则位于海南岛以东海域,季节变化显著。北部湾的密度锋在夏季有所体现,其余季节基本不出现。冬季和春季,越南最南端经过泰国湾入海口向南沿着马来半岛沿岸到达 1°S 的爪哇海的密度锋连成一片,是一年中分布最广、出现频率最高的时候,出现频率达 80% 以上。

(3) 密度锋强度在不同深度的季节变化特征。南海密度锋随着深度的增加,各层密度锋的分布特征变化很大。总体来说,南海大部分海域密度锋的存在深度基本可以达到 129m 左右。各个海域密度锋厚度大的主要在粤东沿岸、中南半岛沿岸、越南最南端、巴拉望岛周围、菲律宾以西和吕宋海峡。整个南海在 465m 以下深度不再有密度锋存在。

(4) 密度锋强度的年际变化总特征。通过密度锋强度的均方差分析,发现强度显著变化的海域位于海南岛以东、南海北部、泰国湾入海口、巽他浅滩、中南半岛沿岸和东马来西亚西北部。

密度锋强度 EOF 展开第一模态特征分析:第一模态的空间分布型既有正位相又有负位相变化,结合均方差图可以确定两个正位相中心和一个负位相中心,分别为巽他浅滩沿岸、东马来西亚西北部和南海北部。从时间序列的变化看,密度锋强度总趋势在逐渐增大,比较缓慢,呈现周期性减小和周期性增大的形式。功率谱结果显示,该模态存在 200 个月、120 个月、85.7 个月、66.7 个月、50 个月和 31.6 个月的周期。Morlet 小波分析表明,1975 年至 1995 年该模态存在一个 9~12 年的周期。东马来亚西北部沿岸的密度锋强度逐渐在减小,而另外两个位相中心的密度锋强度在逐渐增大。

密度锋强度 EOF 展开第二模态特征分析:第二模态的空间分布特点是 8°N 以南,呈正位相分布;以北则主要是负位相。从该模态对应的时间序列分析,密度锋强度在该模态下总趋势密度锋强度逐渐减小。功率谱分析表明,该模态存在的周期性和第一模态基本一致。Morlet 小波分析表明,1988 年至 2000 年存在 6~9 年的周期。

第 9 章　中尺度涡的统计特征

9.1　数据

本章先后使用 SODA-2.1.6 数据集中 1958 年 1 月至 2007 年 12 月 50 年共 600 个月的海表流速数据及 CLS 的海表面高度数据对中尺度涡进行自动检测。数据的详细说明请参照 2.1 节。

9.2　方法

在过去的 20 多年中,一些研究指出,涡旋的速度场特征主要包括:局地速度的最小值接近涡旋中心,切向速度和远离中心的距离呈正的线性关系,且在达到最大值之后又逐渐减小。基于涡旋速度场的这一特征,本章中尺度涡自动识别、追踪过程采用一种基于几何矢量的涡旋自动探测、追踪算法,即认为涡旋可以直观地定义为速度矢量是围绕一个中心成顺时针或者逆时针旋转的流动区域而发展起来的。这一算法应用 4 个限制条件判断涡旋中心点的位置。

(1) 东西方向上,速度分量 v 在穿过涡旋中心时,速度的大小径向增大,方向反向。

(2) 南北方向上,速度分量 u 在穿过涡旋中心时,速度的大小径向增大,方向反向,且其转动的方向要与 v 一致。

(3) 在满足条件(1)和条件(2)后,要求局地的速度最小值在涡旋的中心位置附近。

(4) 在满足前 3 个条件之后,为了防止将对流中心或者湾流误检,还要求在涡旋中心位置周围,速度矢量旋转的方向要一致,而两个相邻的速度矢量要在同一个或者相邻的象限之内(4 个象限根据西-东,南-北坐标轴确定:以气旋式涡旋为例,在第一象限内包含所有由东向北方向的矢量,第二象限内包含所有由北向西方向的矢量,第三象限为由西向南,第四象限为由南向东)。

算法中规定了两个参数 a 和 b,其中参数 a 为涡中心检测的第一个参数,用于条件(1)、(2)和(4),规定为检测到的速度分量 v 沿东西方向增大的格点数和速度分量 u 沿南北方向增大的格点数。参数 b 用于条件(3),规定了速度局地最小值所在的搜寻域的格点数。算法中这两个参数的选取有较大的灵活性,这使得算法也有很大的灵活性:它规定了能够探测到的涡旋的最小尺度以便适用于不同分辨率的网格点。另一方面,它们的值可以根据所给数据的空间分辨率进行调整来优化算法的性能。为了清楚地说明算法中4个条件在涡旋中心判别过程中的作用,下面利用一个数值模式得到的流场结果为例(图9.1)进行说明。

首先从表层流速 v 分量矩阵的第一行开始分析两个临近的格点上 v 分量是否反向。以图9.1(a)为例,在虚线标注的一行上,两个实心圆点表示两个临近的 v 分量符号相反的格点。对于每一组这样的格点,算法都要分析同一行分别向东、向西相邻 $a=4$ 个格点上 v 分量的符号与大小。在满足第一个条件的基础上,即如果这些格点与相邻最近实心点符号相同且 v 分量绝对值随距离逐渐增大,则表明此次分析中涡旋可能存在。从对东西方向变化的 v 分量即能够确定涡旋旋转的方向:如果在穿过涡旋的中心点过程中 v 由负值转变为正值(自东向西发展),则旋转为反气旋式;相反,如果从正值变化为负值,则为气旋式(对于北半球而言,南半球相反)。接着,在满足条件(1)的格点上对 u 分量在南北方向上应用条件(2)。以图9.1(b)中实心圆点为例,算法分析同一列分别向北、向南相邻 $a=4$ 个格点上 u 分量的符号与大小,这些点上 u 分量绝对值必须大于起始点,而方向必须与这一格点上 v 分量转动方向一致,也就是说,如果旋转为反气旋式,u 应该从负值变化为正值(自南向北发展),相反,如果旋转为气旋式,则 u 应从正值变为负值(对于北半球而言,南半球相反)。

前两个条件相互独立,对同时满足前两个条件的区域中的格点使用条件(3),即要求在此区域网格点附近必须存在一个速度最小值点。在涡旋存在的区域,这些格点应该分布在速度最小值所在格点周围,要求搜索的格点范围要小。这样以一个固定格点为中心,沿纬向和经向分别移动±b 个格点,图9.1(c)中取 $b=3$,$7×7$ 个格点大小的实线方框表示围绕实心点的搜索域,以此实心点为中心沿经纬向分别移动±b 个格点,搜索到区域中速度最小值点(符号"×"所在格点)。为了确定此最小值点是局地内唯一的,再次以此最小值点为中心沿经纬向分别移动±b 个格点(虚线方框),如果两次搜索得到的最小值点重合,此点可能为涡的中心位置。

仅仅通过前3个条件探测得到的最小速度还不能同涡旋结构匹配,更不能记录为涡旋中心。实际上,在很强的对流中心或者发展旺盛的湾流(如墨西哥湾流)中同样满足前3个条件。如果仅使用前3个条件,则图9.2中两个实心点所在位置可能被当成涡旋中心。然而,图中西南角围绕实心点的环流仅是湾流中的一部分,东北角上方框区域则正好处于对流切变区。因此,要加入条件(4)

确保探测到的区域是一个围绕速度最小值点完整的闭合环流,防止对上述环流误检。

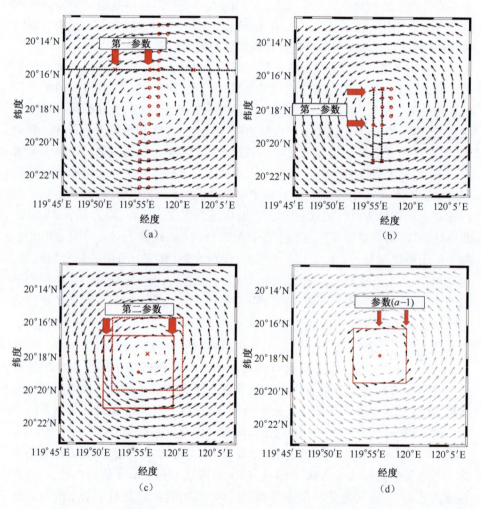

图9.1 以气旋式涡旋为例,(a)、(b)、(c)、(d)分别对应限制条件(1)~(4)

对以流速最小值所在格点为中心,分别沿经纬向移动±($a-1$)(图9.1(d)中取$a=4$)个格点的区域边界上的速度矢量应用条件(4)。图9.1(d)中黑色箭头代表围绕图9.1(c)中速度最小值的边界速度矢量。将图9.1(d)中边界速度矢量从西南角沿边框以逆时针方向绘到笛卡儿平面上,以更好地描述速度矢量围绕中心点的旋转情况(图9.3(a))。如图所示,图9.1(d)中,任意速度矢量的方向在缓慢变化过程中都与其前一个矢量在同一个象限(图9.3(a)中的第一、第二象限内)或者在相邻象限之内(图9.3(a)中的第三、第四象限内)。当沿着搜索域边界上的所有矢量满足上述情况时,认为围绕此最小值中心的是一个闭合环流,并将此最小值点记录为涡旋中心。需要注意的是,图9.3(a)中速度矢量旋转的方向仅仅取决于沿边界绘图的方向(顺时针或逆时针),而不是涡旋旋转的方向。因此,本例中沿边界以逆时针方向绘图得到的矢量将沿逆时针方向旋转,不管边界内是气旋涡还是反气旋涡(唯一的区别是所绘的第一个矢量的方向不同)。图9.3(b)、(c)分别给出了速度矢量沿图9.2中方框边界展开后的变化情况,图中3个小矩形框代表不满足条件(4)的矢量。由于不是所有的矢量都符合条件(4)的限制,所以局地最小值出现的区域不能确定为涡旋。具体来看,有两个显而易见的原因:一是图9.3(b)中方框和图9.3(c)左侧方框所给出的情形——相邻矢量的方向不在相邻象限(图9.3(b)中是从第三象限转到第一象限,图9.3(c)中是从第二象限转到第四象限);另一种是图9.3(c)右侧方框所给出的情形——相邻速度矢量确实在相邻象限(第三和第二象限),但是矢量的转动方向却从逆时针变为顺时针。因此,条件(4)能有效寻找涡旋局地最小值,并判断是否为局地最小,以减少对涡旋过分误检。

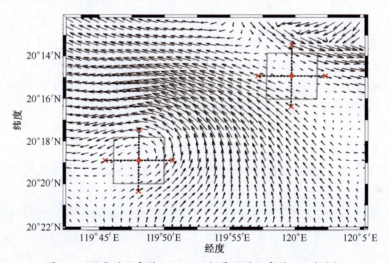

图9.2 两类满足条件(1)~(3)但是不满足条件(4)的流场

涡旋中心确定之后需要计算涡旋边界。在已有的计算涡旋边界的算法中,基于对涡旋的定义不同,边界计算所用的方法有所不同,如计算相对涡度等值线或者瞬时流线等,受计算方法影响得到的结果也有明显不同。目前,对涡旋边界并没有一个统一的定义,所以一般情况下,只要所用方法能够明确地说明其标准,结果也得到验证,就认为是合理可以接受的。

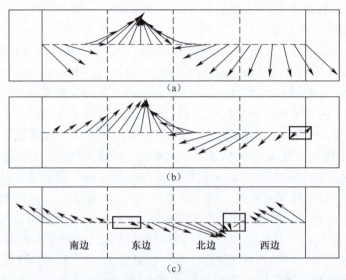

图9.3 (a)、(b)、(c)分别为将图9.1(d)、图9.2左下角与右上角方框边界格点上的速度矢量由左下角沿逆时针方向展平得到的图像

算法中隐含地假设了涡旋速度场辐散较弱,如图9.4所示,这样涡旋速度场流函数等值线正切于速度矢量,因此,本文采用的算法将距离涡旋中心最远的闭合流函数的等值线作为涡旋的边界,穿过这一边界速度仍径向增大(图9.4中粗黑线所示)。这样涡旋内部区域就是速度大小从中心径向增大的区域。为在计算效率和准确度之间寻得平衡,算法仅对位于等值线的4个顶点(最北、最东、最西、最南)上格点处速度矢量穿越闭合等值线时的变化进行检查。因为如果对闭合等值线上的每个点的速度变化进行检查势必使计算量加倍,同时,上述4个顶点均是沿坐标轴方向距涡旋中心点距离最远的点,而不用考虑涡旋的椭圆率和方向。

算法中计算流函数时假设 $\psi(1,1)=0$,给出流函数在给定点 (i,j) 上的计算公式为

$$\psi(i,j) = \frac{(\psi_{xy} + \psi_{yx})}{2} \qquad (9.1)$$

$$\psi_{xy} = -\sum_{x=1}^{i} v(x,1)\Delta x + \sum_{y=1}^{j} u(i,y)\Delta y \qquad (9.2)$$

$$\psi_{yx} = -\sum_{x=1}^{i} v(x,j)\Delta x + \sum_{y=1}^{j} u(1,y)\Delta y \qquad (9.3)$$

式中:u 和 v 为流速的两个分量;Δx 与 Δy 为纬向和经向格距;ψ_{xy} 为先对 v 分量

沿 x 方向积分,再对 u 分量沿 y 方向积分,ψ_{yx} 则恰好相反。由于速度场有辐合辐散,ψ 值取决于积分路径,因此,通过求式(9.2)、式(9.3)的平均,可以有效减小算法中对涡旋速度场辐散较弱这一假设带来的误差。

图 9.4 对图 9.1 中涡旋速度场计算得到的流函数等值线(符号"×"表示涡旋中心,粗黑线表示涡旋界限)

由于涡旋内外的流场分别具有明显不同的特征(涡旋外速度场认为有较大辐散),流函数的计算首先在围绕涡中心一个小区域内进行,此区域根据可探测涡旋的最小尺度参数 a 定义为距中心点半径为 $2a$ 的格点范围,所以例子中整个计算区域为 17×17 的格点范围。考虑到涡旋的尺度可能更大,所以在此范围内如果最大涡旋半径距此范围边界的距离小于一定值,则在各方向上继续扩大 a 个格点,计算更大区域内流函数和涡旋边界,如此反复,直到涡旋的边界(流函数闭合等值线)距离区域边缘符合设定值。值得注意的是,流函数的计算仅在区域内所有海洋所在格点上进行,每一次计算都搜索所取范围内是否存在陆地点,如果存在陆地格点,则计算终止,以最后的结果作为涡旋边界。

尺度较小涡旋的流场奇异性通常较大,因此,一些涡旋可能没有围绕中心的闭合流函数线。在这种情况下,通常假设 $(a-1)$ 个格点域内环流型就是涡旋尺寸,这一值代表距离确认的涡旋中心的最短距离,然后,计算所得边界上所有格点距离中心点的平均值为涡旋半径,用于标识涡旋水平尺度的大小。

在确定每个时间步长上涡旋的中心位置及半径大小之后,从第一个时间步长开始,通过对比每个连续的时间步长之间涡旋中心位置可分析其运动路径。由于资料的时空分辨率及平均流场的强度对搜索区域大小有很大影响,采用 SODA 资料本文仅计算了中心位置、数量和半径等涡旋参数。

9.3 中尺度涡的年际变化

使用 SODA 数据,取 $a=2,b=1$,利用这一自动探测算法对南海海域 50 年的中尺度涡旋进行识别,海域经纬度取为 98.75°E~122.25°E、1.25°N~24.25°N,基本包含整个南海。分析方便起见,沿用王桂华(2004)博士论文中对南海中尺度涡旋地理位置分区的思想,将南海海域分为中国台湾西南海域(Z1)、吕宋岛西北海域(Z2)、吕宋岛西南海域(Z3)、越南以东外海(Z4)和泰国湾(Z5)5 个区域(图 9.5 所示),每个分区实际对应地理位置和王论文中并不完全相同,每个分区的经纬度界限在表 9.1 中给出。

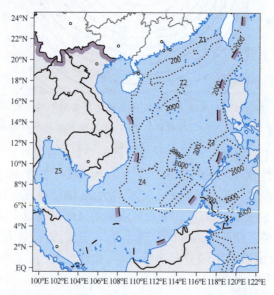

图 9.5 南海地图和中尺度涡地理位置分区(虚点线 200m、2000m 水深等值线,
Z1 表示中国台湾西南海域,Z2 表示吕宋岛西北海域,
Z3 表示吕宋岛西南海域,Z4 表示越南以东外海,Z5 表示泰国湾)

表 9.1 南海地理分区的界限

区域	纬度界限	经度界限
Z1	20.25°N~24.25°N	105.25°E~122.25°E
Z2	16.25°N~20.25°N	105.25°E~122.25°E
Z3	1.25°S~16.25°N	115.25°E~122.25°E
Z4	1.25°S~16.25°N	104.75°E~115.25°E
Z5	1.25°S~13.75°N	98.75°E~104.75°E

9.3.1 SODA 资料统计结果

中尺度涡旋不仅广泛存在于大洋,在边缘海,特别是我国南海海域普遍存在着中尺度涡现象,苏纪兰等(1999)曾把呈多涡结构的南海环流场比喻为"涡旋动物园"。利用上述算法,50 年间,在南海海区共探测到 1420 个涡旋(包括 200m 水浅的巽他陆架海域)。就涡旋数目总体而言,大约有 56% 是气旋涡,这一结果与 Peng 等(2010)的结果一致。涡旋初始生成位置空间分布和个数统计结果如图 9.6 所示和表 9.2 所列。王桂华(2004)博士论文中利用南海海域 1993 年至 2000 年分辨率为 0.125°×0.125° 的融合卫星高度计资料,对南海海域中尺度涡进行识别,各个区域中尺度涡生成个数如表 9.3 所列。结合表 9.2 看,同时间段内利用上述算法探测得到的各海域中尺度涡数目总和及全海域涡旋数目总和远大于王桂华(2004)博士论文中的统计结果。一方面,对涡旋定义和判别标准不同:王桂华(2004)博士论文中对涡旋中尺度涡识别时依据 5 个特点,即 SSHA 封闭曲线;涡的中心位于 1000m 以深海域;涡的强度(中心与外围的振幅差)大于或等于 7.5cm;在前 3 个标准的前提下,涡能够追踪至少 30 天;在前 4 个条件满足的前提下,往回追踪至涡旋起源地直到强度小于 4cm。本文则用 4 个条件确定涡旋中心位置后,利用距离涡旋中心最远的闭合流函数的等值线作

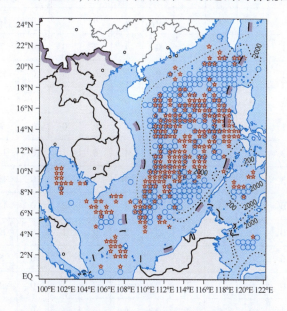

图 9.6　1958 年至 2007 年所有探测到中尺度涡旋产生位置
(✦表示反气旋式涡旋;○表示气旋式涡旋)

为涡旋的边界。另一方面,使用资料和对资料的处理方法不同:王桂华(2004)博士论文中对1993年至2000年分辨率为0.125°×0.125°的融合卫星高度计资料,先采用7点Hanning低通滤波,滤去60天以下可能引起潮汐混淆的信号,从最基本的海面高度异常资料出发对涡旋探测,得到平均半径在100km左右的典型涡旋。本文从SODA月平均数据集中海表经纬向流速资料出发对涡旋探测,资料时空分辨率低于卫星高度计资料的分辨率,并且包含200m水浅的粤他陆架海域,因而,尺度较小的涡旋(取半径大于45km)也在本文分析中,此外,限于资料分辨率,涡旋路径在整个时间序列上并不连续,因此,下文主要对海域内涡旋数目、涡旋半径、涡旋初始位置分布等进行分析。

表9.2 1958年至2007年南海各区域及整个海域出现中尺度涡个数统计

年份/年	台湾岛西南(Z1)		吕宋岛西北(Z2)		吕宋岛西南(Z3)		越南以东外海(Z4)		泰国湾(Z5)		整个海域		总和
	A[①]	C[②]	A	C	A	C	A	C	A	C	A	C	A&C
1958	0	1	0	2	2	1	10	5	0	0	12	9	21
1959	2	0	0	2	3	2	4	5	1	0	10	9	19
1960	2	0	1	3	4	1	4	6	1	0	12	10	22
1961	0	0	2	3	6	0	4	6	2	0	14	9	23
1962	0	1	1	3	2	0	4	7	0	0	7	11	18
1963	1	1	2	2	4	0	7	3	1	3	15	9	24
1964	0	1	0	4	5	3	5	7	3	0	13	15	28
1965	0	1	0	3	0	8	9	9	0	0	9	21	30
1966	1	3	1	3	3	4	4	8	1	0	10	18	28
1967	0	3	0	0	3	3	10	3	0	0	13	9	22
1968	0	0	0	3	5	6	7	6	2	0	14	15	29
1969	0	0	3	5	3	3	5	9	1	0	12	17	29
1970	0	0	0	0	0	5	5	9	1	0	6	14	20
1971	0	0	0	2	2	2	6	7	1	0	9	11	20
1972	0	1	0	3	5	4	8	10	1	0	14	18	32
1973	0	0	3	5	4	5	3	10	0	1	10	19	29

（续）

年份/年	台湾岛西南(Z1)		吕宋岛西北(Z2)		吕宋岛西南(Z3)		越南以东外海(Z4)		泰国湾(Z5)		整个海域		总和
	A[①]	C[②]	A	C	A	C	A	C	A	C	A	C	A&C
1974	0	1	1	6	4	2	4	12	3	0	12	21	33
1975	0	2	0	2	4	3	6	7	2	0	12	14	26
1976	0	1	2	5	0	1	6	2	1	0	9	9	18
1977	0	0	4	5	1	1	7	10	1	0	13	16	29
1978	0	0	2	4	1	5	10	8	1	0	14	17	31
1979	0	0	2	4	5	1	6	11	1	0	14	16	30
1980	0	1	1	4	2	1	4	7	2	0	9	13	22
1981	0	0	0	5	2	0	10	5	2	0	14	10	24
1982	2	0	2	6	1	2	10	7	0	0	15	15	30
1983	0	1	1	3	3	3	3	5	2	0	9	12	21
1984	0	0	0	2	2	6	9	7	1	0	12	15	27
1985	0	0	0	8	3	5	9	7	0	0	12	20	32
1986	0	0	1	5	4	2	6	12	0	0	11	19	30
1987	1	0	0	10	4	2	11	6	0	0	16	18	34
1988	0	1	1	4	4	5	9	6	2	0	16	16	32
1989	1	1	0	5	4	1	10	11	2	0	17	18	35
1990	1	1	0	8	1	2	6	10	3	0	11	21	32
1991	0	1	0	5	3	4	4	10	1	0	8	20	28
1992	0	3	2	7	3	4	8	9	2	0	15	23	38
1993	0	1	2	2	3	3	11	7	1	1	17	14	31
1994	0	0	1	4	2	2	8	7	2	0	13	13	26
1995	0	1	0	6	3	5	14	8	0	0	17	20	37
1996	0	0	1	6	2	3	8	10	3	0	14	19	33

(续)

年份/年	台湾岛西南(Z1)		吕宋岛西北(Z2)		吕宋岛西南(Z3)		越南以东外海(Z4)		泰国湾(Z5)		整个海域		总和
	A[①]	C[②]	A	C	A	C	A	C	A	C	A	C	A&C
1997	1	1	1	2	0	7	13	7	3	0	18	17	35
1998	1	0	2	6	6	4	6	7	2	0	17	17	34
1999	0	0	4	6	6	5	10	7	1	0	21	18	39
2000	1	0	2	7	0	4	8	8	0	0	11	19	30
2001	0	0	3	9	4	4	8	14	1	0	16	27	43
2002	1	0	2	8	2	6	9	11	2	0	16	25	41
2003	1	0	0	5	1	3	6	9	0	0	8	17	25
2004	2	0	1	2	1	4	4	7	0	0	8	13	21
2005	1	0	0	5	0	4	5	6	0	0	6	15	21
2006	0	1	2	4	3	5	7	5	0	0	12	15	27
2007	0	2	2	5	2	5	7	8	0	0	11	20	31
总和	19	32	53	218	136	160	359	384	57	2	624	796	1420

注：①反气旋涡；
②气旋涡。

表9.3 王桂华(2004)博士论文中统计各区域中尺度涡生成个数

年份/年	台湾岛西南(Z1)		吕宋岛西北(Z2)		吕宋岛西南(Z3)		越南外海(Z4)		整个海域		总和
	A	C	A	C	A	C	A	C	A	C	A&C
1993	2	0	3	2	2	0	2	3	9	5	14
1994	2	0	1	1	2	0	2	1	7	2	9
1995	2	0	2	1	0	0	3	1	7	2	9
1996	2	0	2	1	2	0	2	2	8	3	11
1997	1	1	2	3	0	0	3	2	6	7	13
1998	2	0	3	1	0	0	2	1	7	2	9
1999	1	0	2	2	2	0	3	1	8	3	11
2000	1	0	3	2	1	0	1	2	6	4	10
总和	13	1	18	13	9	2	18	12	58	28	86

从 50 年探测到的涡旋初始位置的空间分布来看(图 9.6),气旋涡、反气旋涡在南海海盆几乎处处可见,呈东北-西南走向的菱形分布,绝大部分出现在 2000m 以深的深水区,主要分布在吕宋岛西北海域(Z2)、吕宋岛西南海域(Z3)及越南以东的广大海域(Z4),而在中国台湾西南海域(Z1)、泰国湾(Z5)和纳土纳岛以南海域及 200m 以浅的其他陆架海域分布相对较少,这一结果和程旭华等(2005)使用 11 年(1993 年至 2003 年)融合高度计资料得到的结论一致。

结合表 9.2 具体来看,50 年中国台湾西南海域(Z1)共有 51 个涡旋生成,其中气旋式涡旋出现数量多于反气旋式涡旋,数目之比约为 2∶1;吕宋岛西北海域(Z2)主要以气旋涡为主,生成气旋涡 218 个,反气旋涡 53 个,数目之比约为 4∶1,特别是靠近吕宋海峡一侧气旋涡频发,这可能和黑潮以涡等斜压不稳定方式入侵南海有关,β 效应驱使不稳定涡西行,导致黑潮水向南海净输运。吕宋西南海域(Z3)气旋涡与反气旋涡数目相当,分别为 160 个和 136 个,值得注意的是,在 14°N~15°N、118°E~120°E 这一范围内气旋涡几乎不出现,Su 等(1999)认为这是当冬季风停止后苏禄海海水通过民都洛海峡涌入南海的缘故。越南以东外海(Z4)海域面积最广,50 年共探测得到气旋涡 384 个,反气旋涡 359 个,且大部分涡旋生成于 200m 以深的海盆中央,Gan 等(2008)指出,这一海域中尺度涡频发的一个重要原因是越南沿岸强流的不稳定,在中沙群岛附近海域气旋涡与反气旋涡数目大致相等,在中沙-南沙群岛这一东北西南走向轴线海域和纳吐纳群岛附近海域,反气旋占优。在南沙群岛的东南海域气旋涡数量明显偏多。泰国湾(Z5)海域受地形和季风影响,50 年仅有 2 个气旋涡被探测到,其余 57 个均为反气旋涡。从涡旋平均半径与发生频数的关系图(图 9.7 和图 9.8)来看,气旋涡和反气旋平均半径集中在 55km 左右,其次为 80km 和 120km 左右,同一频数下,反气旋涡平均半径大于气旋涡半径,150km 以上和 50km 以下涡旋较少,这主要是因为月平均资料中使用了对流场的平均化处理。为了考察中尺度涡涡旋在垂直方向上伸展深度,图 9.9 给出了 6 个不同深度上 50 年平均的流场分布。从不同深度流场空间分布看,吕宋海峡西侧、吕宋西北、越南以东沿岸、南海中部及苏禄海等海域,流场均可向下伸展到较深层次,平均超过 200m 深。图 9.9 分布型与图 9.6 涡旋产生位置空间分布相似,上述海域也正是中尺度涡频发海域,而在泰国湾以及纳吐纳群岛附近,涡旋在垂向伸展深度不超过 100m。

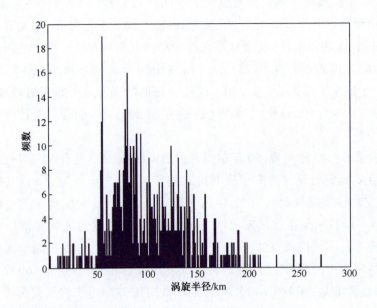

图 9.7 反气旋涡平均涡旋半径与发生频数的关系

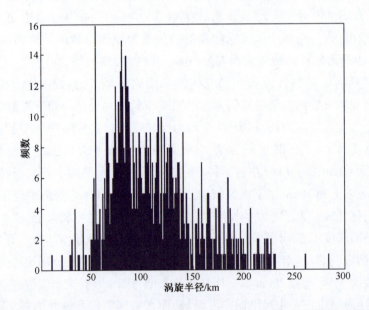

图 9.8 气旋涡平均涡旋半径与发生频数的关系

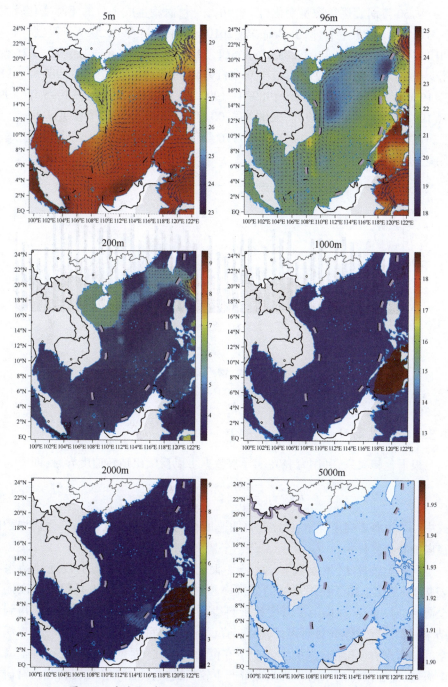

图9.9 南海50年平均的各层流场和温度场(温度单位:℃)

从50年涡旋逐年数量变化(图9.10)来看,涡旋生成个数的年际变化较大,平均每年出现28.4个,低于Peng等(2010)使用1993年至2007年高度计资料和模式数据分别得到的(32.8±2.6)个和(32.8±3.4)个。反气旋涡最多21个、最少6个;气旋涡最多27个、最少9个;1974年、1978年、1979年、1982年、1985年、1986年、1987年、1988年、1989年、1990年、1992年、1993年、1995年、1996年、1997年、1998年、1999年、2000年、2001年和2002年涡旋个数超过30个,属于涡旋"多发"年份,而在1962年和1976年仅有18个涡旋,远小于平均数,属于涡旋"匮乏"年份。

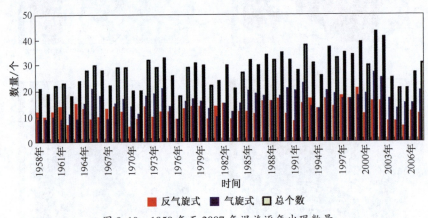

图9.10 1958年至2007年涡旋逐年出现数量

9.3.2 卫星高度计资料结果

根据地转关系,利用海表高度异常数据可以反演出地转速度异常,即

$$u' = -\frac{g}{f}\frac{\partial \eta'}{\partial y}, \quad v' = \frac{g}{f}\frac{\partial \eta'}{\partial x} \tag{9.4}$$

式中:η'为海表高度异常;g为重力加速度;f为科氏力参数;u'、v'分别为径向径向地转速度异常。

利用上述算法,取参数$a=2$、$b=1$时得到4个海域涡旋个数统计结果在表9.4中给出。由于使用资料的分辨率和时间间隔不同,无论是单个海区还是全海域,对应时间段内卫星高度计资料得到涡旋数量远多于SODA资料得到的结果。就涡旋总体数目而言,气旋涡与反气旋涡数目相当,从整个海域生成涡旋空间分布来看(图略),涡旋主要产生在南海的东北-西南对角线上和吕宋岛西南海域,而在南海的东南和西北海域产生较少,这与使用SODA资料和已有研究得到的结论一致。从4个区域气旋涡、反气旋涡分布看,除越南以东外海气旋涡明显多于反气旋涡外,其他 3 个海域气旋涡与反气旋涡数目基本相当,除 1998 年、2005 年、2006 年、2010 年外,全海域涡旋总和年均超过 150 个,年际变化较小但总体呈下降趋势。

表9.4　1993 年至 2011 年南海各区域及整个海域出现中尺度涡个数统计($a=2, b=1$)

年份/年	台湾岛西南 (Z1)		吕宋岛西北 (Z2)		吕宋岛西南 (Z3)		越南以东外海 (Z4)		整个海域		总和
	A	C	A	C	A	C	A	C	A	C	A&C
1993	13	9	21	20	18	17	46	40	98	86	184
1994	15	14	20	19	25	27	37	36	97	96	193
1995	13	11	15	19	23	26	34	38	85	94	179
1996	16	15	14	15	26	25	37	35	93	90	183
1997	14	12	18	24	19	25	39	38	90	99	189
1998	10	11	17	19	17	21	23	29	67	80	147
1999	15	11	13	21	29	25	38	40	95	97	192
2000	9	8	18	15	25	16	28	33	80	72	152
2001	9	11	18	19	24	20	29	36	80	86	166
2002	9	11	25	17	23	23	22	35	79	86	165
2003	12	11	18	17	26	25	31	31	87	84	171
2004	12	10	18	20	21	17	31	37	82	84	166
2005	9	12	20	13	21	21	29	22	79	68	147
2006	8	7	18	14	19	18	30	41	75	80	155
2007	12	11	23	13	17	23	31	41	83	88	171
2008	13	12	16	16	19	19	26	36	74	83	157
2009	12	5	21	17	22	27	33	31	88	80	168
2010	5	7	21	17	23	25	26	28	75	75	150
2011	9	14	21	17	23	21	28	29	81	81	162
总和	215	202	355	330	420	421	598	656	1588	1609	3197

9.4 中尺度涡的季节变化统计分析

涡旋个数除了有相对较大的年际变化外,还表现出明显的季节变化。从表9.5给出的5个海域50年生成中尺度涡总数来看,春季南海中尺度涡生成得最多,其次为冬季、秋季和夏季,从气旋、反气旋涡逐月出现数量(图9.11)可以看到涡旋出现数量有较明显的季节变化,气旋涡主要发生在冬季,其次为秋季和春季,夏季发生较少;反气旋涡主要发生在春季和夏末秋初。由于南海处于季风气候带,冬季盛行强劲的东北季风,夏季为西南季风(图9.12),下面分析中主要就SODA资料得到的两个典型季节南海中尺度分布特征进行分析。

表9.5 1958年至2007年50年4个季节各海域出现涡旋总数

季节	台湾岛西南 (Z1)		吕宋岛西北 (Z2)		吕宋岛西南 (Z3)		越南以东外海(Z4)		泰国湾 (Z5)		整个海域		总和
	A[①]	C[②]	A	C	A	C	A	C	A	C	A	C	A&C
冬季	1	0	3	44	37	66	28	149	8	0	77	259	336
春季	3	4	22	87	40	38	70	91	14	1	149	221	370
夏季	4	25	20	41	25	18	130	31	19	0	198	115	313
秋季	9	2	8	43	23	23	115	81	16	0	171	149	320

注:①反气旋涡;
②气旋涡。

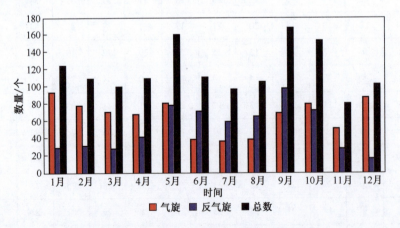

图9.11 1958—2007年南海旋涡逐月生成数目

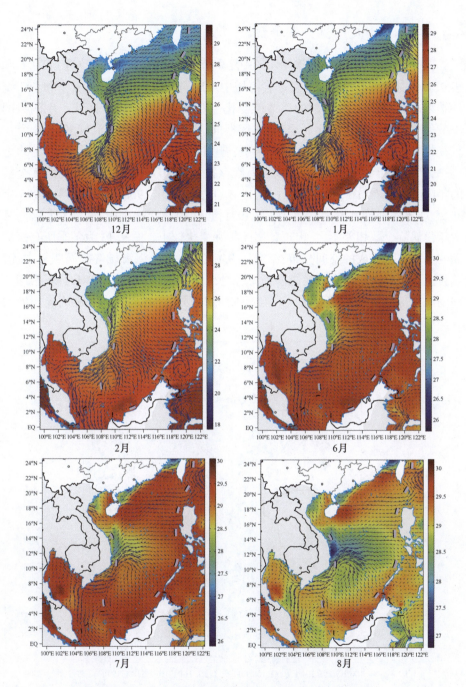

图9.12 50年气候态逐月表层温度和流场分布(单位:℃)

9.4.1 冬季中尺度涡分布特征

图 9.13 和图 9.14 分别给出了冬、夏季节中尺度涡发生时的位置,表 9.6 和表 9.7 分别列出了 50 年冬、夏季各海域中尺度涡生成个数。从冬夏季和全年统计结果来看,南海产生涡数的季节性变化主要被 Z2、Z3 和 Z4 区域产生涡数的季节性变化所控制。相比夏季,冬季风期间,南海中尺度涡生成较多(336 个),且气旋式涡旋个数多于反气旋式涡旋,分别为 77 个与 259 个,个数之比约为 1∶3,平均每年冬季期间有 6.72 个涡旋存在。从 50 年冬季识别得到涡旋个数的年际变率来看(图 9.15),除了在 1961 年、1964 年、1968 年、1988 年、1995 年和 2002 年涡旋数目超过 10 个,以及 1971 年和 1973 年出现极小值(3 个)外,其余年份涡旋个数相差不大,出现频率的年际变化较小。图 9.13 为冬季所有探测到的涡旋首次生成的空间分布,结合图 9.6 看,冬季南海海域气旋涡明显占优,并且主要分布在南海东侧及越南外海,而反气旋涡主要集中在吕宋西南、泰国湾和南海中部 2000m 以深深水区。除泰国湾海域外,上述海域内涡旋均能伸展到较深层次。

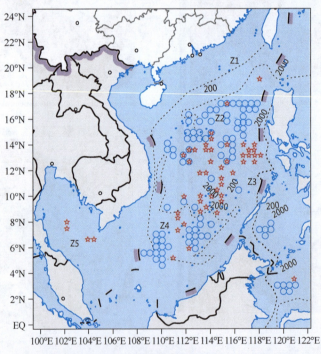

图 9.13 南海冬季中尺度涡旋生成位置分布
(☆表示反气旋式涡旋;○表示气旋式涡旋)

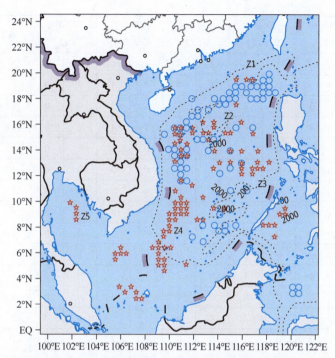

图 9.14 南海夏季中尺度涡旋生成位置分布

(★表示反气旋式涡旋;○表示气旋式涡旋)

表 9.6 1958 年至 2007 年每年冬季出现中尺度涡个数统计

年份/年	台湾岛西南(Z1)		吕宋岛西北(Z2)		吕宋岛西南(Z3)		越南以东外海(Z4)		泰国湾(Z5)		整个海域		总和
	A[①]	C[②]	A	C	A	C	A	C	A	C	A	C	A&C
1958	0	0	0	1	1	1	1	2	0	0	2	4	6
1959	0	0	0	0	1	1	0	2	0	0	1	3	4
1960	1	0	0	1	1	1	0	2	0	0	2	4	6
1961	0	0	2	2	2	0	0	4	0	0	4	6	10
1962	0	0	0	1	0	0	1	3	0	0	1	4	5
1963	0	0	0	0	2	0	2	3	0	0	4	3	7
1964	0	0	0	2	3	2	3	3	0	0	6	7	13
1965	0	0	0	1	0	4	0	3	0	0	0	8	8
1966	0	0	0	0	0	2	0	4	0	0	0	6	6
1967	0	0	0	0	1	2	1	2	0	0	2	4	6

(续)

年份/年	台湾岛西南(Z1)		吕宋岛西北(Z2)		吕宋岛西南(Z3)		越南以东外海(Z4)		泰国湾(Z5)		整个海域		总和
	A[①]	C[②]	A	C	A	C	A	C	A	C	A	C	A&C
1968	0	0	0	1	1	4	0	4	0	0	1	9	10
1969	0	0	0	2	1	1	0	3	0	0	1	6	7
1970	0	0	0	0	0	2	1	4	0	0	1	6	7
1971	0	0	0	1	0	1	0	1	0	0	0	3	3
1972	0	0	0	1	1	3	0	3	0	0	1	7	8
1973	0	0	0	0	0	0	1	2	0	0	1	2	3
1974	0	0	0	2	1	0	0	6	0	0	1	8	9
1975	0	0	0	0	1	2	0	2	0	0	1	4	5
1976	0	0	0	2	0	0	0	1	1	0	1	3	4
1977	0	0	0	1	0	1	1	3	0	0	1	5	6
1978	0	0	0	0	0	4	1	3	0	0	1	7	8
1979	0	0	0	2	1	0	1	1	0	0	2	3	5
1980	0	0	0	1	0	0	0	2	1	0	1	3	4
1981	0	0	0	1	1	0	0	3	0	0	1	4	5
1982	0	0	1	3	1	1	1	2	0	0	3	6	9
1983	0	0	0	0	0	2	0	2	1	0	1	4	5
1984	0	0	0	1	0	3	1	3	0	0	1	7	8
1985	0	0	0	1	1	3	1	2	0	0	2	6	8
1986	0	0	0	1	1	0	1	4	0	0	2	5	7
1987	0	0	0	1	1	1	1	2	0	0	2	4	6
1988	0	0	0	1	3	3	0	4	0	0	3	8	11
1989	0	0	0	0	0	0	0	4	1	0	1	4	5
1990	0	0	0	2	1	0	0	5	1	0	2	7	9
1991	0	0	0	2	0	1	0	6	0	0	0	9	9
1992	0	0	0	1	2	1	3	2	0	0	5	4	9
1993	0	0	0	0	1	0	1	2	0	0	2	2	4
1994	0	0	0	0	2	0	0	3	1	0	3	3	6
1995	0	0	0	1	2	2	3	4	0	0	5	7	12
1996	0	0	0	0	0	2	0	4	0	0	0	6	6

(续)

年份/年	台湾岛西南(Z1)		吕宋岛西北(Z2)		吕宋岛西南(Z3)		越南以东外海(Z4)		泰国湾(Z5)		整个海域		总和
	A[①]	C[②]	A	C	A	C	A	C	A	C	A	C	A&C
1997	0	0	0	1	0	1	1	3	0	0	1	5	6
1998	0	0	0	1	1	2	0	3	0	0	2	6	8
1999	0	0	0	1	2	2	0	3	0	0	2	6	8
2000	0	0	0	0	0	1	0	3	0	0	0	4	4
2001	0	0	0	1	0	0	0	4	0	0	0	5	5
2002	0	0	0	1	0	2	1	6	1	0	2	9	11
2003	0	0	0	1	0	1	0	3	0	0	0	5	5
2004	0	0	0	0	0	3	0	1	0	0	0	4	4
2005	0	0	0	1	0	1	0	3	0	0	0	5	5
2006	0	0	0	0	1	1	1	2	0	0	2	3	5
2007	0	0	0	1	0	2	0	3	0	0	0	6	6
总和	1	0	3	44	37	66	28	149	8	0	77	259	336

注:①反气旋涡;
②气旋涡。

表9.7 1958年至2007年每年夏季出现中尺度涡个数统计

年份/年	台湾岛西南(Z1)		吕宋岛西北(Z2)		吕宋岛西南(Z3)		越南以东外海(Z4)		泰国湾(Z5)		整个海域		总和
	A[①]	C[②]	A	C	A	C	A	C	A	C	A	C	A&C
1958	0	1	0	0	0	0	4	0	0	0	4	1	5
1959	0	0	0	0	0	0	0	0	0	0	0	0	0
1960	0	0	0	1	1	0	0	1	0	0	1	2	3
1961	0	0	0	0	1	0	2	0	0	0	3	0	3
1962	0	1	0	0	1	0	2	0	0	0	3	1	4
1963	0	1	0	0	1	0	2	0	3	0	6	1	7
1964	0	1	0	0	1	0	0	1	0	1	2	1	3
1965	0	0	0	0	0	2	4	1	0	0	4	3	7
1966	1	2	0	0	2	2	3	0	1	0	7	4	11
1967	0	3	0	0	0	0	4	0	0	0	4	3	7
1968	0	0	0	0	0	0	3	1	1	0	4	1	5

(续)

年份/年	台湾岛西南(Z1)		吕宋岛西北(Z2)		吕宋岛西南(Z3)		越南以东外海(Z4)		泰国湾(Z5)		整个海域		总和
	A[①]	C[②]	A	C	A	C	A	C	A	C	A	C	A&C
1969	0	0	2	1	2	0	4	0	1	0	9	1	10
1970	0	0	0	0	0	0	2	0	0	0	2	0	2
1971	0	0	0	0	2	0	3	1	1	0	6	1	7
1972	0	1	0	0	1	0	3	2	0	0	4	3	7
1973	0	0	2	1	1	1	0	3	0	0	3	5	8
1974	0	1	0	0	0	1	1	0	1	0	2	2	4
1975	0	1	0	1	1	0	2	0	1	0	4	2	6
1976	0	1	1	0	0	0	1	0	0	0	2	1	3
1977	0	0	1	0	0	0	2	1	0	0	3	1	4
1978	0	0	2	3	1	0	4	0	0	0	7	3	10
1979	0	0	0	0	0	0	1	2	0	0	1	2	3
1980	0	1	1	0	0	1	2	1	1	0	4	3	7
1981	0	0	0	1	0	0	4	0	1	0	5	1	6
1982	0	0	0	1	0	0	4	0	1	0	5	0	5
1983	0	0	0	1	2	0	1	1	1	0	4	2	6
1984	0	0	0	0	1	1	2	0	0	0	3	1	4
1985	0	0	0	1	0	0	5	0	0	0	5	1	6
1986	0	0	0	3	1	0	2	2	0	0	3	5	8
1987	0	0	0	1	0	0	3	1	0	0	3	2	5
1988	0	1	1	0	0	0	4	1	1	0	6	2	8
1989	1	0	0	2	0	0	4	1	0	0	5	3	8
1990	0	0	0	1	0	0	1	0	1	0	2	2	4
1991	0	1	0	2	2	0	1	0	0	0	3	3	6
1992	0	3	1	3	0	2	2	1	1	0	4	9	13
1993	0	1	0	1	0	0	4	0	1	0	5	2	7
1994	0	0	0	0	0	0	4	1	0	0	4	2	6
1995	0	0	0	0	1	0	4	1	0	0	5	2	7
1996	0	0	0	0	1	0	1	1	4	0	1	0	5	2	7
1997	0	1	0	1	0	1	4	0	0	0	4	3	7

(续)

年份/年	台湾岛西南(Z1)		吕宋岛西北(Z2)		吕宋岛西南(Z3)		越南以东外海(Z4)		泰国湾(Z5)		整个海域		总和
	A①	C②	A	C	A	C	A	C	A	C	A	C	A&C
1998	0	0	1	2	2	1	3	1	0	0	6	4	10
1999	0	0	2	3	1	1	4	0	1	0	8	4	12
2000	1	0	0	2	0	1	5	0	0	0	6	3	9
2001	0	0	2	3	1	0	2	2	0	0	5	5	10
2002	1	0	1	2	0	1	4	2	0	0	6	5	11
2003	0	0	1	2	0	1	2	1	0	0	3	4	7
2004	0	0	0	0	0	0	2	0	0	0	2	0	2
2005	0	0	0	0	0	0	1	2	0	0	1	2	2
2006	0	1	1	1	0	0	1	1	0	0	2	3	5
2007	0	1	1	1	0	1	2	1	0	0	3	3	6
总和	4	25	20	41	25	18	130	31	19	0	198	115	313

注：①反气旋涡；
　　②气旋涡。

下面分别就中国台湾西南海域(Z1)、吕宋岛西北海域(Z2)、吕宋岛西南海域(Z3)、越南以东外海(Z4)和泰国湾(Z5)5个海域中尺度涡特征逐一进行描述。中国台湾西南海域(Z1)50年冬季仅有一个反气旋涡，这主要是由于月平均资料中对流场的平均化处理使得通过吕宋海峡的海流速度大大弱化，使得这一海域中尺度涡未细致体现出来。从温盐特性来看，东北季风期间这一海域主要是黑潮水，许多研究表明，冬季风期间黑潮在巴士海峡向南摆动，并指出在Ekman作用下更容易驱使黑潮水经由吕宋海峡进入南海而在中国台湾西南海域堆积，受地形与环流共同作用形成该反气旋涡。王桂华(2004)指出，这一区域涡旋主要在冬季形成，且由于地形阻拦作用加之存在一小范围的反气旋性环流，这一海域中尺度涡旋不能移动太远。本文统计中这一海域则在夏季(6月至8月)涡旋较为活跃，不一致的原因可能是王桂华(2004)对季节的划分是从季风角度，将10月至次年3月纳入冬季风期间。至于黑潮的不稳定性及风应力旋度如何变化影响中国台湾西南海域反气旋涡的生成和发展有待进一步研究。

吕宋岛西北海域(Z2)的气旋涡主要发生在冬春季，且春季更为集中(87个)，从冬季分布情况看，除3个反气旋涡外，以气旋涡为主(44个)，体现了这一海域冬季风期间气旋涡分布为主的主要特征，并且涡旋全部位于2000m以深深水区。在冬季,强的气旋式风应力旋度和黑潮锋引起的涡度西向平流输送利于这一海域涡旋的产生。水文资料证实这一海域东北季风期间气旋涡主要沿着 2000m 水深等值线气旋性地向西南运动。在靠近吕宋海峡西侧的海域,黑潮与巴布延岛的相互作用是目前研究中知道的中尺度涡可能的形成机制。另外,吕宋岛西北海域冬季产生反气旋涡全年最少,主要集中在春夏季,这与王桂华(2004)得到的吕宋西北反气旋涡在季风爆发和季风盛行期间(4 月至 8 月)较多,而在冬季消失的结论一致。

吕宋西南(Z3)海域气旋涡和反气旋涡皆主要在冬季形成,这和管秉贤等(2006)得到的结论一致,且气旋涡数量约是反气旋涡数量的 2 倍。从空间分布上看,偏北海区气旋涡反气旋涡交替出现,且以气旋涡为主,而在吕宋西南偏南海区则主要以反气旋为主。Cai 等(2002)认为,强的正压陆架流和局地地形相互作用可能是这一区域反气旋式涡旋发生的一个原因。从季节变化来看,气旋涡和反气旋涡在冬春季之后,都有一个明显减弱的过程。

越南以东外海是南海中尺度涡的另一个多发区域,这一海域存在典型的"越南冷涡"和"越南暖涡"。冬季,越南以东外海(Z4)发生的中尺度涡也主要以气旋涡为主,数量明显多于其他 3 个季节;相反,反气旋涡在冬季最少(28 个),夏秋季最多。一个有趣的现象是,以北纬 12°为轴,气旋涡在其两侧基本对称分布,图 9.16 分别给出了 1993 年 1 月和 7 月南海海表面高度异常的空间分布。上述对称分布形态体现在海表高度异常分布结构上表现为冬季越南外海的偶极子型(图 9.16(a)),即北侧和南侧均为气旋性涡旋,而反气旋性涡旋受冬季气旋性环流影响,出现在 12°~14°附近,这和王桂华(2004)在这一区域分析得到的结论相同。导致这种偶极子形态产生可能有两种原因:冬季气旋性涡旋是一个背景;此外,可能是南海中部或东部受到扰动,进而在气旋涡的周边形成了反气旋涡。一些研究认为,越南南向沿岸流与海山的相互作用利于该海区气旋涡的产生,而越南以东,风场及急流的不稳定性是该区域中尺度涡可能的形成机制,之间相互作用有待进一步研究。另外,值得注意的是,春秋季海盆中央海域的反气旋涡明显多于季风季节,但这一现象的原因仍不太清楚。

泰国湾海域(Z5)在迄今许多研究中未加考虑,本书统计结果显示该海域主要以反气旋涡为主,且涡旋数量从冬季到夏季一直递增,气旋涡仅在春季出现一个。海域水深小于 200m,中尺度涡旋多数不能伸展到较深层(图 9.9)。从气候态冬季表层流场分布形式(图 9.12 的 12 月、1 月和 2 月)可以看出,越南南向强沿岸流在到达马来西亚岛东侧时,受地形阻挡在北纬 6°附近绕流分支,一支沿西北而上进入泰国湾后,受湾内地形的连续阻挡作用,形成一个个封闭在湾内的反气旋涡;另一支则沿岛南下到达纳吐纳群岛西南,东侧流受岛地形阻拦形成反

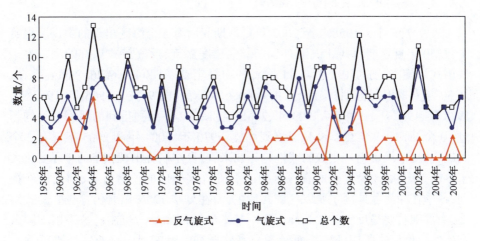

图 9.15　1958 年至 2007 年各年冬季中尺度涡产生个数

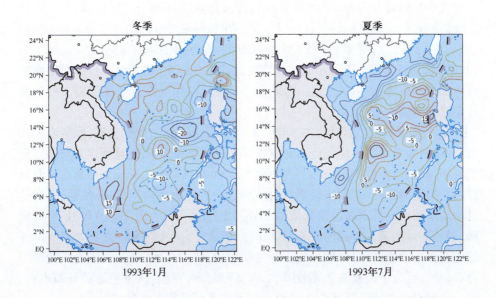

图 9.16　南海海表面高度异常(SSHA)分布(单位:cm)

气旋涡,西侧流顺着马来西亚岛进入爪哇海。到春季后,随着东北季风减弱,越南南向沿岸流强度虽不如冬季强,但是分支绕流的位置向北偏移到北纬 8°附近,实质上是加强了这一海湾的反气旋性涡旋。

9.4.2 夏季中尺度涡分布特征

表9.7统计了1958年至2007年夏季期间南海5个海区出现的中尺度涡旋个数,50年夏季期间共计识别有313个中尺度涡旋,反气旋式涡旋的个数多于气旋式涡旋,分别为198个与115个,平均每年夏季期间有6.26个涡旋存在。从50年夏季识别得到涡旋个数的年际变率来看(图9.17),1966年、1969年、1978年、1992年、1998年、1999年、2001年和2002年探测得到的涡旋数目均超过10个,而1959年夏季没有探测到涡旋,1970年、2004年和2005年仅有2个涡旋,从夏季涡旋出现个数的线性趋势线来看,夏季涡旋出现频率的年际变化大于冬季。图9.14为夏季所有探测到的涡旋首次生成的位置分布,前面已经提到,冬季在深海盆地区主要以气旋涡为主,而在夏季12°N以北仍存在气旋式涡旋,南部则主要是反气旋式涡旋。这一基本的特征和动力机制已被采用不同风产品的数值模式所印证。下面对各个海域夏季中尺度涡的分布特征进行逐一描述。

在中国台湾西南海域(Z1),夏季气旋涡数量明显多于反气旋涡,两种涡旋生成的地理位置规律性较强且相对固定。在第5章对南海涡动能的季节变化讨论中,我们将看到夏季这一海域也是南海涡动能的第二高值中心。Tai等(1990)认为背景流的不稳定是中尺度变化的主要因素,加之中国台湾西南海域特殊的地理位置,可以认为这一海域的中尺度涡是由于强背景流黑潮入侵的斜压不稳定造成的。

夏季,在吕宋西北海域(Z2)出现41个气旋涡、20个反气旋涡,和冬季相比较,气旋涡数目相当。反气旋涡则主要发生在夏季和春季,气旋涡出现位置较反气旋涡偏北,且多位于2000m以深深水区。Yuan等(2007)指出,夏季这一海域存在一典型涡旋——"吕宋暖涡",并认为这一反气旋涡向西传播,然而,其产生机制尚不明确。吕宋岛西南海域(Z3)夏季出现了25个反气旋涡和18个气旋涡,涡旋数量均偏少于其他季节,从空间分布来看,反气旋涡均位于2000m以深的南海深水海盆及苏禄海中央。陈更新(2010)研究得出,这一海域夏季涡旋生命都较长,且由于没有陆架等的影响,涡旋可自由传播。从垂向流场分布来看,这一区域涡旋也能伸展到200m以深,只是水平尺度向下不断收缩。

夏季,越南以东外海(Z4)涡旋生成总数和冬季相近,但是类型相反,即反气旋涡数目明显多于气旋涡。以北纬12°为界,以南主要分布着反气旋涡,北纬7°以南的浅水区均为反气旋涡,垂直伸展深度不超过100m。海表面高度异常的空间分布显示,夏季越南以东外海也存在一对偶极子,急流轴位置相比冬季偏北(14°N附近),急流轴以南为反气旋涡,急流轴以北为气旋涡。这样的偶极子形态可从夏季一直维持到秋末,Chen 等(2010)指出这对偶极子为季节性涡旋,并对偶极子的年际变化及其对温盐结构的影响进行了分析。

受从 5 月形成的西南季风影响,夏季,泰国湾海域(Z5)生成了 19 个反气旋涡,反气旋涡数目多于冬季。5 月西南季风刚刚建立,泰国湾海域内仍维持着冬季季风形成的反气旋式涡旋,由于流体的连续性,在 6°N 脱离北向环流的马来西亚离岸流的西侧流系必进入泰国湾,受湾内连续地形阻拦作用,反气旋性环流在湾内继续维持并加强,反映在夏季这一海域反气旋涡性涡旋增多,但是垂直伸展深度不超过 100m。9 月以后,由于西南季风逐渐减弱,流入泰国湾海域的北向流减弱,湾内反气旋性涡旋也减少。

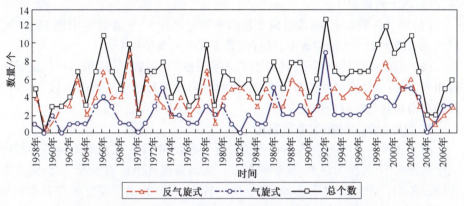

图 9.17　1958 年至 2007 年各年夏季中尺度涡产生个数

9.5　本章小结

本章首先利用 SODA-2.1.6 数据集中 1958 年 1 月至 2007 年 12 月 50 年共 600 个月的海表经纬向流速资料及 CLS 的海表面高度数据,采用一种基于几何矢量的涡旋自动探测、追踪算法对连续时间步长上的涡旋中心点位置、涡旋边界进行探测、追踪,使用 50 年 SODA 资料在海域内共探测得到 1420 个涡旋,使用 19 年卫星高度计资料在海域内共探测到 3197 个涡旋。和王桂华(2004)统计结果相比,本文同时间段内各海域中尺度涡数目总和及全海域涡旋数目总和远大于王桂华博士论文中的统计结果,另外,涡旋生成位置也有所不同。主要原因有两个:第一,使用资料和对资料的处理方法不同;第二,对涡旋定义及识别标准不同。通过对 SODA 资料中探测得到的中尺度涡生成位置分布、涡旋个数年际和季节变化及涡半径的分析,初步得到以下结论。

1. 涡旋总体分布特征和个数年际变化

(1) SODA 资料下,1420 个涡旋中约有 56% 是气旋涡。海域内涡旋分布呈东北-西南走向的菱形分布,绝大部分出现在 2000m 以深的深水区,涡旋个数主要被 Z2、Z3 和 Z4 区控制,这些区域涡旋也向下伸展到较深层次。气旋涡和反气旋平均半径集中在 55km 左右,其次为 80km 和 120km。5 个区域涡旋分布和个数相差很大。Z1 区气旋涡与反气旋涡数目之比约为 2∶1;Z2 区气旋涡与反气旋涡数目之比约为 4∶1,特别在靠近吕宋海峡一侧气旋涡频发,认为这和黑潮以涡等斜压不稳定方式入侵;Z3 区气旋涡与反气旋涡数目相当;Z4 区由于越南沿岸强流的不稳定中尺度涡频发;Z5 区受地形和季风影响主要以反气旋为主,仅有两个气旋涡。

(2) SODA 资料下,涡旋生成个数的年际变化较大,平均每年出现 28.4 个。反气旋涡最多 21 个、最少 6 个;气旋涡最多 27 个、最少 9 个。

(3) 卫星高度计资料下,19 年共探测到 3197 个涡旋,气旋涡与反气旋涡数目相当,涡旋主要产生在南海的东北-西南对角线上和吕宋岛西南海域,而在南海的东南和西北海域产生较少。

2. 涡旋个数和分布的季节变化

(1) 50 年 SODA 资料探测得到的涡旋个数表明,全海域内春季南海中尺度涡生成得最多,其次为冬季、秋季和夏季。从涡旋逐月出现数量看,气旋涡主要发生在冬季,其次为秋季和春季,夏季发生较少;反气旋涡主要发生在春季和夏末秋初。

(2) 冬季南海海域气旋涡明显占优,且主要分布在南海东侧及越南外海,而反气旋涡主要集中在吕宋西南、泰国湾和南海中部 2000m 以深深水区。Z1 区 50 年冬季仅有一个反气旋涡,主要是月平均资料中对流场的平均化处理使得通过吕宋海峡的海流速度大大弱化,使得这一海域中尺度涡未细致体现出来。许多研究指出,冬季这一海域反气旋涡主要是由黑潮不稳定造成的,且不能移动太远。Z2 区域气旋涡主要发生在冬、春季,且春季更为集中。冬季,强的气旋式风应力旋度和黑潮锋引起的涡度西向平流输送被认为是该海域涡旋产生的主要原因,气旋涡主要沿着 2000m 水深等值线气旋性地向西南运动。Z3 区域气旋涡和反气旋涡皆主要在冬季形成,在吕宋西南偏南海区则主要以反气旋为主,强的正压陆架流和局地地形相互作用被认为是这一区域反气旋式涡旋发生的一个原因。Z4 区域冬季中尺度涡也主要以气旋涡为主,以北纬 12° 为轴,气旋涡在其两侧基本对称分布,体现为海表高度异常分布结构上的越南外海偶极子型。Z5 区域冬季主要出现反气旋涡,主要由马来西亚岛对越南南向强沿岸流阻拦和泰国湾内连续地形阻挡作用造成。

（3）夏季海域内反气旋涡占优，12°N 以北仍存在气旋式涡旋。Z1 区域夏季气旋涡数量明显多于反气旋涡，两种涡旋生成的地理位置规律性较强且相对固定。Z2 区域夏季共出现 41 个气旋涡、20 个反气旋涡，气旋涡出现位置较反气旋涡偏北，且多位于 2000m 以深深水区。Z3 海域夏季共出现 25 个反气旋涡和 18 个气旋涡，涡旋数量均偏少于其他季节，反气旋涡均位于 2000m 以深的南海深水海盆及苏禄海中央。Z4 夏季反气旋涡数目明显多于气旋涡，以北纬 12°为界，以南主要分布着反气旋涡，北纬 7°以南的浅水区均为反气旋涡，体现为海表面高度异常空间分布上的一对偶极子，偶极子形态可从夏季一直维持到秋末。Z5 区域夏季生成了 19 个反气旋涡，反气旋涡数目多于冬季，西南季风强迫是该区域反气旋涡增多的可能原因。

利用文中资料以及探测识别方法，对南海中尺度涡旋生成的数量及分布位置的年际和季节变化分析结果是有限的，各个区域中尺度涡生成数量及分布位置年际和季节变化规律的具体机制还有待进一步的研究。

第10章 海面高度异常的季节及年际变化特征

10.1 引言

南海地处东亚季风系统控制,中上层环流主要受季风驱动,有明显的季节性特征。许多研究表明,冬季,南海大部海域在强大的东北季风作用下,整个南海为一气旋式环流所盘踞;夏季时,受西南季风驱动,除了南海北部仍有一强度较冬季偏弱的气旋式环流,整个南海表层环流呈反气旋式环流,这一基本环流特征已在第9章中进行了分析,并在500m以深层次上仍有体现。

中尺度涡作为海洋中一类重要的中尺度现象,在其活动频繁的区域一般对应比较显著的海平面变化。过去已有许多学者通过分析观测航次调查资料和数值模拟对南海上层环流系统变化和上层水平环流分布进行了研究。由于南海独特的地理特征加之吕宋海峡西侧黑潮和整个海域季风对南海环流的影响,使得南海环流形式具有复杂的多时空尺度变化特征,航次调查观测资料的时间跨度往往较短,而模式模拟结果与观测资料在时空尺度上的差异使得其可靠性常常有待进一步验证,这些方法很难反映出南海海流的时空变化状况。随着20世纪90年代以来卫星观测的快速发展,很多研究者将大范围、准同步、分布规则的卫星观测资料与数值模式相结合用以研究南海多海洋要素的时空变化规律,并指出冬夏季风反向造成的海盆尺度的涡旋结构,反映了反向的季风强迫及相应风应力旋度场对南海中尺度涡的显著季节变化影响。

除了明显的季节变化外,很多研究指出,南海上层环流还存在重要的年际变化。吕艳等(2008)对47年SODA(1.4.2版本和1.4.3版本)月平均海表面高度序列进行13个月滑动平均后经验正交分析指出,南海海面高度异常存在与ENSO相关的年际信号——在厄尔尼诺年,整个海面高度出现负异常,特别是在民都洛海峡附近、吕宋岛西侧以及越南以东的南海中部深水区。李燕初等(2004)通过对1993年1月至2001年12月T/P卫星高度计海面高度距平的EOF分析指出,在南海东北部海域海面高度波动除了明显季节变化外,年际变异是该海域的另一个重要特征。

本章使用4种资料处理方法,对1958年至2007年SODA-2.1.6同化数据集得到的月平均海表面高度异常序列进行经验正交函数展开(EOF),分析南海海面高度异常的时空分布特征。

(1) 用原始海表面高度(SSH)场扣除50年年平均值后得到距平资料,利用距平场进行分解计算,发现海域内海表面高度异常除了有明显的一年周期年变化外,还有季节内变化、年内变化及年际变化。

(2) 为使海表面高度异常序列中季节变化凸显,使用高通滤波器滤去50年逐月SSH序列中年际和年代际变化,计算50年气候态逐月海表面高度异常,并对其进行EOF分解。

(3) 为了进一步分析冬、春、夏、秋四季海表面高度异常随季节演变的年际变化特征,将海表面高度异常按1月、4月、7月、10月重新排列,并进行EOF分解。

(4) 为了得到海表面高度异常的年际变化特征,先带通滤波,滤去13个月以下高频和8年以上低频,然后,再对海表面高度异常进行EOF分析。EOF方法已在第2章中进行叙述。

10.2 结果和讨论

用原始SSH场扣除50年年平均值后得到距平资料,利用距平场进行分解计算,即

$$X_s' = X_s - \overline{X} \tag{10.1}$$

式中: X_s 为原始场数据; $\overline{X}$ 为50年数据的年平均值数据; X_s' 为用于计算的异常场。

表10.1是采用这一方法EOF分解后前6个模态的方差贡献及累积方差贡献,前3个模态累积方差贡献超过80%,并且每个模态均能通过North显著性检验,因此,本文主要对前3个模态进行分析。图10.1是EOF分解后第一特征矢量(解释总方差的67.8%)空间分布,反映出海盆尺度内海表面高度异常主要位于吕宋岛西北和越南以东外海,此外,在泰国湾和海南岛以东、北部湾等浅水区有与海盆尺度内反相的海表面高度异常。从EOF第一模态傅里叶时频分析结果(图10.2)来看,最大值出现12个月处,表明海表面高度异常的第一模态空间分布型态主要受季风影响,且具有一年周期。结合第一模态的时间序列(图10.3)来看,这种周期为一年季节性振荡表现尤其明显。中央海盆海面高度异常有明显而且稳定的季节性变化,即冬季季风盛行期间海表面高度异常(SSHA)呈现海盆中间低、四周高,海盆尺度内为一气旋式环流,而在夏季季风盛行期间SSHA呈现海盆中间高、四周低,海盆尺度内为一反气旋式环流。海盆

尺度内这一分布形态和过去的观测结果以及模式计算结果基本吻合。

表 10.1　扣除 50 年年平均值后 EOF 分析前 6 个模态的方差贡献率

模态数	1	2	3	4	5	6
方差贡献/%	67.8	13.3	3.4	2.3	1.7	1.1
累积方差贡献/%	67.8	81.2	84.6	86.8	88.5	89.6
是否通过 North 检验	是	是	是	是	是	是

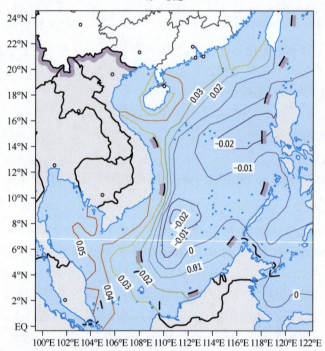

图 10.1　海面高度异常的 EOF 第一模态空间分布(单位:m)

图 10.4 是第二模态(解释总方差的 13.3%)的空间典型场,该典型场的 SSHA 主要体现为海盆尺度内有一对沿东北-西南走向的反相涡旋结构,两个中心分别位于吕宋海峡以西(118°E,20°N)和越南以东沿岸(111°E,13°N),王静等(2003)将其称为吕宋-越南双涡,并认为吕宋-越南双涡具有明显的年变化和年际变化。从傅里叶时频分析结果(图 10.5)看,最大值仍为 12 个月,8 个月的周期也相对显著,这表明,海表面高度异常的第二模态典型场除了具有一年的年变化外,还有 8 个月的年内变化。结合第二模态时间序列

(图10.6)和典型场看出,在冬季风期间海表面高度异常呈西高东低的分布形式,即在吕宋海峡西侧为一气旋涡,而在越南以东沿岸海域为一反气旋涡;夏季风期间海表面高度异常则呈相反的东高西低形式,即在吕宋海峡西侧为一反气旋涡,在越南以东沿岸海域为一气旋涡。此外,吕宋-越南双涡结构还有大约2年左右的年际变化。

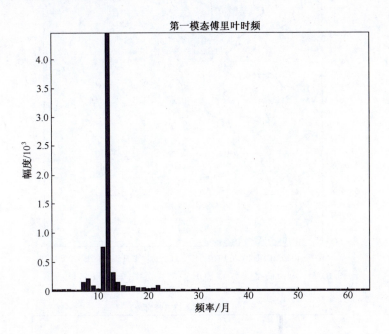

图10.2 海面高度异常EOF第一模态傅里叶时频分析结果

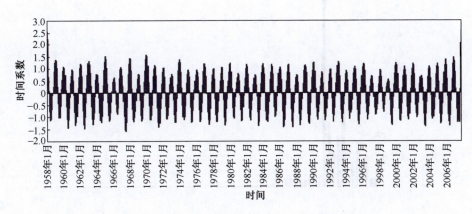

图10.3 海面高度异常EOF第一模态时间序列

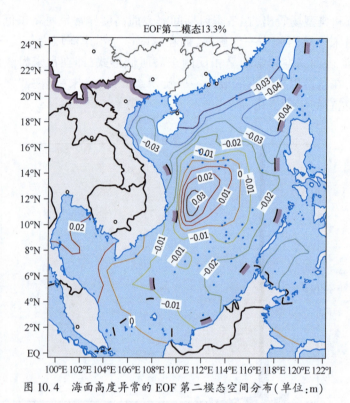

图 10.4 海面高度异常的 EOF 第二模态空间分布(单位:m)

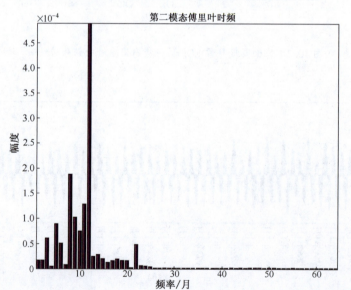

图 10.5 海面高度异常 EOF 第二模态傅里叶时频分析结果

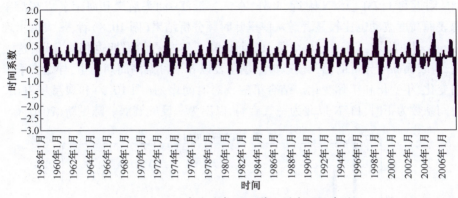

图 10.6 海面高度异常 EOF 第二模态时间序列

图 10.7 是第三模态特征矢量(解释总方差的 3.4%)的空间分布,从图中看到海盆尺度内 SSHA 在越南以东沿岸海域有很强的梯度分布,约以 11°N 为界,在其两侧分布一对偶极子结构,两个中心分别位于越南以东沿岸海域的 111°E、

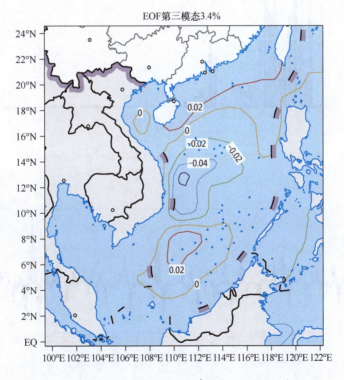

图 10.7 海面高度异常的 EOF 第三模态空间分布(单位:m)

8°N 附近和 112°E、15°N 附近,此外,在广东湛江-汕头沿岸和海南岛以东沿岸海表面高度波动也比较显著。从傅里叶时频分析结果(图 10.8)看,最大值出现在 6 个月,此外,3 个月、10 个月、12 个月和 2 年左右的周期也相对显著,这表明,海表面高度异常的第三模态典型场主要以 6 个月振荡周期为主,伴之有季节内变化、年变化和年际变化。结合第三模态时间序列(图 10.9)和典型场看出,时间系数为正时,11°N 以北为一气旋涡,以南为一反气旋涡。陈更新(2010)研

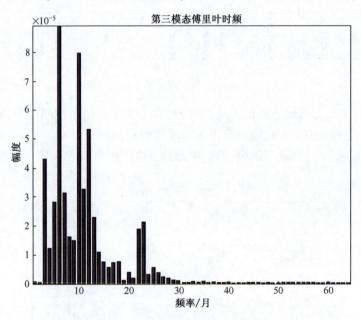

图 10.8　海面高度异常 EOF 第三模态傅里叶时频分析结果

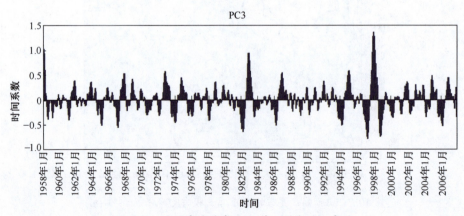

图 10.9　海面高度异常 EOF 第三模态时间序列

究指出,这种形态下的偶极子是季节性涡旋,通常产生于 6 月底或 7 月初,之后逐渐增强,到了 10 月开始减弱,10 月底向南运动并消失。Shaw 等(1999)指出,10 月东北季风下南海气旋式的表层环流是涡旋向南运动并消失的原因;相反,当时间系数为正时,11°N 以北为一反气旋涡,以南为一气旋涡。陈更新(2010)认为,这主要与局地风应力旋度的年际变化有关。

10.3 海表面高度异常的季节变化

通过对扣除 50 年年平均值后海面高度异常 EOF 分解,发现海域内海表面高度异常时间变化尺度可从季节内变化、年内季节变化到年变化和年际变化,下面进一步对时空分布特征进行详细讨论。

使用高通滤波器滤去 50 年逐月海表面高度(SSH)序列中年际和年代际变化后,计算 50 年气候态逐月海表面高度,利用经验正交函数展开方法得到海表面高度异常季节变化的前两个模态空间分布和时间系数。第一模态(图 10.10)解释了全部方差贡献的 86.5%,分布形态和扣除 50 年年平均值后海面高度异常 EOF 分解的第一模态一致,典型场体现了海盆尺度内分别位于吕宋岛西北和越南以东外海一对同相涡状结构,夏季表现为正异常,冬季则表现为负异常。和过去一些研究一致,该模态描述了南海上层环流对上空季风强迫的响应,体现出南海上层环流的基本季节变化,即冬季海盆尺度气旋式环流和夏季反气旋式大环流基本位于南海的深水区域,约为一个菱形,环流的内部包括小的次级环流。值得一提的是,利用高通滤波后 EOF 分解的第一模态所占比例略大于吕艳等(2008)使用 47 年海面高度逐月数据研究南海季节变化中所得结果,这主要是由于数据时间序列长度不同,且研究海域范围不一致造成。具体来看,零等值线与 200m 水深线大致吻合,深水区和陆架区呈反位相分布。深水区一个强变化中心位于 110°E、10°N,另一个强信号区在 117°E、17°N 的吕宋西北海域,浅水区在泰国湾和海南岛以东沿岸最强,这意味着深水区的表层海流是一个带有 2 个大值中心的海盆尺度的涡,而在浅水区则有相反结构的小尺度涡存在。从第一模态时间系数(图 10.11)看,9 月至次年 2 月,时间系数最大,典型场上南部深水海盆区和吕宋西北海域海表面高度异常为负,对应着秋冬季整个海盆尺度的季风转向和冬季风强迫,而在 5 月至 7 月上述海域海表面高度异常为正。具体表现如下:冬季风盛行期间,海表面高度波动的分布呈现海盆中间低、四周高,即上述深水区强信号对应冬季海盆尺度的强气旋式涡旋。在泰国湾和海南岛以东沿岸的浅水区,海表面高度为负异常,受海湾、海岛等地形的分支绕流作用,浅水区域反气旋式涡旋活动频繁,但水平尺度不大;另外,在大陆架西侧和南部,海表面高度异常表现为正值,这主要是由于冬季东北季风下引起海水在陆架浅水区EKman 输送造成的。到 4 月后,向西延伸的副热带高压常常控制南海海域,加之晴朗天气和强烈太阳辐射影响,南海表层温度急剧增加,净热通量增加,风应力旋度从正值变为负值,海表面高度异常在深水海盆区开始变为正值,导致在南海中部产生一反气旋式环流,而在海域南部、北部以及西侧陆架区海表面高度异常从冬季的正值转换为负值。这意味着,这些区域的 EKman 输送趋于消失,因为冬季季风不再维持。此后,西南季风对海域影响不断加大,海表面高度波动呈中间高、周围低的分布态势,深水区呈稳定的反气旋式环流。这一分布型态和 Fang 等(2006)及 Shaw 等(1999)的研究大致吻合。

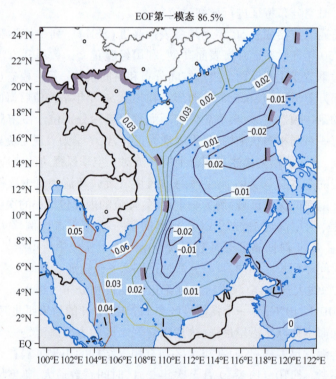

图 10.10　海表面高度季节变化的第一模态空间分布(单位:m)

图 10.12 和图 10.13 分别是海表面高度季节变化的第二模态空间分布和时间系数,该模态解释全部方差的 13.5%,从图 10.12 来看,该典型场主要表现为海盆尺度内的一对沿东北-西南走向的反相涡旋结构(吕宋-越南双涡),此外,在北部湾以西沿岸、广东湛江-汕头沿岸和海南岛以东沿岸、吕宋岛西北部(118°E,

第10章 海面高度异常的季节及年际变化特征

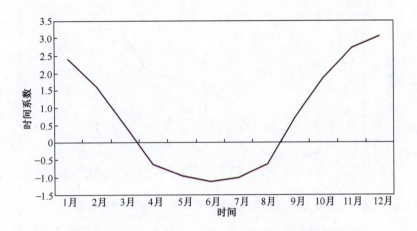

图 10.11 海表面高度季节变化的第一模态时间系数

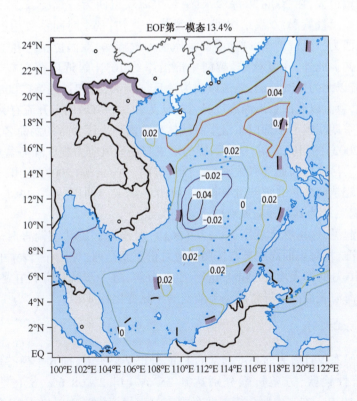

图 10.12 海表面高度季节变化的第二模态空间分布(单位:m)

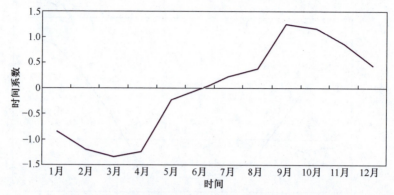

图 10.13 海表面高度季节变化的第二模态时间系数

21°N)南海南部也有较强 SSHA 信号。将空间场和对应时间系数结合起来看,这一典型场主要反映了春秋季期间海域海表面高度的空间分布。具体来说,春季时间系数负最大,在 200m 以深深水区,吕宋海峡以西为一气旋涡,越南中部沿岸海域为一反气旋涡,双涡结构可一直维持到夏初;秋季时间系数达正最大,吕宋海峡以西为一反气旋涡,越南中部沿岸为一气旋涡,双涡位相与春季相反,可维持到冬初。此外,在夏秋季,越南中部沿岸约 10°N 附近还存在一个向东急流,在急流以北为一气旋涡,急流以南为一反气旋涡,这和吕艳等(2008)得到的结论一致,急流以北的负海面高度异常被认为和这一海域的上升流有关,许多学者将夏秋季期间越南中部以东沿岸海域体现负海面高度异常的涡命名为越南冷涡。Qu(2002)的研究表明,这一涡旋的形成与局地风应力旋度和海盆尺度环流关系密切。吕宋岛西北部海域则为一反气旋涡。Yuan 等(2007)指出,这一反气旋涡秋季跨越南海东北部至北部陆架,可沿着陆架向西南传播,并将其命名为"吕宋暖涡",认为其与径向风有较密切的关系。

简单起见,这里继续沿用 Peng 等(2010)对南海涡旋活动调查时采用的季节划分标准,将海表面高度异常按照相应月份重新排列,对具有代表性的 1 月、4 月、7 月、10 月的海表面高度异常进行 EOF 分解,进一步统计分析在冬、春、夏、秋四季南海海表面高度异常随季节演变的年际变化特征。

10.3.1 冬季

从气候态 1 月海表面高度异常的 EOF 分析结果来看,前 6 个模态均能通过 North 显著性检验,方差贡献分别达到 35.6%、14.2%、8.6%、6.1%、4.9% 和 4.2%(表 10.2),本文主要分析前两个模态。南海海面高度异常 EOF 分解得到的第一模态特征矢量(解释总方差的 35.6%)的空间分布型如图 10.14 所示。

该模态是南海 1 月海表面高度变率的主要形式,沿东北-西南轴线的多涡结构是其主要分布特征,水平范围较大的一正一负反相中心分别位于台湾西南海域(118°E,21°N)及越南南部沿岸海域(112°E,11°N)。此外,在广东沿岸、吕宋西南、南海南部和泰国湾也有较大变化。这一分布形式体现了冬季海表面高度空间分布的多涡特征。第二模态特征矢量(解释总方差的 14.2%)的空间分布型(图 10.14)显示了在南海吕宋西北-海南东南轴线上的一个鞍形场波动活跃区,吕宋西侧波动最为明显,此外,在南海南部和泰国湾也有幅值较高的波动区。实际情况可基本上看成是前两个模态的叠加。从时间系数(图 10.15)上来看,PC1 与 PC2 在多数年份变化反相,特别是在 1960 年、1994 年和 2006 年表现得更为明显。具体来看,PC1 在 1966 年以前时间系数全为正且呈上升趋势,1966 年至 1992 年时间系数开始下降趋势,其中 1980 年以前 PC1 仍为正,1980 年之后 PC1 不断减小达负最大,此后又逐渐上升,变为正值,并在 2006 年达最大。从 PC1 的线性趋势看其整体呈下降趋势。对应在典型场上,20 世纪 80 年代前除了越南南部沿岸海面高度在空间上表现为负异常外,上述其余海域均维持稳定的正异常;80 年代初到 90 年代末,时间系数出现负值,并且下降趋势逐渐增大,对应着越南南部沿岸海面高度正异常,而其他海域则相反,尤其是在 1994 年越南南部沿岸的正异常达到最大;到 2002 年,时间系数又呈现正值,在 2006 年达正最大。海域内 PC2 整体上也呈减弱趋势,但是幅度较小。

表 10.2　气候态 1 月海表面高度异常 EOF 分解前 6 个模态方差贡献

模态数	1	2	3	4	5	6
方差贡献/%	35.6	14.2	8.6	6.1	4.9	4.2
累积方差贡献/%	35.6	49.8	58.4	64.5	69.4	73.5
是否通过 North 检验	是	是	是	是	是	是

10.3.2 春季

表 10.3 给出了气候态 4 月海表面高度异常 EOF 分解的前 6 个模态方差贡献和累积方差贡献率,从表看前 6 个模态均能通过 North 显著性检验,方差贡献分别达到 27.8%、12.9%、9.3%、7.9%、5.9% 和 4.7%。下面主要对前两个模态进行分析。从 EOF 分解得到的第一模态特征矢量(解释总方差的 27.8%)的空间分布(图 10.16)类似于 1 月份 EOF 分解的第一模态空间分布,沿东北-西南轴线的多涡结构是南海 4 月海表面高度变率在该模态中表现的主要形式,冬季存在于台湾西南海域(118°E,21°N)的幅值中心向东移至吕宋海峡西侧出口附

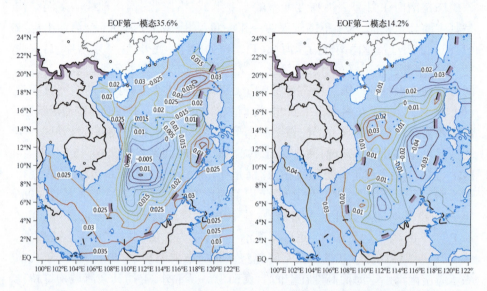

图 10.14　气候态 1 月海表面高度异常第一、二模态空间分布(单位:m)

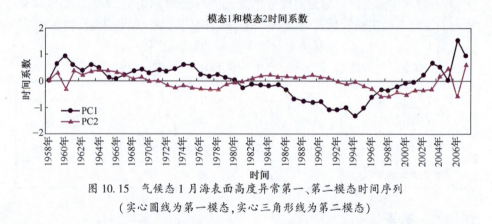

图 10.15　气候态 1 月海表面高度异常第一、第二模态时间序列
(实心圆线为第一模态,实心三角形线为第二模态)

近,最大值有所增加,越南南部沿岸海域(112°E,11°N)的波动中心略向西北移动,分布范围东西向收缩、南北向伸长。垂直于轴线方向海表面高度波动变得不明显。从第二模态空间分布(图 10.16)来看,越南中部以东沿岸存在两个变化反相的波动中心,此外,在吕宋海峡西侧和吕宋岛以西仍有零星的小涡结构存在。从前两个模态时间系数(图 10.17)看,除 1965 年、1978 年、1983 年、2000 年、2004 年和 2005 年外,PC1 和 PC2 基本为同相变化,根据 EOF 线性叠加原理,春季海表面高度异常的强信号区主要位于越南以东沿岸和与之反相的吕宋海峡西侧及吕宋岛西北。

表 10.3 气候态 4 月海表面高度异常 EOF 分解前六个模态方差贡献

模态数	1	2	3	4	5	6
方差贡献/%	27.8	12.9	9.3	7.9	5.9	4.7
累积方差贡献/%	27.8	40.7	50	57.9	63.8	68.5
是否通过 North 检验	是	是	否	是	否	否

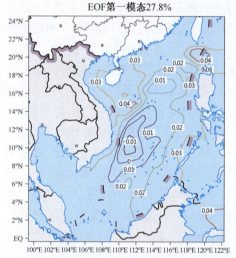
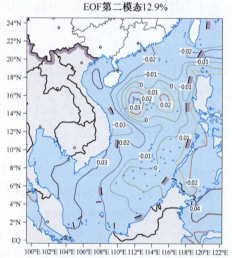

图 10.16 气候态 4 月海表面高度异常第一、第二模态空间分布 (单位: m)

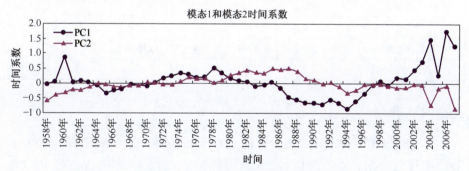

图 10.17 气候态 4 月海表面高度异常第一、第二模态时间序列
(实心圆线为第一模态, 实心三角形线为第二模态)

10.3.3 夏季

从气候态 7 月海表面高度异常的 EOF 分析结果 (表 10.4) 来看, 前 6 个模态均

能通过 North 显著性检验,方差贡献分别达到 24.2%、13.7%、10.4%、7.5%、5.8% 和 5.5%。下面主要就前两个主要模态加以分析。夏季海面高度异常 EOF 分解得到的第一模态特征矢量(解释总方差的 27.8%)的空间分布(图 10.18)显示,海盆尺度内沿东北-西南走向,海表面高度在轴线两侧同相波动,而在轴线上呈与南北两侧反相波动,海盆向外特别是北部陆架、海南岛以东、吕宋岛以西及泰国湾等海区的海表面高度异常信号显著。这可能因为受太阳辐射的加热作用和北部气旋式环流而南部反气旋式环流的共同作用,使得浅水陆架区相对深水区跃层不稳定,从而造成 20°N 一线等值线密集,并且在北部表现出更强的信号;相反,在南海中部的深水区,由于海表风应力在 6 月减小至 $0.1 \text{N} \cdot \text{m}^{-2}$,并且伴随上层海水温度的升高,形成稳定的海水层结,不利于涡旋发展。海表面高度异常第二模态特征矢量(解释总方差的 13.7%)空间分布(图 10.18)主要显示出吕宋海峡西侧的强波动信号。从时间系数(图 10.19)看,PC1 和 PC2 在 1986 年前基本呈现反相,之后同相,在 2006 年又表现一个反相。PC1 在 1958 年至 1972 年和 1986 年至 1995 年为负,从北到南海域内海表面高度异常呈负-正-负的分布形态,而在 1973 年至 1982 年和 1995 年至 2007 年海域内高度异常分布形态相反。此外,在 1982 和 1983 年以前及 2003 年后,PC2 为正,对应吕宋海峡西侧的一反气旋涡,而在 1983 年至 2002 年则体现为气旋涡。时间系数出现正负转变的年份对应着强或中等的厄尔尼诺事件,如 1972 年和 1973 年、1982 年和 1983 年、1986 年和 1987 年、1994 年和 1995、2002 年和 2003 年都对应着强厄尔尼诺或中等强度的厄尔尼诺事件。

表 10.4　气候态 7 月海表面高度异常 EOF 分解前 6 个模态方差贡献

模态数	1	2	3	4	5	6
方差贡献/%	24.2	13.7	10.4	7.5	5.8	5.5
累积方差贡献/%	24.2	37.8	48.3	55.8	61.7	67.1
是否通过 North 检验	是	是	是	是	否	否

10.3.4　秋季

从气候态 10 月海表面高度异常的 EOF 分析结果(表 10.5)来看,前 6 个模态均能通过 North 显著性检验,方差贡献分别达到 24.3%、18.3%、10.2%、8.5%、5.5%和 4.2%。下面主要就前两个主要模态加以分析。第一模态特征矢量(解释总方差的 24.3%)的空间分布(图 10.20)呈现复杂多涡结构,苏禄海、吕宋海峡西侧、吕宋岛以西、越南中部沿岸是波动幅值较大的区域,在越南中部外海有一对明显的偶极子,从时间系数 PC1(图 10.21)看偶极子的年际变化十分复杂。当 PC1 为负时,越南以东外海被一对偶极子涡旋占据——北部为一气

第10章 海面高度异常的季节及年际变化特征

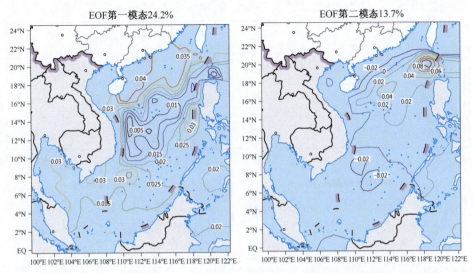

图 10.18　气候态 7 月海表面高度异常第一、第二模空间分布（单位：m）

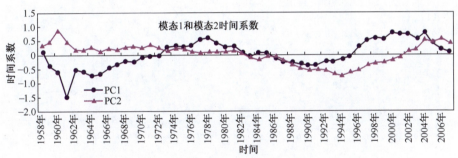

图 10.19　气候态 7 月海表面高度异常第一、第二模态时间序列
（实心圆线为第一模态，实心三角形线为第二模态）

旋涡、南部为一反气旋涡，这种分布局面在 Fang 等（2002）、Wang 等（2003）、陈更新（2010）的研究中都有提到。Gan 等（2006、2008）指出，其与离岸的东向急流有关。但当 PC1 为正时，越南以东外海出现北部为一反气旋涡和南部为一气旋涡的分布局面。陈更新（2010）利用秋季 SODA 资料的 SSHA 对偶极子中心断面分析后也认为在越南东部存在北部为反气旋涡而南部为气旋涡的可能。至于成因，仍有待进一步研究。秋季海表面高度异常 EOF 分解的第二模态特征矢量（解释总方差的 18.3%）空间分布（图 10.20）型也呈多涡结构，海域西侧的波动中心沿东北-西南走向呈现正负交错分布，波动强信号主要位于吕宋海峡西侧、海南岛东南、越南以东外海以及泰国湾。此外，除 1960 年、1972 年、1993 年外，整体上看，PC1 与 PC2 变化同相。

· 275 ·

表 10.5　气候态 10 月海表面高度异常 EOF 分解前 6 个模态方差贡献

模态数	1	2	3	4	5	6
方差贡献/%	24.3	18.3	10.2	8.5	5.5	4.2
累积方差贡献/%	24.3	42.6	53.8	61.3	66.8	71
是否通过 North 检验	是	是	否	是	是	否

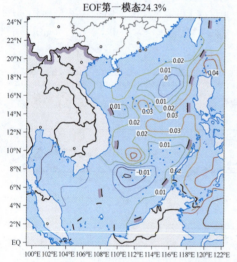
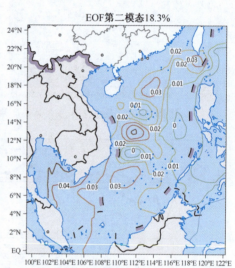

图 10.20　气候态 10 月海表面高度异常第一模态空间分布(单位：m)

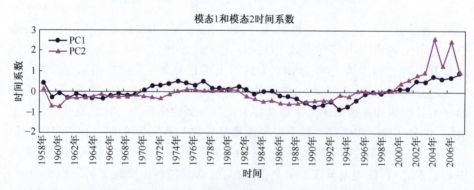

图 10.21　气候态 10 月海表面高度异常第一模态时间序列
(实心圆线为第一模态,实心三角形线为第二模态)

10.4 年际变化

从 10.2 节的讨论中看到,海域内海表面高度除了有季节变化、年变化外,还有年际变化。为了得到海表面高度异常的年际变化特征,先带通滤波,滤去 13 个月以下高频和 8 年以上低频,然后再对海表面高度异常进行 EOF 分析。

从 EOF 分解结果(表 10.6)来看,前 6 个模态的方差贡献分别达到 27.3%、13.2%、8.3%、6.2%、6.0% 和 4.1%,前 3 个均能通过 North 显著性检验。下面主要就前两个模态加以分析。第一模态典型场(图 10.22)解释了全部方差的 27.3%,显示整个海盆变化同步,变化较大的区域在吕宋海峡以西、北部湾、海南岛以东沿岸、广东沿岸、吕宋岛西部及越南中部沿岸,而在越南以东外海深水区变化较小。从第一模态时间系数(图 10.23)变化看,海面高度异常的年际波动比较明显。对比同期 Nino3 指数,发现二者呈反相关,相关系数达到 -0.4897,体现出海表面高度年际变化的第一模态中有明显 ENSO 信号,这和过去很多研究一致。例如,在这 50 年里发生强厄尔尼诺事件的 1957 年和 1958 年、1965 年和 1966 年、1972 年和 1973 年、1982 年和 1983 年、1991 年和 1992 年和 1997 年和 1998 年,海盆内海面高度为负异常,尤其是上述所列区域。从第一模态时间系数的小波分析和功率谱(图 10.24)分析结果看,功率谱第一峰值对应周期为 6 年左右,第二峰值对应周期为 3.5 年左右,体现海域海表面高度异常的年际变化特征。Wang 等(2006)利用 SODA 数据并结合绕岛理论,也证实了海域内海表面高度异常确实存在年际信号。杨海军等(2003)指出,该模态中的年际变化不是由局地强迫所致,而是与整个太平洋低频变化有关的全球尺度的信号,并指出 Rossby 波在信号传递过程中的重要作用。此外,Qu 等(2006)指出,广东沿岸海域的显著年际变化特征,可能与南海贯穿流有关。

图 10.25 是海表面高度异常 EOF 分解第二模态特征矢量空间分布(解释总方差的 13.2%),以 116°E 为界,海域内海表面高度异常呈东西两侧反相分布形式,其中泰国湾、吕宋岛西部近岸和苏禄海变化较大,这与 Wu 等(2006)使用数据同化模式得到的结果一致。另外,第二模态还显示出泰国湾海域海面高度异常的强年际信号,猜测这可能由局地强迫所致。从第二模态时间系数(图 10.26)变化看,海面高度异常的年际变化趋势和同期 Nino3 指数基本一致,二者呈正相关,相关系数达 0.6018,体现该模态中也有明显 ENSO 信号。结合第二模态时间系数小波分析和功率谱(图 10.27)分析结果看,海域内海表面高度异常主要存在 6 年和 2.5 年的年际变化周期。

表 10.6 海表面高度异常 EOF 分解前 6 个模态方差贡献

模态数	1	2	3	4	5	6
方差贡献/%	27.3	13.2	8.3	6.2	6.0	4.1
累积方差贡献/%	27.3	40.6	48.9	55.1	61.1	65.2
是否通过 North 检验	是	是	是	否	是	是

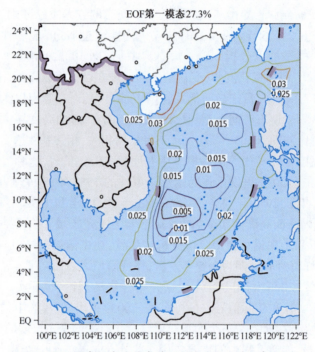

图 10.22 海表面高度异常第一模态空间分布(单位:m)

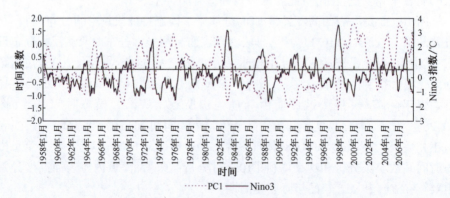

图 10.23 海表面高度异常第一模态时间系数和 Nino3 指数随时间变化

第10章 海面高度异常的季节及年际变化特征

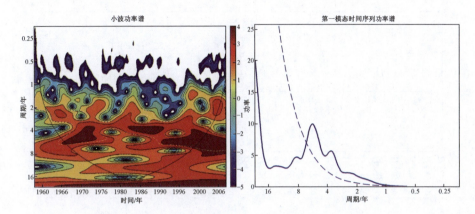

图 10.24　海表面高度异常第一模态时间系数小波分析
（图中黑实线代表卡方检验信度水平95%检验线）和功率谱

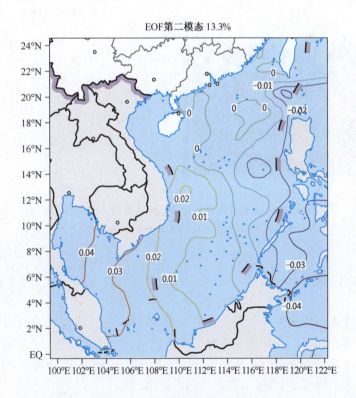

图 10.25　海表面高度异常第二模态空间分布（单位：m）

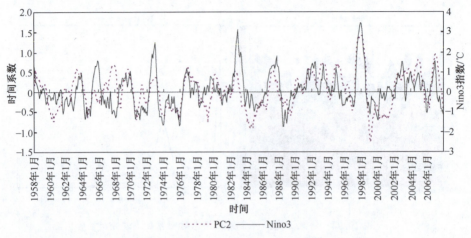

图 10.26 第二模态时间系数和 Nino3 指数随时间变化

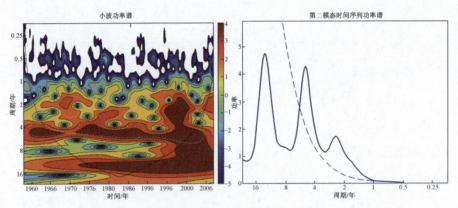

图 10.27 海表面高度异常第二模态时间系数小波分析
(图中黑实线代表卡方检验信度水平 95% 检验线)和功率谱

10.5 本章小结

中尺度涡作为海洋中一类重要的中尺度现象,在其活动频繁的区域一般对应比较显著的海平面变化。本章对 1958 年至 2007 年 SODA-2.1.6 同化数据集得到的月平均海表面高度异常序列进行经验正交函数展开(EOF),分析南海海面高度异常的时空分布特征,初步得到以下结论:

(1) 原始 SSH 场扣除 50 年年平均值后的异常场 EOF 分解。

① 第一特征矢量在海盆尺度内主要有位于吕宋岛西北和越南以东外海的

两个强信号区,此外,在泰国湾和海南岛以东、北部湾等浅水区有与海盆尺度内反相的海表面高度异常。第一模态傅里叶时频分析显示第一模态空间分布具有一年周期,主要受季风影响,中央海盆海面高度异常有明显且稳定的季节性变化:冬季风盛行期间 SSHA 呈现海盆中间低、四周高;夏季风期间 SSHA 呈现海盆中间高、四周低。

② 第二模态典型场上海盆尺度内有一对东北-西南走向的反相涡旋结构,两个中心分别位于吕宋海峡以西和越南以东沿岸,傅里叶时频分析显示主峰在 12 个月,第二主峰在 8 个月,表现为冬季风期间海表面高度异常呈西高东低分布型;夏季风期间则呈相反的东高西低型。吕宋-越南双涡结构还有大约 2 年左右的年际变化。

③ 海盆尺度内,第三模态特征矢量在越南以东沿岸海域梯度较强,11°N 两侧分布一对偶极子结构,广东湛江-汕头沿岸和海南岛以东沿岸也有显著波动。傅里叶时频分析显示第三模态典型场主要以 6 个月振荡周期为主,伴之有季节内变化、年变化和年际变化。11°N 以北为气旋涡、以南为反气旋涡的偶极子是季节性涡旋,11°N 以北为反气旋涡、以南为气旋涡的形态主要与局地风应力旋度的年际变化有关。

(2) 滤去 50 年逐月海表面高度(SSH)序列中年际和年代际变化后海表面高度季节变化的第一模态空间分布,显示海盆尺度内分别位于吕宋岛西北和越南以东外海一对同相涡状结构,夏季表现为正异常,冬季表现为负异常,体现了南海上层环流对上空季风强迫的响应。从时间上看,9 月至次年 2 月,时间系数最大,对应秋冬季整个海盆尺度的季风转向和冬季风强迫,到 4 月后,表层温度急剧增加,净热通量增加,风应力旋度从正值变为负值,海表面高度异常在深水海盆区开始变为正值,使得南海中部产生一反气旋式环流,而在海域南部、北部以及西侧陆架区海表面高度异常从冬季的正值转换为负值。此后,西南季风对海域影响不断加大,海表面高度波动呈中间高、周围低的分布态势,深水区呈稳定的反气旋式环流。第二模态典型场主要表现为海盆尺度内的一对沿东北-西南走向的反相涡旋结构(吕宋-越南双涡),此外,在北部湾以西沿岸、广东湛江-汕头沿岸和海南岛以东沿岸、吕宋岛西北部和南海南部也有较强 SSHA 信号。这一典型场主要反映了春秋季期间海域海表面高度的空间分布。

(3) 将海表面高度异常按照相应月份重新排列,对具有代表性的 1 月、4 月、7 月、10 月的海表面高度异常进行 EOF 分解,统计分析冬、春、夏、秋四季南海海表面高度随季节演变的年际变化特征发现:

① 冬季海表面高度异常 EOF 分解的第一模态特征矢量显示了沿东北-西南轴线的多涡结构,两个反相中心分别位于中国台湾西南海域及越南南部沿岸

海域,此外,在广东沿岸、吕宋西南、南海南部和泰国湾也有较大变化。第二模态特征矢量显示在吕宋西北-海南东南轴线上一个鞍形场波动活跃区,吕宋西侧波动最为明显,此外,在南海南部和泰国湾也有幅值较高的波动区。第一模态时间系数与第二模态时间系数整体上呈反相变化。

② 春季海表面高度异常 EOF 分解的第一模态特征矢量亦显示了沿东北-西南轴线的多涡结构,较冬季相比,中国台湾西南海域的幅值中心向东移至吕宋海峡西侧出口附近,中心值增大;越南南部沿岸海域高值中心略向西北移动,分布范围东西向收缩、南北向伸长。第二模态空间分布显示越南中部以东沿岸存在两个变化反相的波动中心,此外,在吕宋海峡西侧和吕宋岛以西仍有零星的小涡结构存在。结合时间系数,春季海表面高度异常的强信号区主要位于越南以东沿岸和与之反相的吕宋海峡西侧及吕宋岛西北。

③ 夏季海表面高度异常 EOF 分解的第一模态特征矢量显示,海盆尺度内沿东北-西南走向,海表面高度在轴线两侧同相波动,而在轴线上呈与南北两侧反相波动,海盆向外海表面高度异常信号显著。20°N 一线等值线密集可能由受太阳辐射的加热作用和北部为气旋式环流而南部为反气旋式环流的共同作用引起;南海中部的深水区可能由于海表风应力在 6 月减小且伴随上层海水温度的升高,形成稳定的海水层结,海表面高度异常信号不明显。第二模态特征矢量显示吕宋海峡西侧的强波动信号。时间系数出现正负转变的年份对应强或中等的厄尔尼诺事件。

④ 秋季海表面高度异常 EOF 分解的第一模态典型场显示海域内复杂的多涡结构,越南中部外海有一对明显的偶极子。结合第一模态时间系数发现该偶极子年际变化十分复杂:当时间系数为负时,偶极子北部为气旋涡、南部为反气旋涡,研究认为,这与离岸的东向急流有关;当时间系数为负时,偶极子北部为反气旋涡、南部为气旋,其成因仍有待进一步研究。第二模态典型场也具有多涡结构,海域西侧的波动中心沿东北-西南走向呈现正负交错分布,波动强信号主要位于吕宋海峡西侧、海南岛东南、越南以东外海以及泰国湾。第一模态时间系数与第一模态时间系数整体上同相变化。

(4) 带通滤波,滤去 13 个月以下高频和 8 年以上低频后对海表面高度异常 EOF 分解得到其前两个主要模态的典型场与时间系数;第一模态典型场显示整个海盆变化同步,吕宋海峡以西、北部湾、海南岛以东沿岸、广东沿岸、吕宋岛西部及越南中部沿岸变化显著。第一模态时间系数和同期 Nino3 指数呈反相关,相关系数-0.4897,表明第一模态中明显的 ENSO 信号,第一模态时间系数小波分析和功率谱分析发现第一峰值对应周期为 6 年左右,第二峰值对应周期为 3.5 年左右。第二模态典型场显示以 116°E 为界,海域内海表面高度异常呈东西反相分布,泰国湾、吕宋岛西部近岸和苏禄海变化显著。第二模态时间系数和同期 Nino3 指数呈正相关,相关系数达 0.6018,体现该模态中也有明显 ENSO 信号,小波分析和功率谱显示海域内海表面高度异常主要存在 6 年和 2.5 年的年际变化周期。

第 11 章 海面高度异常均方根及涡动能的季节和年际特征

11.1 引言

南海作为西太平洋最大的半封闭深水边缘海,受特殊的地理环境及冬、夏季反向的季风强迫以及不对称的热力和浮力强迫等因素影响,其表层变化如海表高度、海温等具有不同尺度的变化特征,并已被许多作者研究。中尺度涡作为海洋中一类具有高能量的运动类型,通常叠加在海洋平均流场上,动能在大多数海域皆高出平均动能一个量级,可将涡旋形成区域的热量、质量、动量和生物化学属性输送到较远的区域,是海洋动力学众多尺度范围的一个重要组成部分。程旭华等(2005)指出,中尺度涡旋强弱应该在海面高度异常均方根(RMS)的大小上有所反映。为了进一步了解南海海域中尺度涡的强度随时间的变化,11.3.1节先就海表面高度异常均方根的季节和年际变化进行分析,借此了解分析中尺度涡强度的季节和年际变化。

除了用海表面高度异常的均方根表征中尺度涡旋强弱外,另一个途径是分析研究涡动能(Eddy Kinetic Energy)的变化特征。Richardson(1983)指出了研究涡动能的重要性主要有以下几方面:第一,涡动能远大于平均流能量,被认为是驱动涡能量高值区的重要动力因素,Peng 等(2010)也指出 EKE 与涡旋活动动力相关;第二,涡动能的空间分布形态利于分析能量的来源及去向;第三,涡动能空间分布有助于发展海洋环流模型;第四,水平涡混合与涡动能近似成比例。

之前许多研究分析了各海区 EKE 的分布特征。Richardson(1983)和 Shenoi 等(1999)利用漂移浮标资料对北大西洋和热带印度洋 EKE 时空分布特征进行了研究。接着,Iudicone 等(1998)和 Ducet 等(2000)先后利用单个高度计资料,讨论了地中海和大西洋、太平洋、印度洋 EKE 的季节变化特征。随后,Pujol 等(2005)和 Caballero 等(2008)先后利用多年高度计融合资料研究了地中海与比斯开湾 EKE 的季节变化。

每年在我国南海(SCS)有大量中尺度涡旋生成,但是其统计特征仍然未能得到较全面描述。目前,仅有 He 等(2002)和 Chen(2010)先后利用 T/P 高度计与融合高度计资料(融合了 TOPEX/Poseidon、Jason-1、ERS-1/2 和 Envisat)研究了南海 EKE 的多尺度变化特征。鉴于涡动能在研究中尺度涡方面的重要性,11.3.2 节就主要从涡动能的季节和年际变化特征对南海中尺度涡的时空分布特征加以描述。

11.2 数据和方法

利用 Matlab 提取 SODA 数据集中 50 年海表面高度数据,利用 2.2.5 节中公式计算得到南海海面高度异常均方根时间序列。

使用由 SODA 数据集得到的海表面高度异常,假设海域内满足地转平衡且各向同性,则可利用式(2.22)计算得到地转速度异常,再用这一速度扰动利用式(2.25)计算得到 EKE。

11.3 结果和讨论

11.3.1 海面高度异常均方根的时空特征分析

图 11.1 是采用 Gauss 带通滤波保留 13 个月以上、8 年以下年际信号后计算得到的 50 年海面高度的标准偏差,即海面高度时间序列距平的均方根值。李燕初等(2003)认为,均方根高值区是海面高度变化最大的区域,对应动力上的高能区域。从图 11.1 看出,海域内均方根分布不均匀,3cm 等值线与 2000m 水深等值线走向大体一致,从全海域看均方根有 3 个闭合大值区域:第一个在吕宋海峡西侧(118°E~121°E,19°N~21°N),中心幅值超过 7cm;第二个在越南以东海域(109°E~112°E,11°N~14°N),中心幅值超过 6cm;第三个在吕宋岛的西部海域,中心幅值在 3.5cm 以上。说明这 3 个位置是南海中尺度涡活动频繁、强度较大的区域,其较大的年际变化标准差对应本文第 9 章中尺度涡的生成与变化较大的区域。实际上,在吕宋海峡以东还有一个均方根的高值区,受黑潮动力屏障作用,两个高值区分隔,因此,可以猜测吕宋海峡两侧的海洋变异在动力学上可能相对独立,太平洋对南海的作用更像是黑潮通过吕宋海峡向南海入侵传递,而不是两个高能区之间直接的信号耦合实现的。在第 9 章对冬季中尺度涡分布特征的分析中已提到,这一海域涡旋活动和分布受黑潮水影响显著。

11.3.1.1 海面高度异常均方根的季节变化特征

按照第 9 章中对南海海域季节的划分,将 50 年资料按季节统计,得到南

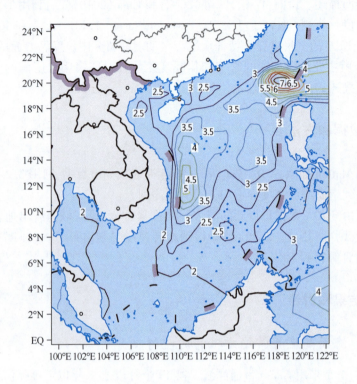

图 11.1 50 年平均的海面高度均方根分布(单位:cm),使用 Gauss 带通滤波保留 13 个月以上、8 年以下年际信号

海海面高度 RMS 空间分布的季节变化,如图 11.2 所示,阴影区为数值大于 6cm 的区域。从空间分布上看,冬季海面高度均方根的高值区主要分布在吕宋海峡西侧海域,中心幅值超过 12cm,与秋季相当,较春季、夏季大,超过 6cm 的大值区范围比秋季小。除在吕宋海峡西侧集中分布外,在吕宋西部的深水区也有零星超过 6cm 高值区。春季,均方根超过 6cm 的高值区中心幅值和水平范围均减小,吕宋西侧海域高值继续维持。进入 6 月后,吕宋西侧高值中心略向西移大约一个纬度,南海北部高值区开始向西南扩散至越南以东海域,中心幅值超过 8cm,至秋季,越南以东海域超过 6cm 的高值区向北可到达 8°N,全海域形成两个(117°E~121°E,19°N~21°N;110°E~112.5°E,10°N~14°N) 10cm 以上的高值中心,无论中心幅值还是水平范围均达到全年最大。图 11.3 是海域平均的气候态逐月海面高度异常均方根变化,从图中看到,春、夏季均方根最小,秋冬季均方根最大。

第11章 海面高度异常均方根及涡动能的季节和年际特征

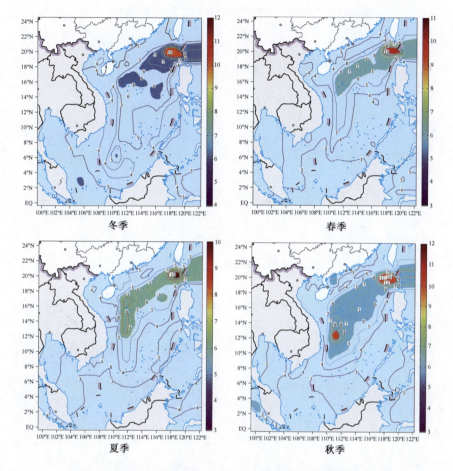

图 11.2 南海 4 个季节海面高度均方根的空间分布(单位:cm)

11.3.1.2 海面高度异常均方根的年际变化特征

从 1958 年至 2007 年 50 年逐年的海面高度异常均方根的空间分布图(图 11.4,这里仅给出 1971 年、1972 年)看出,各年均方根高值区主要分布在中国台湾西南海域(Z1)、吕宋西北海域(Z2)、越南以东海域(Z4)和吕宋西南海域(Z3),高值中心数值一般超过 7cm,而泰国湾海域仅在 1967 年、1998 年和 2004 年出现中心值大于 7 cm 的高值区。在南海东北部,各年的均方根高值主要分布在中国台湾西南海域和吕宋西北海域,其中又以中国台湾西南海域占优,各年均方根高值区中心位置、大小和水平尺度等有较大差异,说明这一海区涡旋强度的空间分布有较大的年际变化。特别是 1965 年、1970 年、1971 年、1972 年、1973 年

· 287 ·

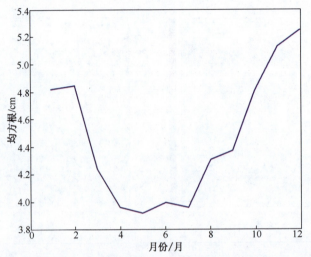

图 11.3 南海海域平均的气候态逐月海面高度异常均方根变化

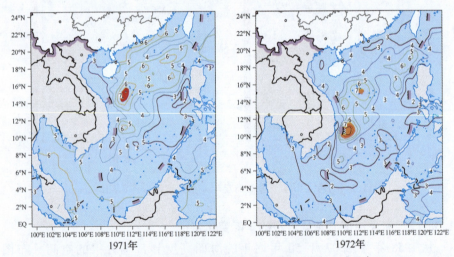

图 11.4 1971 年和 1972 年海面高度异常均方根的空间分布（单位：cm）

出现在 Z1 和 Z2 区的峰值区的水平尺度和峰值都较小，这可能与 1965 年和 1966 年、1972 年和 1973 年的强厄尔尼诺现象有关系。在南海西南部海域，均方根高值区主要在越南以东及其东南的深水海域，从数值上看，中心幅值大于南海东北部海域均方根高值区中心值。从 50 年海面高度异常均方根最大值随时间的变化（图略）可以看到最大值不同年份波动较大，最大值出现在 1960 年（31.7cm），最小值出现在 1970 年（7.8 cm），其余年份围绕 14cm 上下波动,周期约4年。均方根的这种分布特征和相应年份涡旋分布有一致对应关系,这也说明海面高度异常均方根的高值区往往对应着涡旋活动频繁或强度较大的区域,反之亦然。

图 11.5 是全海域平均的海面高度异常均方根逐月变化,从时间变化看,海域内涡旋除了有季节变化外,年际变化比较显著。从其年际信号变化特征来看,海表面高度异常可能与 ENSO 有关,对 50 年逐月海表面高度异常数据进行海域平均,与同时期 Nino3 指数(热带东太平洋海域:$5°S \sim 5°N$、$90°W \sim 150°W$ 的海表面温度异常)的相关分析表明二者之间却有显著负相关。图 11.6 给出了海域平均 SSHA 与 Nino3 指数的逐月变化,从图看出,当海域内 SSHA 出现负异常大时(如 1972 年至 1973 年、1982 年至 1983 年及 1997 年至 1998 年),对应着强 Nino3 指数,即强的厄尔尼诺现象;相反,Nino3 指数出现负极大时,海域内 SSHA 一般呈现正异常或正异常大,即强的拉尼娜现象对应着 SSHA 正异常,SSHA 振幅适中的年份则对应强度中等的厄尔尼诺或者拉尼娜现象。

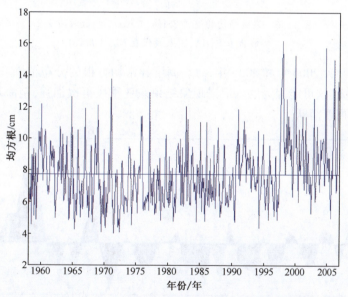

图 11.5 全海域平均的海面高度异常均方根逐月变化

将海面高度异常均方根做南海海域面积平均后再进行标准化(图 11.6),从时间变化上来看 20 世纪 70 年代以前海面高度异常均方根的标准化值随时间呈正负交错分布,年际变化明显周期大约为 3 年。70 年代初到 90 年代中期主要以负值为主,说明海面高度异常均方根值偏小,90 年代末期以后海面高度异常均方根值显著增大,这可从逐年的海面高度异常均方根的空间分布图得到印证。

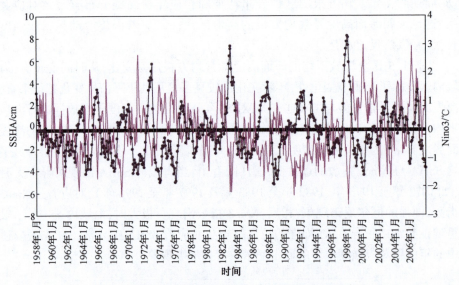

图 11.6　海域平均的逐月 SSHA 与 Nino3 指数时间变化
（实线代表 SSHA，圆点线代表 Nino3 指数）

另外，1999 年、2004 年和 2006 年，海面高度异常均方根的分布范围和中心幅值都异常偏大，这可能因为厄尔尼诺现象结束东亚季风再次加强，南海环流加强、中尺度涡再度活跃。

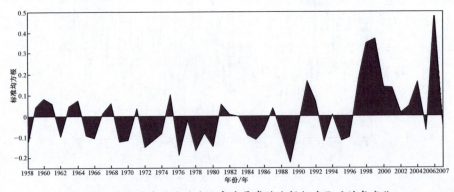

图 11.7　南海海域平均的海面高度异常均方根标准化后的年变化

11.3.2　涡动能的季节和年际变化

图 11.8 给出了南海 50 年气候态 EKE 的空间分布。从图中看到，EKE 变化范围从 $10 cm^2 \cdot s^{-2}$ 到 $220 cm^2 \cdot s^{-2}$，南海海盆范围内最大能量位于越南以东海

域(9°N~13°N,109°N~113°E),区域最大能量达到180cm²·s⁻²左右,第二大能量中心位于中国台湾西南海域(21°N~23°N,117°E~121°E),区域的最大能量为160cm²·s⁻²左右。50年气候态EKE的空间分布特征和陈更新(2010)分析15年高度计资料(1993年1月至2007年12月)得到的气候态EKE的空间分布形态相似,但最大能量中心幅值和范围都偏小,这可能是由于SODA资料中对数据的月平均化处理引起的。气候态的EKE空间分布特征,仅反映了50年EKE空间分布的一般形态,并不能代表50年来EKE分布的具体特征。由于EKE分布结构是不同变化因素叠加的结果,某些海域某些特征虽持续几个月却对EKE变化起着重要影响。

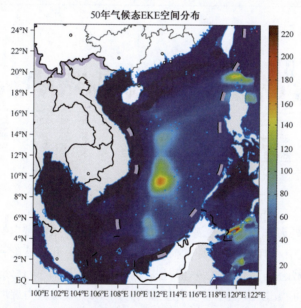

图11.8 50年气候态EKE空间分布(单位:cm²·s⁻²)

11.3.2.1 涡动能的季节变化特征

海域平均的月平均EKE序列如图11.9所示。从图中可以看到,空间平均的EKE从10cm²·s⁻²变化到95cm²·s⁻²,季节变化明显。为了进一步了解EKE季节变化特征,图11.3给出了50年气候态逐月EKE的空间分布。根据9.4节中对南海季节的划分,下面对各个季节EKE分布特征逐一分析。

从空间分布(图11.10)上来看,冬季(12月至次年2月)在南海南部(107°E~114°E,4°N~8°N)及吕宋海峡西侧(117°E~121°E,19°N~23°N)的海盆范围内存在两个稳定的EKE高值区,且南部高值中心幅值大于北部,最大能量中心幅值超过 200cm² · s⁻²，3 月东北季风开始向西南季风转换，使得这期间南海风应力达全年最小，在 EKE 空间分布上表现为海域内 EKE 空间分布范围全年最大，幅值全年最低，冬季的两个高值中心幅值逐渐减弱，中心范围向北逐渐扩大，最大能量中心在吕宋海峡西侧。至 6 月冬季存在于南海南部的高能量中心基本消失，而越南以东沿岸(110°E~113°E,10°N~17°N)逐渐形成 EKE 高值中心，吕宋海峡西侧继续维持高值区。此后，越南以东沿岸的高值中心范围迅速收缩，中心幅值不断增大，到 9 月达到全年最大(600cm² · s⁻²)，吕宋海峡西侧高值中心基本消失，EKE 分布已具有秋季分布特征。

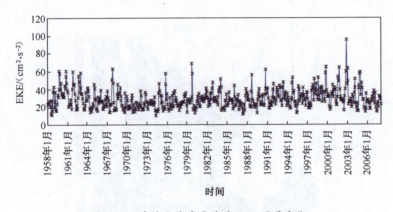

图 11.9　南海全海域平均的 EKE 逐月变化

越南以东外海作为中尺度涡频繁活动的区域之一，EKE 高值中心（也是南海 EKE 的高值中心）出现在 9 月，这和陈更新(2010)得到的结论一致，和整个海域情形一样，无论是高值中心幅值还是范围，其季节信号十分显著，陈更新(2010)认为该海域 EKE 的季节变化主要归功于该区域风应力旋度的季节变化。吕宋海峡西侧海域 EKE 高值中心幅值的季节变化不如越南以东明显，但是中心范围变化明显，即秋冬季收缩，春夏季扩大。由于该区域位置特殊，除了风的影响，还受到西传罗斯贝波(Wang 等,1999;Qu 等,2005)、黑潮入侵(Nitani,1972;Shaw,1989;Shaw 等,1996;Yuan 等,2006)等因素的影响，因此，该区域 EKE 的变化十分复杂。

从时间上来看，冬、春、夏、秋四季 EKE 分别占总能量的 26.23%、20.82%、22.19% 和 30.75%，EKE 最大能量中心出现在 9 月，超过 600cm² · s⁻²，而最小能量中心出现在 3 月(140cm² · s⁻²)，这和陈更新(2010)得到的四季 EKE 分布形态基本一致。

第11章 海面高度异常均方根及涡动能的季节和年际特征

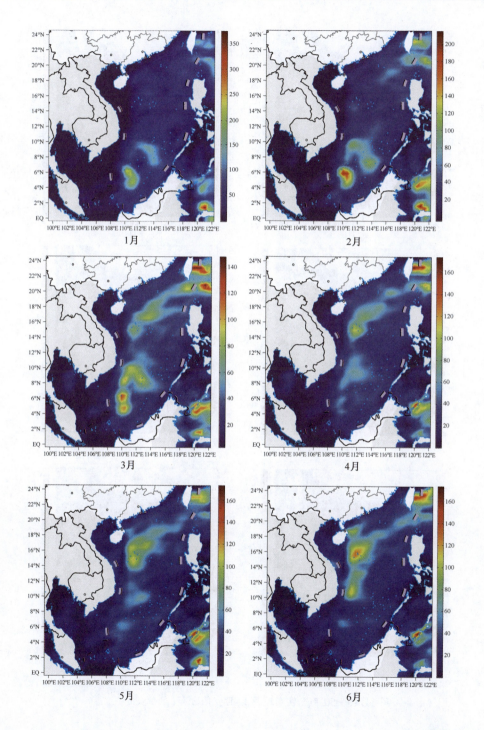

1月　　2月

3月　　4月

5月　　6月

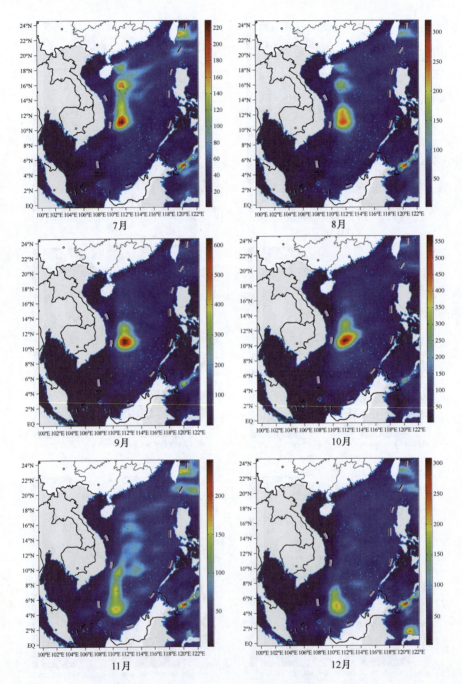

图 11.10 50年气候态逐月 EKE 空间分布(单位:cm^2 · s^{-2})

11.3.2.2 涡动能的年际变化特征

南海 EKE 除了具有季节性周期变化外,年际变化也很显著。图 11.11 给出了 50 年逐年平均得 EKE 空间分布,从图 11.11 看到,高 EKE 出现在 1959 年、1960 年、1970 年、1993 年、1997 年、2001 年和 2002 年,超过 $500 \text{cm}^2 \cdot \text{s}^{-2}$,而低值出现在 1958 年、1971 年、1977 年、1984 年、1985 年、1987 年、1999 年、2005 年、2006 年和 2007 年,EKE 最大振幅不超过 $200 \text{cm}^2 \cdot \text{s}^{-2}$,图 11.11 给出了全海域平均的 EKE 时间序列傅里叶时频分析。从图看出,海域平均的 EKE 有显著的 4 年左右周期。从空间分布来看,EKE 高值区主要分布在越南以东沿岸海域、南海南部海域及吕宋海峡西侧海域,且 EKE 大值区分布范围集中。具体来看,1959 年、1960 年 EKE 最大值区出现在吕宋西侧海域,中心幅值和外围幅值相差较大。1970 年、1993 年、1997 年、2001 年和 2002 年,EKE 高值区分布在越南以东沿岸海域,年际之间 EKE 振幅和范围都有明显的年际信号。Peng 等(2010)借助区域海洋环流模式(ROMS)和 1993 年至 1997 年融合卫星高度计资料,对南海 EKE 年际变化特征进行了分析,认为 EKE 过低年份可能与厄尔尼诺事件影响下风场被削弱有关,EKE 过高年份可能与拉尼娜加强了风场有关。但是从本文结果来看,EKE 的高值和低值年份并不完全与拉尼娜及厄尔尼诺事件一致。假如 ENSO 影响南海区域风,那么,其又会反过来影响南海环流和涡旋活动,但是从南海环流分布形式和涡旋分布特征来看,ENSO 事件和涡旋活动之间存在不一致,这说明在年际尺度上风不是控制南海涡旋活动的唯一过程,并且整个南海涡旋生成不会是一样的。

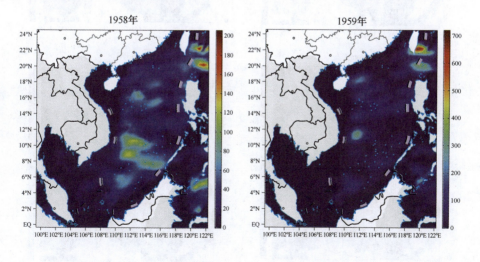

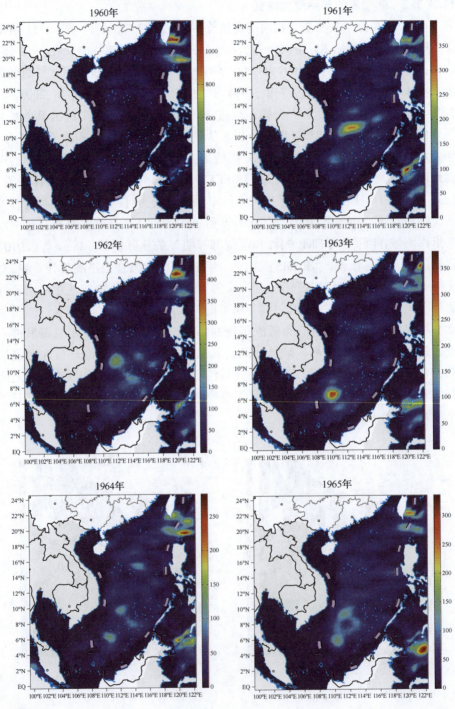

第11章 海面高度异常均方根及涡动能的季节和年际特征

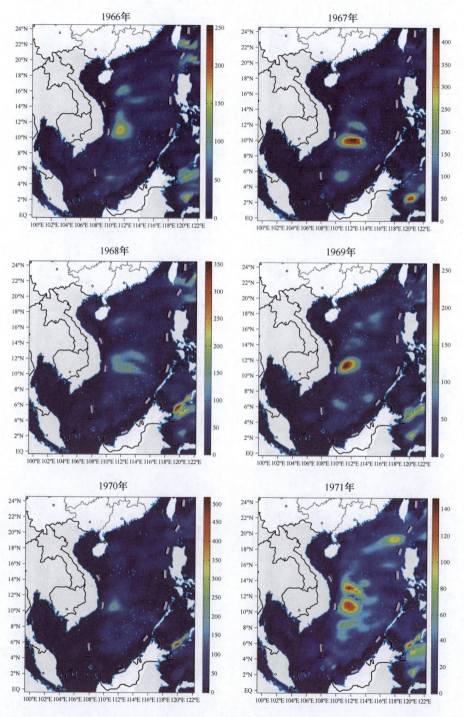

南海海洋环境气候特征

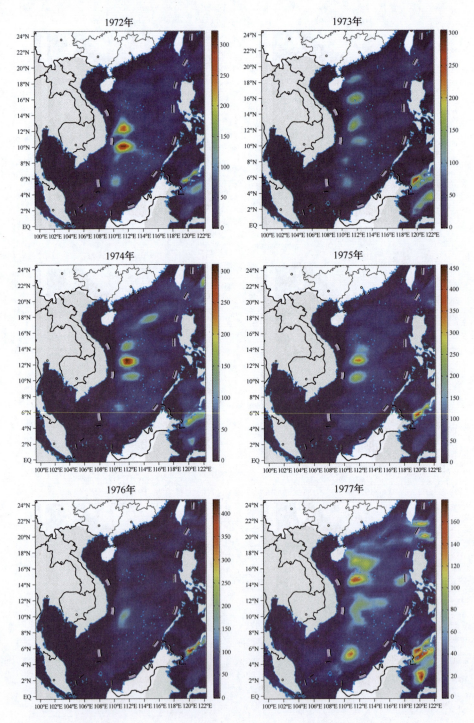

· 298 ·

第11章 海面高度异常均方根及涡动能的季节和年际特征

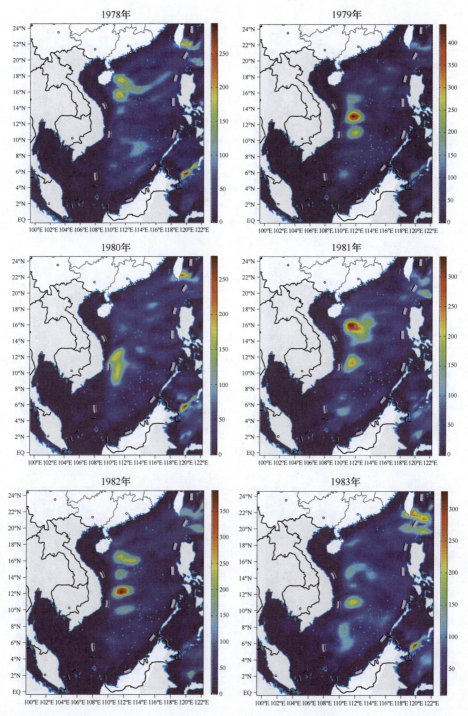

南海海洋环境气候特征

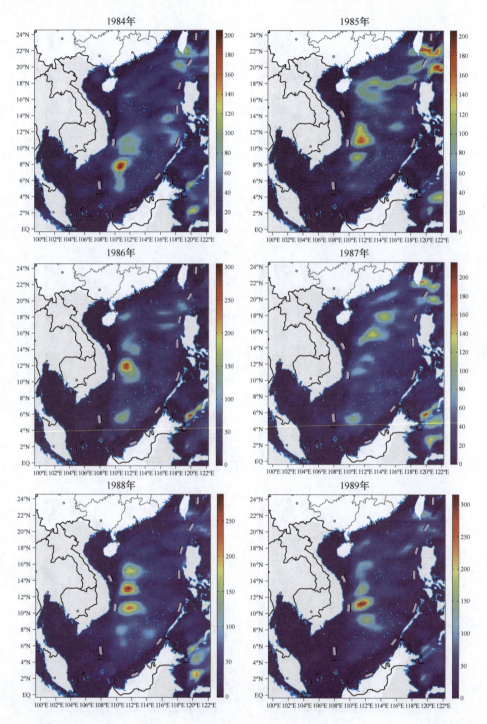

第11章 海面高度异常均方根及涡动能的季节和年际特征

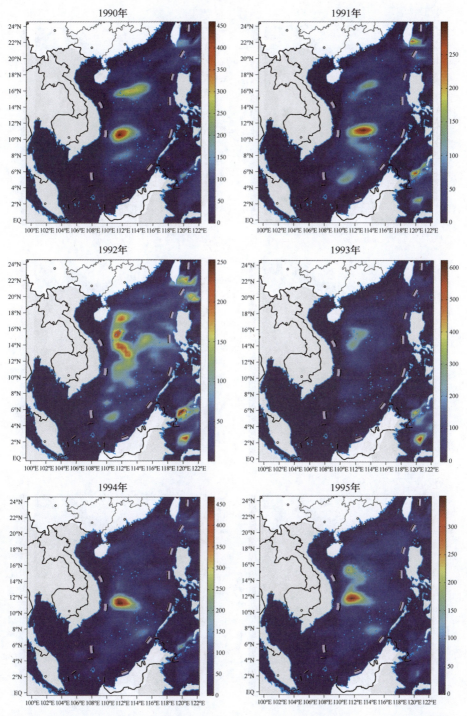

南海海洋环境气候特征

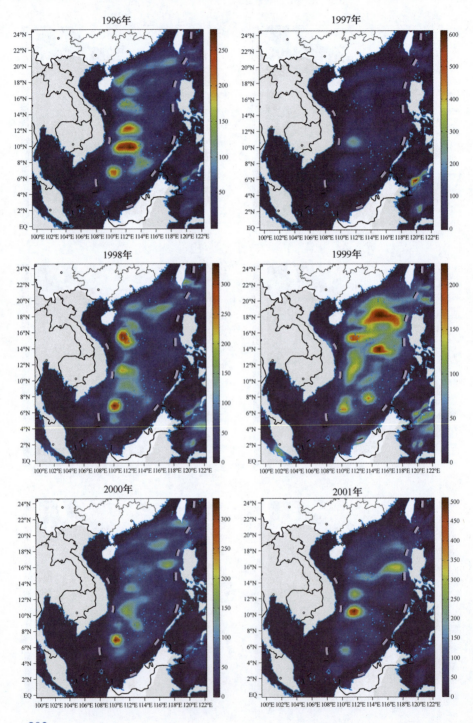

第11章　海面高度异常均方根及涡动能的季节和年际特征

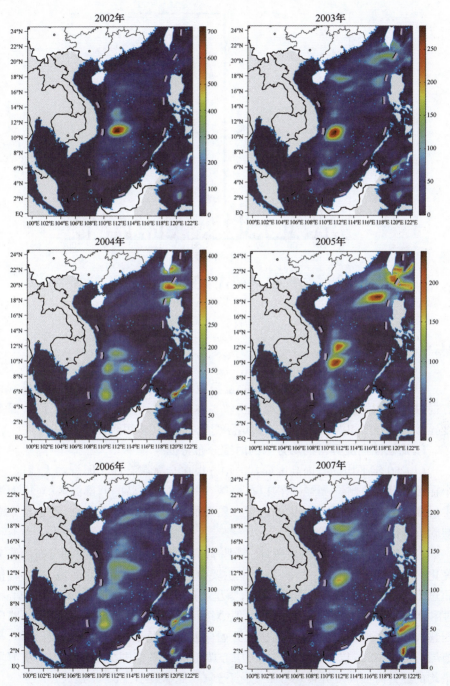

图11.11　50年逐年平均的EKE空间分布(单位:$cm^2 \cdot s^{-2}$)

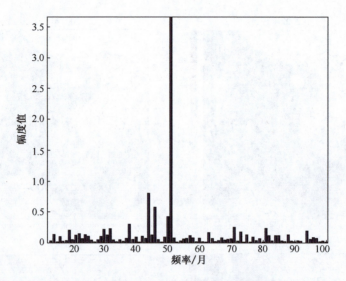

图 11.12 海域平均 EKE 傅里叶时频分析结果

11.4 本章小结

中尺度涡是海洋中一类具有高能量类型的运动,其强弱在海面高度异常均方根(RMS)和涡动能(EKE)上有所反映。本章通过计算,先后讨论了海表面高度异常的均方根和涡动能的季节和年际变化特征,初步得到以下结论:

1. 海表面高度异常的均方根的时空分布特征

(1) 50 年平均的海面高度异常的均方根在全海域有 3 个闭合的大值区:一个在吕宋海峡西侧;一个在越南以东海域;一个在吕宋岛的西部海域,对应南海中尺度涡活动频繁、强度较大的区域。黑潮通过吕宋海峡向南海入侵是吕宋海峡附近高值区出现的可能原因。

(2) 将 50 年资料按季节统计,得到海面高度异常的均方根空间分布的季节变化。从空间分布上看,冬季,高值区主要分布在吕宋海峡西侧海域,中心幅值超过 12cm,在吕宋西部的深水区也有零星超过 6cm 高值区;春季,高值区中心幅值和水平范围减小,吕宋西侧海域高值继续维持;夏季,吕宋西侧高值中心略向西移大约一个纬度,南海北部高值区开始向西南扩散至越南以东海域;秋季,全海域有两个 10cm 以上的高值中心,中心幅值和水平范围为全年最大。从海域平均的逐月海面高度异常均方根变化看到春、夏季最小,秋冬季最大。

(3) 从 50 年逐年海面高度异常均方根空间分布看,各年均方根高值区主要分布在中国台湾西南海域、吕宋西北海域、越南以东海域及吕宋西南海域。南海东北部高值主要分布在中国台湾西南海域,空间分布有较大的年际变化;南海西南部海域,高值区主要在越南以东及其东南的深水海域。全海域平均的 50 年逐月海表面高度异常与同时期 Nino3 指数有显著负相关。标准化的全海域海面高度异常均方根面积平均随时间正负交错分布,年际变化明显,周期大约为 3 年。1999 年、2004 年和 2006 年,海面高度异常均方根的分布范围和中心幅值异常偏大,可能与厄尔尼诺事件结束东亚季风再次加强,使得南海环流加强、中尺度涡再度活跃有关。

2. 涡动能的时空分布特征

(1) 50 年气候态 EKE 空间分布在海盆尺度内有两个高值中心:一个位于越南以东海域,中心幅值达 180$cm^2 \cdot s^{-2}$ 左右;另一个位于台湾西南海域,中心幅值约 160$cm^2 \cdot s^{-2}$。空间分布形态与陈更新(2010)研究中相似,但中心幅值和范围偏小,可能是数据的月平均化处理引起。EKE 空间分布形态是不同变化因素叠加造成的。

(2) 涡动能的季节变化特征。空间平均的逐月 EKE 显示明显的季节变化。从空间上看,气候态逐月 EKE 的空间分布显示冬季海盆尺度内存在两个稳定高值区:一个在南海南部,一个在吕宋海峡西侧;3 月份季风转换,海域内风应力达全年最小,EKE 空间分布范围全年最大,幅值全年最低,高值中心在吕宋海峡西侧;至 6 月,南海南部 EKE 高值中心基本消失,越南以东沿岸逐渐有高值中心形成,吕宋海峡西侧继续维持高值;到 9 月,越南以东沿岸的高值中心幅值达全年最大(600$cm^2 \cdot s^{-2}$),吕宋海峡西侧高值中心基本消失,EKE 分布已具有秋季分布特征。从时间变化上看,冬、春、夏、秋四季 EKE 分别占总能量的 26.23%、20.82%、22.19%和 30.75%,EKE 最大能量中心出现在 9 月,超过 600$cm^2 \cdot s^{-2}$,最小能量中心出现在 3 月(140$cm^2 \cdot s^{-2}$)。海域内 EKE 的季节变化主要由风应力旋度的季节变化引起。

(3) 南海 EKE 年际变化显著。从空间分布上看,EKE 高值区主要分布在越南以东沿岸海域、南海南部海域及吕宋海峡西侧海域。从时间变化上看,1970 年、1993 年、1997 年、2001 年和 2002 年 EKE 高值区分布在越南以东沿岸海域,年际之间 EKE 振幅和范围都有明显的年际信号。一般认为,EKE 过低年份可能与厄尔尼诺事件影响下风场被削弱有关,EKE 过高年份可能与拉尼娜加强了风场有关,本文认为年际尺度上风不是控制南海涡旋活动的唯一过程。

第 12 章 结 束 语

12.1 主要结论和展望

（1）由于南海海域温盐场的空间分布的差异，造成各个海区声速剖面结构模态的不同，因而，声速计算公式的选取和跃层标准的判定是个相对的概念。应该利用详尽的实测资料对适用海域的声速计算公式、跃层标准确定和跃层种类的判别，以南海的不同海域或不同的季节为参数对象，根据特殊需求进行更详细的划分。

（2）南海海域所处的地理、气象和海洋环境各有其特殊性，季节性变化以及区域性特点明显。采用气候平均态数据得到的跃层分布结构为年代平均的结果，较为平滑，虽然可以反映年代的平均状态特征，但是具体海域的细结构可能体现不出来。受资料时空分辨率的限制，数据量相对稀疏的海域或月份，得到的结果可能会受到影响。声速跃层和海洋锋的示性特征反映海水的运动和水团的分布具有指示意义，但这需要更多的实时监测资料进一步验证。

（3）采用经验正交函数划分的空间分布型本质还是线性的和统计的，物理过程尚不十分清楚，特征矢量之间相互不独立，时间系数可正可负，结果可能造成一些虚假信息。经验正交函数所取的变量场是分辨率为 $0.5°×0.5°$ 的数据，网格点数过密，使协方差矩阵趋向退化，收敛变慢，以致所取的经验正交函数的项数很多，所占总方差矩阵的比率减小，通过检验的模态累积方差贡献率偏低，采用经验正交函数方法难以达到很好的预报效果。第一模态位相中心的年际变化特征只能代表周围相对均匀的物理属性及大体一致的宏大水体，对于研究不同外界条件制约并影响水团运动还存在一定的局限性。

（4）本文以叙述南海声速跃层和海洋锋现象、变化规律及物理概念为主。事实上，在跃层和海洋锋的形成过程中，太阳活动、大气环流、海洋环流、海-气相互作用，如动量、热量、水量的各种尺度的垂直和水平方向输送，潮流与表层地转流的汇合和切变，海底地形及粗糙度引起的湍流混合，内波和内潮切变引起的混合，岸线形状和惯性效应等，都可能成为跃层和锋生成的驱动力。已有的海洋模式大都是理想化的约化模式、重力模式，因此，对于影响海洋声速跃层和海洋锋的动力学与热力学因素，需要通过数值模型和统计分析进行全面和细致的探讨。

（5）利用 Akima 插值仅能对层与层之间的数据作近似的粗略估计,但这并不能反映出垂直方向上各层之间参量的变化规律,只能保证数据的连续性,因此,这种方法会存在一定的不足。SODA 数据原始水平网格分辨率为 $0.25°×0.4°$,模式输出资料被投影到 $0.5°×0.5°$ 网格分辨率,该处理过程会在一定程度上影响到资料的守恒性。加入 ERA-40 大气再分析数据和 QuickSCAT 散射计资料前后对资料精确度的影响尚不明确,需要其他种类的海洋同化资料作对比验证。

（6）跃层和海洋锋在时空分布上具有多尺度、多层次、非平稳性等特点。传统的统计方法远不能提取具有先兆意义的特定预测因子和气候信号。由于跃层产生的影响因子较多,增加了许多不确定性因素,跃层和海洋锋特征的均值突变并不能揭示动力学突变的本质,依靠已有的观测资料建立统计预测模型还缺少坚实的物理基础。因此,有必要从非线性的角度进一步研究南海声速跃层产生的动力学规律。

（7）对海域内中尺度涡整体统计特征加以分析,然后,对海表面高度异常、海表面高度异常均方根、涡动能的时空分布特征进行讨论,并对重点海域涡旋生成机制进行了简单分析,最后,对所得结果间存在的共同点及差异进行讨论,并简要分析了产生异同的原因。主要工作分 3 个部分:一是采用一种基于几何矢量的涡旋自动探测、追踪算法,对 SODA-2.1.6 数据集中 1958 年 1 月至 2007 年 12 月 50 年共 600 个月的海表经纬向流速资料及 19 年逐月 CLS 海表面高度数据进行涡旋自动探测,对 SODA 资料下中尺度涡的数量、半径、生成位置进行分析,并进一步分析了 50 年冬季与夏季中尺度涡旋个数与分布的变化特征;二是采用不同的资料处理方法分析了南海海表面高度异常的季节和年际变化特征;三是对表征中尺度涡强弱的海表面高度异常均方根(RMS)和涡动能(EKE)的季节和年际变化特征进行了分析,得到了有价值的结论。

（8）由于使用资料的时空分辨率较高加之统计方法单一,使得中尺度涡的统计特征有限,对于中尺度涡的产生机制和一些海域内涡旋生成数量、分布位置的季节和年际变化原因没有进行深入的机制分析,尤其是将中尺度涡产生机制和实际观测相结合的分析缺乏,因而,这将是今后工作的重心。除了研究的热点海域,还应将研究视野开拓,例如,本书分析了泰国湾海域中尺度涡的季节和年际变化统计特征,但这些特征形成的动力机制需要进行深入研究。

随着观测资料不断丰富、观测手段不断进步,使得用于海洋中尺度涡研究的资料的时间序列不断延长、时空分辨率也日益提高,这让研究物理海洋现象的细微现象和细节结构成为可能,由大洋尺度的环流到中尺度涡,再到次级中尺度涡的研究,同时其他一些中尺度、小尺度现象也日渐被揭示。但是,由于垂向资料缺乏加之中尺度涡大多都在不停运动变化中,目前,关于中尺度涡的三维结构和其对温盐结构型式的影响的研究并不多,因此,中尺度涡的三维结构是今后研究中的一个核心问题。

南海有着重要的社会经济效益,同时又是东亚海-气系统的重要成员,由于中尺度涡对海洋热、盐、水团、动量和其他化学物质输送中起着重要的作用,因此,今后开展多个学科交叉研究将更有意义,也是中尺度涡研究的新趋势。

12.2 本书的创新点

(1) 以往南海跃层的研究只是局限于温、盐、密跃层的特征分析,本书首次用 SODA 同化资料对声速跃层进行定性的探讨和定量的深入分析,揭示了南海声速跃层的季节性变化和年(代)际变化。这为我国今后开展南海跃层的研究和海洋环境的保障都有一定的借鉴意义。

(2) 本书结合南海声速剖面结构特点,采用国际上通用的 Chen-Millro 公式计算声速序列。根据海洋调查规范给定的判定标准和计算得到的声跃层统计结果,绘制了南海各种声跃层特征图,将各种声跃层类型特征综合体现,易于分析比较,并真实、清楚地反映出南海声速跃层的时空分布规律。已发表的关于南海海洋声速跃层的统计分析,都是针对南海局部海域或使用某一较短时间段的观测资料,本文首次用 50 年连续的月平均资料对整个南海海洋声速跃层时空分布特征进行了较全面的分析探讨。

(3) 本书分析南海声速跃层统计结果,首次简要阐述影响南海海洋声速跃层的主要因素特征,在分析讨论南海海洋声速跃层时空分布特点过程中,借助计算绘制的各种图件,定量并且直观地观察声跃层的时空分布,这是比以往方法的进步。

(4) 以往南海海洋锋的研究只是局限于温度锋的特征分析,本书首次应用 SODA 同化资料对温度锋、盐度锋和密度锋进行定性的探讨与定量的深入分析,揭示了南海海洋锋的季节性变化和年际变化特征和规律,得出了具有一定意义的结论,这为我国今后开展南海海洋锋的研究和海洋环境的调查都有一定的借鉴意义。同时,在海洋资源开发,经济建设和军事方面,都有重要的参考价值。

(5) 根据以前学者给定的判定标准结合资料的特点,计算得到的海洋锋统计结果,绘制了南海海洋锋特征图,可以作为以后相关研究的对照依据。首次尝试对表层以下不同深度的海洋锋分布规律进行总结,这对于南海水团之间的交换以及南海与外大洋的水体交换过程有重要的参考价值。

（6）由于目前没有关于密度锋的判断标准，本文根据密度锋强度的数值大小及其分布范围确定了判断标准值，结合温度锋和盐度锋的分布范围及其三者之间的联系，发现具有一定的合理性。同时，也发现了选用海洋锋出现频率的分布范围和选用海洋锋强度的分布范围，具有高度的相似性，也从侧面说明选取判断海洋锋的标准具有一定的合理性。和前人使用卫星资料和海洋调查资料判断海洋锋的标准数值相比，SODA 同化资料由于融合多种资料且分辨率比较粗糙，导致使用 SODA 资料判断是否为海洋锋的标准值偏小。

（7）开发了一种基于几何矢量的涡旋自动探测、追踪算法，并对 1958 年 1 月至 2007 年 12 月 SODA-2.1.6 数据集中逐月海表经纬向流速资料和 19 年逐月 CLS 海表面高度数据进行涡旋自动探测，详细分析了 SODA 资料下中尺度涡的数量、半径和生成位置的统计特征，并进一步对 50 年各海区冬季与夏季中尺度涡旋个数与分布特征进行分析。

（8）系统研究了南海海域（98.75°E~122.25°E，1.25°S~24.25°N）海表面高度异常的季节内、季节、年内、年际变化，并进一步分析了海表面高度异常 EOF 分解的前几个主要模态的空间结构与时间演变特征。通过分析海表面高度异常均方根（RMS）和涡动能（EKE）的空间分布特征和时间演变规律，揭示了海域内中尺度涡强度的季节和年际变化特征。

参 考 文 献

陈符森,2016. 南海中尺度涡时空演变特征研究[D]. 南京:解放军理工大学.
陈更新,2010. 南海中尺度涡的时空特征研究[D]. 北京:中国科学院研究生院.
陈俊昌,1983. 南海北部冬季海面温度实时分布特征的若干解释[J]. 海洋学报,5(3):391-395.
陈红霞,吕连港,华锋,等,2005. 三种常用声速算法的比较[J]. 海洋科学进展,23(3):359-362.
陈秋颖,杨坤德,2010. 南海海温年际变化的均方差分析[J]. 电声技术,34(17):72-75.
陈少勇,郭忠祥,白登元,等,2010. 中国东部季风区春季气候的变暖特征[J]. 热带气象学报,26(5):606-613.
陈希,沙文钰,李妍,2001. 南海北部海区温跃层分布特征[J]. 海洋预报,18(4):9-17.
程乾生,2003. 数字信号处理[M]. 北京:北京大学出版社.
程旭华,齐义泉,王卫强,2005. 南海中尺度涡的季节和年际变化特征分析[J]. 热带海洋学报,24(4):51-59.
池建军,骆永军,孙祥年,2010. 海洋卫星资料遥感数据同化在海洋声场研究中的应用[J]. 海洋预报,27(2):63-70.
丁裕国,梁建茵,刘吉峰,2005. EOF/PCA 诊断气候变量场的新探讨[J]. 大气科学,29(2):307-313.
杜岩,2002. 南海混合层和温跃层的季节动力过程[D]. 青岛:青岛海洋大学.
方文东,郭忠信,黄羽庭,1997. 南海南部海区的环流观测研究[J]. 科学通报,42(21):2264-2271.
管秉贤,1997. 海南岛以东外海暖涡[J]. 黄渤海海洋,15(4):1-7.
管秉贤,袁耀初,2006. 中国近海及其附近海域若干涡旋研究综述Ⅰ:南海和台湾以东海域[J]. 海洋学报,28(3):15-16.
郭炳火,万邦军,汤毓祥,1995. 东海海洋锋的波动及演变特征[J]. 黄渤海海洋,13(2):1-10.
郝佳佳,2008. 中国近海和西北太平洋温跃层时空变化分析模拟及预报[D]. 北京:中国科学院研究生院.
郝佳佳,陈永利,王凡,2008. 中国近海温跃层判定方法的研究[J]. 海洋科学,32(12):17-24.
郝少东,2010. 南海北部内潮波的数值模拟[D]. 南京:中国人民解放军理工大学气象学院.
赫崇本,1964. 全国海洋普查报告[M]. 北京:科学出版社.
贺志刚,王东晓,陈举,2001. 卫星跟踪浮标和卫星遥感资料海面高度中的南海涡旋结构[J]. 热带海洋学报,20(1):27-35.
洪鹰,李立,1999. 夏季台湾海峡南部及附近海域陆架-陆坡锋的初步研究[J]. 台湾海峡,18(2):159-167.
黄韦艮,林传兰,楼琇林,等,2006. 台湾海峡及其邻近海域海面温度锋的卫星遥感观测[J]. 海洋学报,28(4):49-55.
贾旭晶,刘秦玉,孙即霖,2001. 1998 年 5-6 月南海上混合层、温跃层不同定义的比较[J]. 海洋湖沼通报,1-7.
姜霞,2006. 海洋动力过程对南海海面温度的影响[D]. 青岛:中国海洋大学.

兰健,鲍颖,于非,等,2006. 南海深水海盆环流和温跃层深度的季节变化[J]. 海洋科学进展,24(4):436-445.
蓝淑芳,1985. 渤海、黄海、东海水温垂直结构统计特征分析[J]. 海洋科学集刊,25:11-25.
乐肯堂,毛汉礼,1990. 南黄海冬季温盐结构及其流系[J]. 海洋与湖沼,21(6):505-515.
李凤岐,苏育嵩,1999. 海洋水团分析[M]. 青岛:青岛海洋大学出版社.
李佳讯,张韧,陈奕德,等,2011. 海洋中尺度涡建模及其在水声传播影响研究中的应用[J]. 海洋通报,30(1):37-46.
李立,苏纪兰,许建平,1997. 南海的黑潮分离流环[J]. 热带海洋,16(2):42-57.
李立,1996. 中国海洋学文集:第六集[C]. 北京:海洋出版社.
李立,郭小钢,吴日升,2000. 台湾海峡南部的海洋锋[J]. 台湾海峡,19(2):147-156.
李荣凤,曾庆存,1993. 冬季中国海及其邻近海域海流系统的数值模拟[J]. 中国科学(B辑),23(12):1329-1338.
李荣凤,黄企洲,王文质,1994. 南海上层海流的数值模拟[J]. 海洋学报,16(4):13-22.
李燕初,蔡文理,李立,2003. 南海东北部海域中尺度涡的季节和年际变化[J]. 热带海洋学报,22(3):61-70.
李燕初,李立,靖春生,等,2004. 南海东北部海域海面高度的时空变化特征[J]. 科学通报,49(7):702-709.
李莹,朱云,2006. 国家自然科学基金委员会地球科学部南京信息工程大学大气资料服务中心资料通讯[J]. 南京气象学院学报,29(6):864-865.
李振锋,2009. 东中国海温跃层特征分析及反演方法研究[D]. 南京:中国人民解放军理工大学气象学院.
林传兰,1986. 东海黑潮锋的海洋学特征及其与渔场的关系[J]. 东海海洋,4(2):8-16.
刘传玉,王凡,2009. 黄海暖流源区海表面温度锋面的结构及季节内演变[J]. 海洋科学,33(7):1-7.
刘传玉,2009. 中国东部近海温度锋面的分布特征和变化规律[D]. 青岛:中国科学院研究生院.
刘良明,2005. 卫星海洋遥感导论[M]. 武汉:武汉大学出版社.
刘秦玉,2000. 南海sverdrup环流的季节变化特征[J]. 自然科学进展,10(11):1035-1039.
刘秦玉,杨海军,贾英来,等,2001. 南海海面高度季节变化的数值模拟[J]. 海洋学报,23(2):9-17.
刘先炳,苏纪兰,1992. 南海环流的一个约化模式[J]. 海洋与湖沼,23(2):117-167.
刘玉光,2009. 卫星海洋学[M]. 北京:高等教育出版社.
刘贞文,杨燕明,许德伟,等,2007. 海水声速直接测量和间接测量结果分析[J]. 海洋技术,26(4):44-46.
吕艳,张绪东,王庆业,等,2008. 由数据同化产品导出南海海表面高度的变化[J]. 海洋预报,25(4):102-107.
毛汉礼,邱道立,1964. 全国海洋综合调查报告[R]. 北京:科学出版社.
莫军,徐剑锋,王光辉,2009. 中国近海海洋要素最大跃层强度及其对应深度的分布规律研究[J]. 海洋科学进展,27(4):421-428.
邱青岭,2009. 台湾海峡及周边海域的海表温度锋研究[D]. 厦门:厦门大学.
邱道立,周诗赓,李昌明,1989. 黄海南部盐度预报及分析[J]. 青岛海洋大学学报,19(1):301-310.
邱章,黄企州,1994. 南沙群岛海区物理海洋学研究论文集I[C]. 北京:海洋出版社.
侍茂崇,高郭平,鲍献文,2006. 海洋调查方法[M]. 青岛:青岛海洋大学出版社.
施平,杜岩,王东晓,等,2001. 南海混合层年循环特征[J]. 热带气象学报,20(1):10-13.

孙成学,刘秦玉,贾英来,2007.南海混合层深度的季节变化及年际变化特征[J].中国海洋大学学报,37(2):197-203.

孙湘平,2008.中国近海区域海洋[M].北京:海洋出版社.

孙晓宇,苏奋振,吕婷婷,等,2009.基于MGIS与MODIS SST数据的黑潮海表温度锋特征分析[J].地球信息科学学报,11(5):566-571.

汤毓祥,邹娥梅,李兴宰,等,2000.南黄海环流的若干特征[J].海洋学报,22(1):1-16.

汤毓祥,邹娥梅,Lie H J,2001.冬至初春黄海暖流的路径和起源[J].海洋学报,23(1):1-12.

汤毓祥,1996.东海温度锋的分布特征及其季节变异[J].海洋与湖沼,27(4):436-444.

汤毓祥,1990.黑潮调查研究论文选(二)[M].北京:海洋出版社.

王东晓,2001.南海环境与资源基础研究前瞻[M].北京:海洋出版社.

王东晓,杜岩,施平,2001.冬季南海温跃层通风的证据[J].科学通报,46(9):758-762.

王东晓,杜岩,施平,2002.南海上层物理海洋学气候图集[M].北京:气象出版社.

王桂华,2004.南海中尺度涡的运动规律探讨[D].青岛:中国海洋大学.

王江伟,2004.南海海洋环流的诊断计算[D].青岛:中国海洋大学.

王静,齐义泉,施平,等,2003.基于TOPEX/Poseidon资料的南海海面高度场的时空特征分析[J].热带海洋学报,22(4):26-33.

王磊,2004.南海北部陆架区域的海洋锋及锋面涡旋研究[D].青岛:中国海洋大学.

王绍武,1994.气候系统引论[M].北京:气象出版社.

魏凤英,1999.现代气候统计诊断预测技术[M].北京:气象出版社.

吴洪宝,吴蕾,2005.气候变率诊断和预测方法[M].北京:气象出版社.

吴巍,方欣华,吴德星,2001.关于跃层深度确定方法的探讨[J].海洋湖沼通报,2:1-7.

谢以萱,1981.南海海洋科学集刊(二)[M].北京:海洋出版社.

许建平,苏纪兰,1997.黑潮水入侵南海的水文分析Ⅱ:1994年8-9月观测结果[J].热带海洋,16(2):1-23.

徐锡祯,邱章,陈惠昌,1982.南海水平环流的概述:中国海洋湖沼学会水文气象学会学术会议(1980)论文集[Z].北京:科学出版社.

徐晓华,廖光洪,许东,2001.西北太平洋反气旋涡的Argos浮标观测结果分析[J].海洋学研究,28:1-13.

杨殿荣,周德坚,张玉琳,1991.浅海潮致贯跃层混合效应[J].海洋学报,13(3):295-304.

杨海军,刘秦玉,1998.南海海洋环流研究综述[J].地球科学进展,13(4):364-368.

杨海军,刘秦玉,1998.南海上层水温分布的季节特征[J].海洋与湖沼,24(5):494-502.

于洪华,1988.东海温跃层特征分析[J].东海海洋,6(1):1-11.

喻荣兵,陈建勇,谢志敏,2009.负跃层对主动声纳探测距离影响仿真研究[J].海军航空工程学院学报,24(2):141-148.

张仁和,1994.中国海洋声学研究进展[J].物理,23(9):513-518.

张瑞安,郑东,1984.黄海西部春季海洋锋及其与渔业的关系[J].海洋科学,1:5-8.

张旭,张永刚,黄飞灵,等,2010.中国近海声速剖面的模态特征[J].海洋通报,29(1):29-37.

张元奎,贺先明,1989.春季北黄海西部冷水团强度的年际差异及其预报[J].青岛海洋大学学报,19(1):275-283.

张伟,2011.MODIS数据在南海海洋锋监测中的应用[D].南京:中国人民解放军理工大学.

赵保仁,1989.渤、黄海及东海北部强温跃层的基本特征及形成机制的研究[J].海洋学报,11(4): 401-410.

赵保仁,1985.黄海冷水团锋面与潮混合[J].海洋与湖沼,10(6):451-459.

赵保仁,1987.黄海潮生陆架锋的分布[J].黄渤海海洋,5(2):16-25.

赵保仁,曹德明,李徽翡,等,2001.渤海的潮混合特征及潮汐锋现象[J].海洋学报,23(4):2001-2007.

曾庆存,李荣凤,季忠贞,1989.南海月平均流的计算[J].大气科学,13(2): 127-138.

郑全安,袁业立,1988.切变波动力学研究I:尺度分析与频散关系[J].海洋学报,10(6):659-665.

郑新江,范天锡,1997.气象卫星在海洋渔业遥感中的应用[J].中国航天,3:3-4.

郑义芳,丁良模,谭锋,1985.黄海南部及东海海洋锋的特征[J].黄渤海海洋,5(1):19-16.

周发琇,丁洁,1995.南海表层水温的季节内变化[J].青岛海洋大学学报,25:1-6.

周发琇,高荣珍,2001.南海次表层水温的季节内变化[J].科学通报,46(21):1831-1836.

周丰年,赵建虎,周才扬,2001.多波束测深系统最优声速公式的确定[J].台湾海峡,20(4): 411-418.

周燕遐,2002.南海海洋温度跃层统计分析[D].青岛:中国海洋大学.

周燕遐,范振华,颜文彬,等,2004.南海海域BT资料、南森站资料计算温跃层三项示性特征的比较[J].海洋通报,23(1):22-26.

中国科学院《中国自然地理》编辑委员会,1979.中国自然地理海洋地理[M].北京:科学出版社.

中国科学院南海海洋研究所社,1985.1979—1982南海北部综合调查报告II[M].北京:科学出版社.

邹娥梅,熊学军,郭炳火,等,2001.黄东海温盐跃层的分布特征及其季节变化[J].黄渤海海洋,19(3):8-18.

Caballero A, Pascual A, Dibarboure G, et al,2008. Sea level and eddy kinetic energy variability in the bay of biscay, inferred from satellite altimeter data[J]. Journal of Marine Systems,72:116-134.

Cai S Q, Su J L, Gan Z J, et al,2002. The numerical study of the South China Sea upper circulation characteristics and its dynamic mechanism in winter[J]. Cont. Shelf Res. , 22: 2247-2264.

Carnes M R, League W J, Mitchell J L,1994. Inference of surface thermohalinestructure from fields measurable by satellite[J]. J. Atmos. Oceanic Tech.,11:551-566.

Carton J A,Giese B S,2008.A reanalysis of ocean climate using Simple Ocean Data Assimilation(SODA)[J]. Mon. Weather Rev. ,136:2999-3017.

Chaigneau S, Gizolme A, Grados C,2008. Mesoscale eddies off Peru in altimeter records: Identification algorithms and eddy spatio-temporal patterns[J]. Prog. Oceanogr. , 79(2-4): 106-119.

Chelton D B, Schlax M G, Samelson R M, et al,2007. Global observations of large oceanic eddies [J]. Geophys. Res. Lett. ,34,L15606,doi: 10.1029/ 2007GL030812.

Chelton D B, Schlax M G, Samelson R M, 2011. Global observations of nonlinear mesoscale eddies[J]. Prog. Oceanogr.,91(2):167-216.

Chen C T,Millero F J,1977. Speed of sound in seawater at high pressures[J]. J. Acoust. Soc. Am.,621,1129-1135.

Chen D, Liu W T, Tang W, et al, 2003. Air-sea interaction at an oceanic front: Implications for frontogenesis and primary production[J]. Geophys. Res. Lett. ,30(14):1745.

Chen G X, Hou Y J, Zhang Q L,et al,2010. The eddy pair off eastern Vietnam: Interannual variability and impact on thermohaline structure[J]. Continental Shelf Research,30(7): 715-723.

Chu P C, Fan C W,Lozano C J, et al,1998.An airborne expandable bathy thermograph (AXBT) survey of South

China Sea, May 1995 [J]. J. Geophys. Res., 103: 21637-21652.

Chu P C, 2000. Determination of vertical thermal structure from sea surface temperature [J]. J Atmos. Ocean Technol., 17: 971-979.

Chu P C, Wang G, 2003. Seasonal variability of thermohaline front in the central South China Sea [J]. Journal of Oceanography, 59: 65-78.

Cooley J W, Tukey J W, 1965. An algorithm for the machine calculation of complex fourier series [J]. Mathematics of Computation, 19(90): 297-301.

Del Grosso V A, 1974. New equation for the speed of sound in natural waters (with comparisons to other equations) [J]. J. Acoust. Soc. Am., 56: 1084-1091.

Dickey T D, Nencioli F, Kuwahara V S, 2008. Physical and bio-optical observations of oceanic cyclones west of the island of Hawaii [J]. Deep Sea Res., 55(10-15): 1195-1217.

Dogioli A M, Blanke B, Speich S, et al, 2007. Tracking coherent structures in a regional ocean model with wavelet analysis: Application to Cape Basin eddies [J]. J. Geophys. Res., 112, C05043.

Dong C M, Nencioli F, Liu Y, et al, 2011. An automated approach detect oceanic eddies from satellite remote sensed sea surface temperature data [J]. IEEE Geoscience and Remote Sensing Letters, 8(6): 1055-1059.

Ducet N, Traon P, Reverdin G, 2000. Global high-resolution mapping of ocean circulation from TOPEX/Poseidon and ERS-1 and-2 [J]. Journal of Geophysical Research, 105(C8): 19477-19498.

Fang G, Chen H, Wei Z, et al, 2006. Trends and interannual variability of the South China Sea surface winds, surface height, and surface temperature in the recent decade [J]. J. Geophys. Res., 111, C11S16.

Fang W D, Fang G H, Shi P, et al, 2002. Seasonal structures of upper layer circulation in the southern South China Sea from in situ observations [J]. J. Geophys. Res., 107(C11), 3202, doi: 10.1029/2000JC001343.

Fang W, Guo J, Shi P, et al, 2006. Low frequency variability of South China Sea surface circulation from 11years of satellite altimeter data [J]. Geophys Res Lett., 33, L22612.

Federove K N, 1986. Thed physical nature and structure of oceanic fronts [M]. Spring-Verlag: 333.

Francesco N, Dong C M, Dickey T, 2010. A vector geometry-based eddy detection algorithm and its application to a high-resolution numerical model product and high-frequency radar surface velocities in the Southern California Bight [J]. Journal of Atmospheric and Oceanic Technology, 27: 564-579.

Gan J Q T, 2008. Coastal jet separation and associated flow variability in the southwest South China Sea [J]. Deep-Sea Research I, 55: 1-19.

Gan J, Li H, Curchitser E N, et al, 2006. Modeling South China Sea circulation: Response to seasonal forcing regimes [J]. J. Geophys. Res., 111, C06034.

He M X, Chen G, Sugimori Y, 1995. Investigation of mesoscale fronts, eddies and upwelling in the China Seas with satellite data [J]. Global Atmosphere and Ocean System, 3: 273-288.

He Z, Wang D, Hu J, 2002. Features of eddy kinetic energy and variations of upper circulation in the South China Sea [J]. Acta Oceanol. Sin., 21: 305-314.

Henson S, Thomas A C, 2008. A census of oceanic anticyclonic eddies in the gulf of Alaska [J]. Deep Sea Res. Part I., 55: 163-176.

Hickox R, Belkin I, Cornillon P, et al, 2000. Climatology and seasonal variability of ocean fronts in the East China, Yellow and Bohai Seas from satellite SST data [J]. Geophysical Research Letters, 27(18): 2945-2948.

Hu J, Kawamura H, Hong H, et al, 2001. 3~6 months variation of sea surface height in the South China Sea and its adjacent ocean[J]. Journal of Oceanography, 57(1): 69-78.

Hurlburt H E, Fox D N, Metzger J, 1990. Statistical inference of weakly correlated subthernocline fields from satellite altimeter data[J]. J. Geophys. Res. ,95: 11375-11409.

Hwang C, Chen S, 2000. Circulations and eddies over the South China Sea derived from TOPEX/Poseidon altimetry[J]. J. Phys. Oceanogr. ,105(10):23943-23965.

Isern-fontanet J, Garcia-ladona E, Font J, 2003. Identification of marine eddies from altimetric maps[J]. J. Atmos. Oceanic Technol. ,20:77.

Isern-fontanet J, Garcia-ladona E, Font J, 2006. Vortices of the Mediterranean Sea: An altimetric perspective [J].J. Phys. Oceanogr. ,36:87-103.

Iudicone D, Santoleri R, Marullo S, et al, 1998. Sea level variability and surface eddy statistics in the Mediterranean Sea from TOPEX/POSEIDON data[J]. Journal of Geophysical Research, 103 (C2): 2993-2995.

Kuo N J, Zheng Q, Ho C R, 2000. Satellite observation of upwelling along the western coast of the South China Sea[J]. Remote Sens.Environ. ,74:463-470.

Kuo N J, Zheng Q A, Ho C R, 2004. Response of Vietnam coastal upwelling to the 1997-1998 ENSO event observed by multisensor data[J]. Remote Sens. Environ. , 89: 106-115.

Li F Q, 1983. On the determination of upper and lower bounds of the high gradient layers in the ocean [J]. Collected Oceanic Works,6(1):1-7.

Li L, Xu J, Jing C, 2003. Annual variation of sea surface height, dynamics topography and circulation in the South China Sea-A TOPEX/Poseidon satellite altimetry study[J]. Sci China, Ser D. ,46(2): 127-138.

Lie H J, Cho C H, Lee J H, et al, 2000. Seasonal variation of the Cheju Warm Current in the northern East China Sea [J]. Oceanogr. ,56: 197-211.

Lie H J, Cho C H, Lee J H, et al, 2001. Does the Yellow Sea warm current really exist as a persistent mean flow? [J]. J. Geophys Res. Oceans, 106(C10).

Lie H J, Cho C H, Lee S, et al, 2009. Tongue-shaped frontal structure and warm water intrusion in the southern Yellow Sea in winter [J]. J. Geophys. Res. , 114, C01003.

Lie H J, 1985. Wintertime temperature-salinity characteristics in the southeastern Hwanghae (Yellow Sea) [J]. Oceanogr. Soc. Jpn. ,41: 291-298.

Liu Q Y, Yang H J, Wang Q, 2000. Dynamic characteristics of seasonal thermocline in the deep sea region of the south china sea[J]. Chinese J. Oceanol. , 118(2):104-109.

Liu Q Y, Jiang X, Xie S H P, et al, 2004. A Break in the Indo-Pacific warm pool over the South China Sea in boreal winter: Seasonal development and interannual variability[J]. Journal of Geophysical Research-Oceans, 109, C07012, doi:10. 1029.

Liu Q Y, Wang D X, Jia Y, et al, 2002. Seasonal variation and vormation mechanism of the South China Sea warm water[J]. Acta Oceanologica Sinica,21(3):331-343.

Liu Z Y, Yang H J, Liu Q Y, 2001. Regional dynamics of seasonal variability in the South China Sea[J]. J. Phys. Oceanogr. , 31: 272-284.

Lorenz E N, 1956. Empirical orthogonal functions and statistical weather prediction[D]. Sci. Rep. No. 1, Statistical Forecasting Project, M. I. T, Cambridge, MA.

Luca R C, Pearn P N, 2004. Observations of inflow of Philippine Sea surface water into the South China Sea through the luzon strait[J]. Journal of Geophysical Oceanography, 34:113-121.

McWilliams J C,1990. The vortices of two-dimensional turbulence[J]. J. Fluid Mech. , 219: 361-385.

McWilliams J C,Robinson A,1974. A wave analysis of the polygon array in the tropical Atlantic[J]. Deep Sea Res.,21:259-368.

Metzger E J, Hurlburt H,2001. The importance of high horizontal resolution and accurate coastline geometry in modeling South China Sea inflow[J]. Geophysical Research Letter,28: 1059-1062.

Metzger E J,2003. Upper ocean sensitivity to wind forcing in the South China Sea[J]. J. Oceanogr. , 59: 783-798.

Minobe S,Kuwano-Yoshida A, Komori N, et al,2008.Influence of the Gulf Stream on the troposphere[J]. Nature, 452:206-209.

Moore J K,Abbott M R,Richman J G,1997.Variability in the location of the Antarctic polar front from satellite sea surface temperature data[J]. J. Geophys. Res. , 102: 27825-27833.

Morrow R,Birol F,Griffin D,et al,2004. Divergent pathways of cyclonic and anticyclonic ocean eddies[J].Geophys. Res. Lett. ,31, L24311, doi:10. 1029/2004GL 020974.

North G R, Bell T, Cahalan R, et al,1982. Sampling errors in the estimation of empirical orthogonal function [J]. Monthly Weather Review,110:699-706.

Okubo A,1970. Horizontal dispersion of floatable particles in the vicinity of velocity singularity such as convergences[J]. Deep Sea Res. ,17:445-454.

Park K A,Chung J Y,Kim K,2004. Sea surface temperature fronts in the East(Japan)Sea and temporal variations [J]. Geophys. Res. Lett. ,31,L07304.

Park S,Chu P C, 2006. Thermal and haline fronts in the Yellow/East China Seas: Surface and subsurface seasonality comparison[J].Journal of Oceanography,62: 617-638.

Pascual A,Gomis D,2003.Use of surface data to estimate geostrophic transport[J]. J. Atmos Oceanic Technol., 20:912-926.

Peng X, Fei C, Lei S,et al,2010. A census of eddy activities in the South China Sea during 1993-2007[J]. Journal of Geophysical Research,115, C03012,doi:10. 1029/2009JC005657.

Penven P, Echevin V, Pasapera J, et al,2005. Average circulation, seasonal cycle, and mesoscale dynamics of the peru current system: A modeling approach[J]. Journal Geophysical Research Oceans,110,C10021.

Pujol M, Larnicol G,2005. Mediterranean sea eddy kinetic energy variability from 11 years of altimetric data[J]. Journal of Marine Systems,(58): 121-142.

Qu T D,2000. Notes and correspondence upper-layer circulation in the South China Sea:Role of ocean dynamics in the mean seasonal cycle of SST [J]. Journal of Physical Oceanography,30:1450-1460.

Qu T,2002. Evidence for water exchange between the China Sea and the Pacific Ocean through the Luzon Strait [J]. Acta Oceanol. Sinica. , 21(2): 175-185.

Qu T, Kim Y Y, Yaremchuk M, et al,2004. Can Luzon Strait transport play a role in conveying the impact of ENSO to the South China Sea? [J]. J. Clim. , 17: 3644-3657.

Richardson P, 1983. Eddy kinetic energy in the North Atlantic from surface drifters[J]. Journal of Geophysical Research,88(C7):4355-4367.

Robinson S K,1991. Coherent motions in the turbulent boundary layer[J]. Annu. Rev. Fluid Mech. ,23:601-639.

Roden G I,1974.Thermohaline structure,fronts, and sea-Air energy exchange of the trade wind region east of Hawaii[J].Journal of Physical Oceanography, 4(2):168-182.

Sadarjon I A, Post F H,2000. Detection quantification and tracking of vortices using streamline geometry[J]. Comput. Graphics. , 24:333-341.

Saunders P M,1981.Practical conversion of pressure to depth[J]. J Phys Oceanogr, 11: 573-574.

Shaw P T,Chao S Y,1994. Surface circulation in the South China Sea[J]. Deep Sea Research I,41:1663-1883.

Shaw P T, 1991. The seasonal variation of the intrusion of the Philippine Sea water into the South China Sea[J]. Journal of Geophysical Research,96:821-827.

Shaw P T, Chao S Y, Fu L,1999. Sea surface height variations in the South China Sea from satellite altimetry [J]. Oceano. Acta. , 22: 1-17.

Shaw P, Chao S, Fu L, 2003. Sea surface height, dynamic topography and circulation in the South China Sea-ATOPEX/Poseidon satellite altimetry study[J]. Sci China, Ser D. , 46(2): 127-138.

Shenoi S, Saji P, Almeida A,1999. Near-surface circulation and kinetic energy in the tropical Indian Ocean derived from lagrangian drifters[J]. Journal of Marine Research, 57(6): 885-907.

Su J L, Xu J P, et al,1999.Onset and evolution of the South China Sea monsoon and its interaction with the ocean [M]. Beijing:China Meteorological Press.

Su J L, 2004. Overview of the South China Sea circulation and its influence on the coastal physical oceanography outside the Pearl River Estuary[J]. Cont. Shelf Res. , 24: 1745-1760.

Tai C, White W,1990. Eddy variability in the Kuroshio extension as revealed by geosat altimetry:Energy propagation away from the Jet,reynolds stress, and seasonal cycle[J]. Journal of Physical Oceanography, 20(11): 1761-1777.

Thacker W C,Long R B,1988. Fiting dynamics to data[J]. J. Geophys. Res., 93(C2): 1227-1240.

Wang D, Liu Q, Huang R, et al,2006. Interannual variability of the South China Sea throughflow inferred from wind data and an ocean data assimilation product[J]. Geophys. Res. Lett. , 33, L14605.

Wang D, Liu Y, Qi Y, et al,2001. Seasonal variability of thermal fronts in the Northern South China Sea from Satellite Data[J]. Geophys. Res. Lett. , 28(20): 3963-3966.

Wang L, Koblinsky C J, Howden S,2000. Mesoscale variability in the south china sea from the TOPEX/Poseidon altimetry data[J]. Deep Sea Res. ,47: 681-708.

Wang G, Xue H, Xu J,2001. Study of northeastern circulation by improved inverse method[J]. Oceanography in China,13:15-22.

Wang G, Chen D, Su J,2008. Winter eddy genesis in the Eastern South China Sea due to orographic wind jets [J]. J. Phys. Oceanogr. , 38: 726-732.

Wang G, Su J, Chu P C,2003. Mesoscale eddies in the South China Sea detected from altimeter data[J]. Geophys. Res. Lett. , 30(21):2121.

Weiss J,1991. The dynamics of enstrophy transfer in two dimensional hydrodynamics[J]. Physical D. ,48:273-294.

Wilson W D,1960.The equation for the speed of sound in sea water[J].J. Acoust. Soc. Am. , 32:1357.

Wu C, Chang C J,2006. Interannual variability of the South China Sea in a data assimilation model[J]. Geophys Res.Lett. , 32:L17611.

Wyrtki K,1961. Physical oceanography of the Southeast Asian waters:Scientific results of marine investigations of the South China Sea and the Gulf of Thailand[J]. Naga Report, 2:195.

Wyrtki K, 1961. Physical Oceanography of the Southeast Asian waters[M]. La Jolla, California: Scripps Institute of Oceanography.

Xie S P, Hafner J, Tanimoto Y, et al, 2002. Bathymetric effect on the winter sea surface temperature and climate of the Yellow and East China Seas[J]. Geophys. Res. Lett., 29(24):2228.

Xie X P, Xie Q, Wang D X, Liu W T, 2003. Summer upwelling in the South China Sea and its role in regional climate variations[J]. J. Geophys. Res., 108(C8), 3261, doi: 10.1029/2003JC001876.

Xu J, Su J, Qiu D, 1996. Hydrographic analysis on the intruding of Kuroshio water into the South China Sea[J]. Oceanography in China, 6:1-12.

Yuan D L, Han W Q, Hu D X, 2007. Anti cyclonic eddies northwest of Luzon in summer-fall observed by satellite altimeters[J]. Geophysical Research Letters, 34, L13610.

Yuan D, Qiao F, Su J, 2005. Cross-shelf penetrating fronts off the southeast coast of China observed by MODIS[J]. Geophys. Res. Lett., 32, L19603.

内 容 简 介

南海通道对我国能源安全有着重大的战略意义。保持南海航道的畅通,就是维持中国海上生命线的安全。为了保卫我国南海,需要研究潜艇在南海随行过程中需要的声速跃层、海洋锋和中尺度涡气候统计特征。该书的成果对我军的战场环境保障具有重要的实用价值,对提高我军的海洋环境保障水平方面具有广阔的应用前景。

该书根据50年的海洋再分析SODA资料,用经验正交函数、功率谱、Morlet小波分析、Mann-Kendall气候突变检验等方法,分析了声速跃层、海洋锋和中尺度涡特征值分布的季节性、年际和年代际变化,以及其异常的空间结构与时间演变特征。本书可以作为海洋战场环境保障的重要参考书,读者对象可以是我军潜艇随行的海洋保障人员,也可以是从事海洋研究的科研人员。

The South China Sea(SCS) passage has great strategic significance for China's energy security. To keep the South China Sea fairway open is to maintain the safety of China's maritime lifeline. So it is necessary to study the statistical climatic characteristics of sound velocity, ocean front and mesoscale vortex needed by the submarines in the South China Sea. The results of this book are of great practical value to our Army's battlefield environment support, and have broad application prospect in improving our Army's marine environmental support level.

According to the SODA data for 50 years, we use the empirical orthogonal function, power spectrum, Morlet wavelet analysis, Mann-kendall climatic sudden change test methods. The seasonal, interannual and interdecadal variation of the characteristic value distribution of the sound velocity spring layer, ocean front and mesoscale eddies are also studied in the South China Sea, as well as their spatial structure and temporal evolution characteristics

This book can be used as an important reference for the marine battlefield environmental support, and the readers can be the marine support personnel accompanying the submarine, or scientific researchers engaged in the marine research.